工业和信息化普通高等教育“十二五”规划教材
立项项目

高等数学

（上册）

保定学院 数学与计算机系 编

人民邮电出版社
北京

图书在版编目（CIP）数据

高等数学. 上册 / 保定学院数学与计算机系编. --
北京 : 人民邮电出版社, 2013.9（2016.8 重印）
ISBN 978-7-115-32550-1

Ⅰ. ①高… Ⅱ. ①保… Ⅲ. ①高等数学－高等职业教育－教材 Ⅳ. ①O13

中国版本图书馆CIP数据核字(2013)第186400号

内容提要

本书系统介绍了高等数学的基本概念、基本理论和基本方法，分为上、下两册. 上册包括函数、极限与连续，导数与微分，微分中值定理与导数的应用，一元函数积分与定积分的应用. 下册包括向量与解析几何、多元函数微分学、多元函数积分学、无穷级数、常微分方程等内容. 每章均配有习题，书末附有习题参考答案，便于教与学.

本书还引入数学工具软件 MATLAB，配合书中内容，介绍了 MATLAB 解数学问题的基本方法.

本书可作为普通高等院校非数学专业少学时的高等数学课程教材.

◆ 编　　　保定学院　数学与计算机系
责任编辑　李海涛
责任印制　彭志环　焦志炜

◆ 人民邮电出版社出版发行　北京市丰台区成寿寺路 11 号
邮编　100164　电子邮件　315@ptpress.com.cn
网址　http://www.ptpress.com.cn
大厂聚鑫印刷有限责任公司印刷

◆ 开本：700×1000　1/16
印张：12　2013 年 9 月第 1 版
字数：225 千字　2016 年 8 月河北第 4 次印刷

定价：29.80 元

读者服务热线：(010)81055256　印装质量热线：(010)81055316
反盗版热线：(010)81055315

前言

Preface

近年来，随着我国经济建设与科学技术的飞速发展，高等教育进入了一个飞速发展时期，已经突破了以前的精英教育模式，发展成为一种在终身学习的大背景下极具创造性和再创造的基础教育. 高等学校教育理念不断更新，教学改革不断深入，办学规模不断扩大，数学课程开设的专业覆盖面也不断扩大. 数学课程的教育意义已经不再满足于为其他学科提供基础知识的工具性属性，而定位于思维方法的养成训练教育.严谨的数学思维方法将惠及几乎所有的学科领域，高等学校作为培育人才的摇篮，其数学课程的开设具有特别重要的意义.

本教材是依据“高等教育面向21世纪教学内容和课程体系改革计划”而编写的，教材的内容主要包括函数的极限理论、连续函数及其性质、导数微分及其应用、多元函数微分学、多元函数积分学、向量与空间解析几何、无穷级数及常微分方程等.

本教材是为普通高等学校非数学专业学生编写的，为适应分层教学的需要，选修内容用*标出. 教材中概念、定理及理论叙述准确，知识点突出，难点分散，证明和计算过程严谨，例题讲解突出解题过程的规范性，突出解题思路的形成过程，突出解题思维的可视化.

本书（《高等数学（上册）》）编写分工为：第1章由魏兰阁、郭芳编写；第2章、第3章由战黎荣、田淑环编写；第4章、第5章由沈建平、孟祥菊编写；书中数学史话部分由庞晓丽编写，MATLAB部分由周和月、纪跃编写. 本书由周和月统稿.

由于编者水平有限，书中难免存在错误和不妥之处，恳切希望广大读者批评指正.

编　者

2013年6月

目录

Contents

第1章　函数、极限和连续

极限是研究函数的一种基本方法，而连续则是函数的一种重要属性，因此，本章内容是整个微积分学的基础. 本章将简要地介绍高等数学的一些基本概念，其中重点介绍极限的概念、性质和运算性质，以及与极限概念密切相关的，并且在微积分运算中起重要作用的无穷小量的概念和性质，此外，还给出了两个极其重要的极限，随后，运用极限的概念引入函数的连续性概念，它是客观世界中广泛存在的连续变化这一现象的数学描述.

重点难点提示

知　识　点	重　　点	难　　点	要　　求
函数概念	●		理解
函数性质	●		理解
复合函数的分解、分段函数	●	●	掌握
反函数概念			了解
数列极限、函数极限的概念	●	●	理解
极限的定义： “ε-N”，“ε-δ”语言		●	了解
无穷小、无穷大	●		理解
极限四则运算、用等价无穷小求极限	●		掌握
极限的两个存在准则		●	了解
两个重要极限	●		掌握
函数连续、间断概念	●	●	掌握
判断间断点的类型		●	掌握
初等函数的连续性、闭区间上连续函数性质			了解
运用 MATLAB 软件求极限			了解

1.1　函数概念及性质

1.1.1　区间与邻域（变量及其变化范围的常用表示）

在自然现象或工程技术中，常常会遇到各种各样的量，有一种量在考查过程中是不断变化的，可以取得不同的数值，我们把这一类量叫做变量；另一类量在考查过程中保持不变，它取同样的数值，我们把这一类量叫做常量．变量的变化有跳跃性的，如自然数由小到大变化、数列的变化等，而更多的则是在某个范围内变化，即该变量的取值可以是某个范围内的任何一个数．变量取值范围常用区间来表示．

设 a、$b\in\mathbf{R}$，且 $a<b$．我们称数集 $\{x|a<x<b\}$ 为**开区间**，记作 (a,b)；数集 $\{x|a\leqslant x\leqslant b\}$ 称为**闭区间**，记作 $[a,b]$；数集 $\{x|a\leqslant x<b\}$ 和 $\{x|a<x\leqslant b\}$ 都称为**半开半闭区间**，分别记作 $[a,b)$ 和 $(a,b]$．以上这几类区间统称为**有限区间**．

无限区间：$[a,+\infty)=\{x|x|\geqslant a\}$, $(-\infty,a]=\{x|x\leqslant a\}$, $(a,+\infty)=\{x|x>a\}$, $(-\infty,a)=\{x|x|<a$, $(-\infty,+\infty)=\{x|-\infty<x<+\infty\}=\mathbf{R}$ 都称为**无限区间**．

有限区间和无限区间统称为**区间**．

设 $a\in\mathbf{R}$，$\delta>0$．集合 $\{x\,|\,|x-a|<\delta\}=(a-\delta,a+\delta)$，称为**点 a 的δ邻域**，记作 $U(a;\delta)$，或简单地写作 $U(a)$．

点 a 的空心δ邻域定义为 $U^{\circ}(a;\delta)=\{x|0<|x-a|<\delta\}$，或简单地记作 $U^{\circ}(a)$．注意 $U^{\circ}(a;\delta)$ 与 $U(a;\delta)$ 的差别在于：$U^{\circ}(a;\delta)=\{x|0<|x-a|<\delta\}$ 不包含点 a．

此外，我们还常用到以下几种邻域：

点 a 的δ右邻域 $U_{+}(a;\delta)=[a,a+\delta)$，简记为 $U_{+}(a)$；

点 a 的δ左邻域 $U_{-}(a;\delta)=(a-\delta,a]$，简记为 $U_{-}(a)$；

$U_{-}(a)$ 与 $U_{+}(a)$ 去除点 a 后，分别为点 a **的空心δ左、右邻域**，简记为 $U^{\circ}_{-}(a)$ 与 $U^{\circ}_{+}(a)$．

1.1.2 函数的概念

在同一个实际问题中，往往同时有几个变量在变化着，这几个变量并不是孤立的，而是相互联系并遵循一定规律，其中一个量变化时，另外的量也随着变化；前者的值一确定，后者的值就随着唯一确定．例如，圆的周长 l 是随着圆的半径 r 的变化而变化的，其变化规律是 $l=2\pi r$，当半径 r 在区间（0,+∞）内任意取定一个值时，由公式 $l=2\pi r$ 就可以确定圆的周长 l 的相应数值；又如，自由落体运动中，设物体下落的时间为 t，下落的距离为 s，假设开始下落的时刻为 $t=0$，落地的时刻为 $t=T$，则 s 与 t 之间的关系为

$$s=\frac{1}{2}gt^{2},t\in[0,T],$$

其中，g 为重力加速度，显然当 t 在区间 $[0,T]$ 上任意取定一个值时，由上式就可以确定物体在这时刻下落的距离．现实世界中广泛存在着这种变量之间的相依关系，正是函数概念的客观背景．

定义 1.1 设 $D\subset\mathbf{R}$ 和 $W\subset\mathbf{R}$ 是两个非空集合，如果存在一个对应法则 f，使得对 D 中每个元素 x，按法则 f 有唯一确定的 W 中元素 y 与之对应，则称 f 为从 D 到

W的函数，记作f：$D \to W$或$y = f(x), x \in D$.
其中，y称为元素x（在映射f下）的像，而元素x称为元素y（在映射f下）的一个原像，集合D称为函数f的定义域，D中所有元素的像所组成的集合称为函数f的值域，即$\{y \mid y = f(x), x \in D\}$.

在平面直角坐标系xoy中，点集

$$C = \{(x,y) \mid y = f(x), x \in D\}$$

称为函数$y = f(x)$的图形，函数图形提供了一种几何直观，对理解函数性质很有意义.

关于函数定义的几点说明如下.

（1）记号f和$f(x)$的含义是有区别的：f表示自变量x和因变量y之间的函数关系，而$f(x)$表示自变量x对应的函数值.为了叙述方便，习惯上也常用$f(x)$或$y = f(x)$来表示函数.

（2）函数的记号f也可以用其他字母表示，比如φ、F等，这时函数就可以记为$y = \varphi(x)$、$y = F(x)$等，有时也用记号$y = y(x), u = u(x), v = v(x)$等表示函数，这时字母$y$、$u$、$v$既表示因变量又表示函数.

（3）同一函数在讨论中应取定记号，同一问题中涉及多个函数时，则应取不同的记号分别表示它们各自的对应规律.

（4）关于函数的定义域，在实际问题中函数的定义域是根据问题的实际背景确定的，比如圆周长公式$l = 2\pi r$的定义域为$D = (0, +\infty)$；自由落体运动中物体下落的距离公式$s = \dfrac{1}{2}gt^2$的定义域为$D = [0,T]$.在教学中有时不考虑函数的实际背景，而抽象地研究用算式表达的函数，这时我们约定：函数的定义域是自变量所能取得的使算式有意义的一切实数所组成的集合（这样约定的定义域也称作函数的自然定义域）.例如函数$y = \sqrt{1-x^2}$的定义域是区间$[-1,1]$，$y = \dfrac{1}{\sqrt{1-x^2}}$定义域是区间$(-1,1)$.

中学已经学习过许多函数，比如幂函数、指数函数、对数函数、三角函数及反三角函数等，这些函数在高等数学中经常出现.除此之外，下面介绍一些特殊函数.

1. 常数函数

函数$y = C$，其中C为某确定的常数.它的定义域为$D = (-\infty, +\infty)$，值域为$W = \{C\}$，它的函数图形是一条平行于x轴的直线.

2. 绝对值函数

函数$y = |x| = \begin{cases} x, x \geqslant 0 \\ -x, x < 0 \end{cases}$的定义域为$D = (-\infty, +\infty)$，值域为$W = [0, +\infty)$，它的图形如图1.1所示，此函数称为绝对值函数.

3. 符号函数

函数 $y=\operatorname{sgn}x=\begin{cases}1, x>0\\0, x=0\\-1, x<0\end{cases}$ 的定义域为 $D=(\infty,+\infty)$，值域为 $W=\{-1,0,1\}$，它的图形如图 1.2 所示，此函数称为符号函数.

对于任何实数 x，可表示为 $x=|x|\cdot\operatorname{sgn}x$，$x=x\cdot\operatorname{sgn}|x|$.

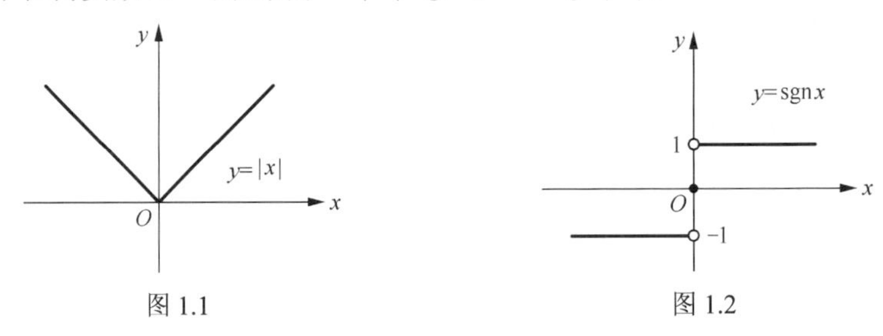

图 1.1　　图 1.2

4. 取整函数

设 x 为任一实数，不超过 x 的最大整数称为 x 的整数部分，记作$[x]$.

例如，$[0.5]=0,[\sqrt{2}]=1$，$[-0.5]=-1$，一般的有

$$[x]=n，当 x\in[n,n+1)，n=0,\pm1,\pm2,\cdots.$$

函数 $y=[x]$的定义域为 $D=(-\infty,+\infty)$，值域为整数集 $\mathbf{Z}$，它的图形如图 1.3 所示，可以看到在 x 整数值处，图形出现跳跃，而跃度为 1，此函数称为取整函数.

5. 分段函数

在自变量的不同变化范围中，对应法则用不同式子来表示的函数称为分段函数.

分段函数在实际问题中经常出现，我们应当重视对它的研究.

例如　函数 $y=\begin{cases}2\sqrt{x}, 0\leqslant x\leqslant 1,\\1+x, x>1\end{cases}$ 是一个分段函数. 定义域为

$D=[0,1]\cup(1,+\infty)=[0,+\infty]$，值域为 $W=[0,2]\cup(2,+\infty)=[0,+\infty)$，当 $0\leqslant x\leqslant 1$ 时，$y=2\sqrt{x}$；当 $x>1$ 时，$y=1+x$.

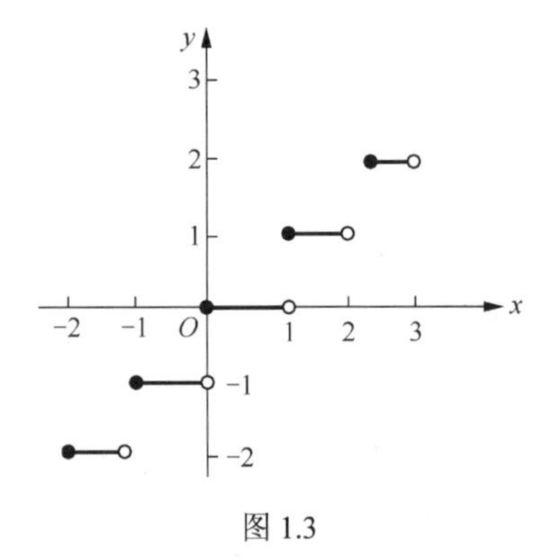

图 1.3

1.1.3　函数的几个特性

1. 函数的有界性

设函数 $y=f(x)$的定义域为 D，数集 $X\subset D$. 若存在数 $M(L)$，使得对每一个 $x\in X$，有

$$f(x)\leqslant M(f(x)\geqslant L),$$

则称 $f(x)$ 为 X 上的**有上（下）界函数**，$M(L)$ 称为 $f(x)$ 在 X 上的一个**上（下）界**.

根据定义，f 在 X 上有上（下）界，意味着值域 $f(X)$ 是一个有上（下）界的数集．又若 $M(L)$ 为 f 在 X 上的上（下）界，则任何大于（小于）$M(L)$ 的数也是 f 在 X 上的上（下）界.

设函数的 $y=f(x)$ 定义域为 D，数集 $X\subset D$．若存在正数 M，使得对每一个 $x\in X$ 有

$$|f(x)|\leqslant M,$$

则称函数 $f(x)$ 在 X 上有界，若这样的 M 不存在，就称函数 $f(x)$ 在 X 上无界.

根据定义，$f(x)$ 在 X 上有界，意味着值域 W 是一个有界集．容易证明 $f(x)$ 在 X 上有界的充分必要条件是 $f(x)$ 在 X 上既有上界又有下界.

几何意义是：若 $f(x)$ 在 X 上是有界函数，则 f 的图形完全落在直线 $y=M$ 与 $y=-M$ 之间.

例如，正弦函数 $\sin x$ 和余弦函数 $\cos x$ 为 $\mathbf{R}$ 上的有界函数，因为对每一个 $x\in\mathbf{R}$ 都有 $|\sin x|\leqslant 1$ 和 $|\cos x|\leqslant 1$．这里 $M=1$，当然 M 可以取大于 1 的任何确定的实数．函数 $f(x)=\dfrac{1}{x}$ 为 $(0,1]$ 上的无界函数，因为不存在这样的正数 M，使 $\left|\dfrac{1}{x}\right|\leqslant M$ 对于 $(0,1]$ 内的一切 x 都成立．但是函数 $f(x)=\dfrac{1}{x}$ 在 $(1,2)$ 内是有界的．例如可以取 $M=1$，就有 $\left|\dfrac{1}{x}\right|\leqslant 1$，对于 $(1,2)$ 内的一切 x 都成立.

2. 函数的单调性

设函数 $y=f(x)$ 的定义域为 D，区间 $I\subset D$．若对任何 $x_1,x_2\in I$，当 $x_1<x_2$ 时，总有

（1）$f(x_1)<f(x_2)$，则称函数 $f(x)$ 在区间 I 内是单调增加的；

（2）$f(x_1)>f(x_2)$，则称函数 $f(x)$ 在区间 I 内是单调减少的.

单调增加和单调减少的函数统称为**单调函数**．如图 1.4 所示.

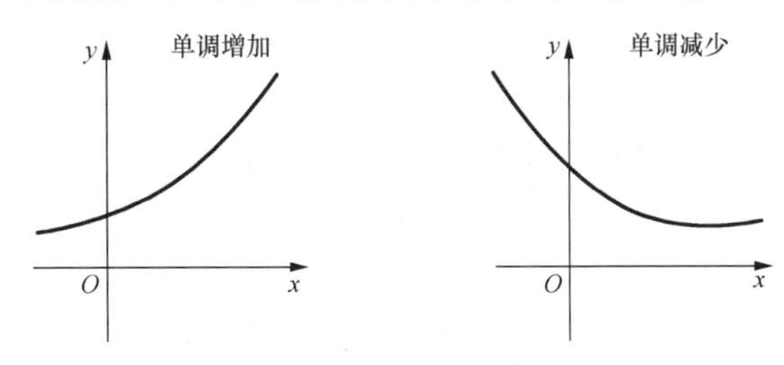

图 1.4

例如，函数 $y=x^2$ 在区间 $(-\infty,0]$ 上是单调减少的，在区间 $[0,+\infty)$ 上是单调增加的，在区间 $(-\infty,+\infty)$ 内函数 $y=x^2$ 不是单调函数.

3. 函数的奇偶性

设函数 $f(x)$ 的定义域 D 关于原点对称（即若 $x\in D$，则必有 $-x\in D$）. 若对每一个 $x\in D$，有

$$f(-x)=-f(x)$$

则称 $f(x)$ 为 D 上的**奇函数**.

若对每一个 $x\in D$，有

$$f(-x)=f(x)$$

则称 $f(x)$ 为 D 上的**偶函数**.

奇函数的图形对称于坐标原点，偶函数的图形对称于 y 轴. 如图 1.5 所示.

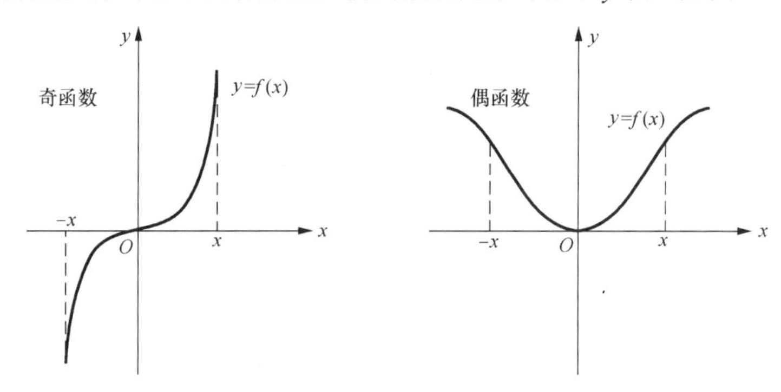

图 1.5

既不是奇函数也不是偶函数的函数，称为非奇非偶函数.

例如，正弦函数 $y=\sin x$ 和正切函数 $y=\tan x$ 是奇函数，余弦函数 $y=\cos x$ 是偶函数，而函数 $f(x)=\sin x+\cos x$ 是非奇非偶函数.

4. 函数的周期性

设函数 $y=f(x)$ 的定义域为 D，如果存在正数 T，使得对于任意 $x\in D$，$x\pm T\in D$，且

$$f(x+T)=f(x)$$

恒成立，则称函数 $f(x)$ 是周期函数，T 称为函数的周期，通常所说的周期函数的周期是指它的最小正周期.

例如，$\sin x$ 的周期为 2π,$\tan x$ 的周期为 π.

函数 $f(x)=x-[x],x\in\mathbf{R}$ 的周期为 1. 如图 1.6 所示.

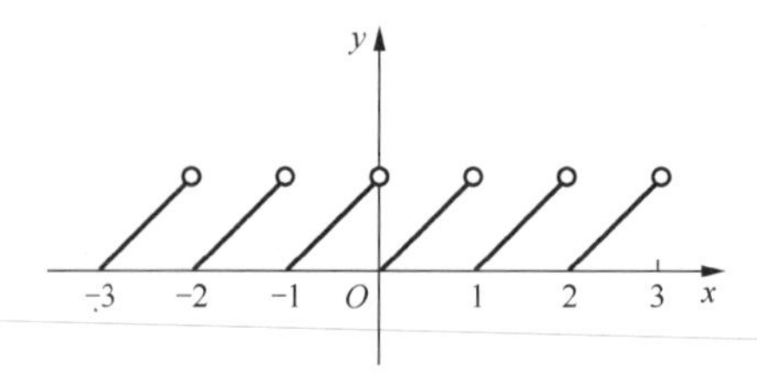

图 1.6

常量函数 $f(x)=C$ 是以任何正数为周期的周期函数，但不存在最小正周期.

1.1.4 反函数、复合函数与初等函数

1. 反函数

函数 $y=f(x)$的自变量 x 与因变量 y 的关系往往是相对的. 有时我们不仅要研究 y 随 x 而变化的状况，也要研究 x 随 y 而变化的状况. 例如，已知圆的半径 r，利用公式 $l=2\pi r$ 可以求出圆的周长，这里 r 是自变量，l 是因变量；如果已知圆的周长 l，也可以从上式解出半径 $r=\dfrac{l}{2\pi}$，这时这里 l 是自变量，r 是因变量. 在数学上将这个新函数称为原来函数的反函数. 对此，我们引入反函数的概念.

定义 1.2 设函数 $y=f(x)$的定义域为 D，值域为 W. 如果对于数集中 W 的每个数 y，在数集 D 中都有唯一确定的数 x 使 $f(x)=y$ 成立，则得到一个定义在数集 W 上的以 y 为自变量，x 为因变量的函数，称其为函数 $y=f(x)$的反函数，记为 $x=f^{-1}(y)$，其定义域为 W，值域为 D. 相对于反函数 $x=f^{-1}(y)$而言，原来的函数 $y=f(x)$ 就称为直接函数.

在函数式 $x=f^{-1}(y)$中，y 表示自变量，x 表示因变量. 但按习惯仍用 x 表示自变量，y 表示因变量，因此，也常将它改写成

$$y=f^{-1}(x),x\in W.$$

注 函数 $y=f(x)$与它的反函数 $x=f^{-1}(y)$有相同的图形. 而函数 $y=f(x)$的图形与它的反函数 $y=f^{-1}(x)$的图形关于直线 $y=x$ 是对称的. 如图 1.7 所示.

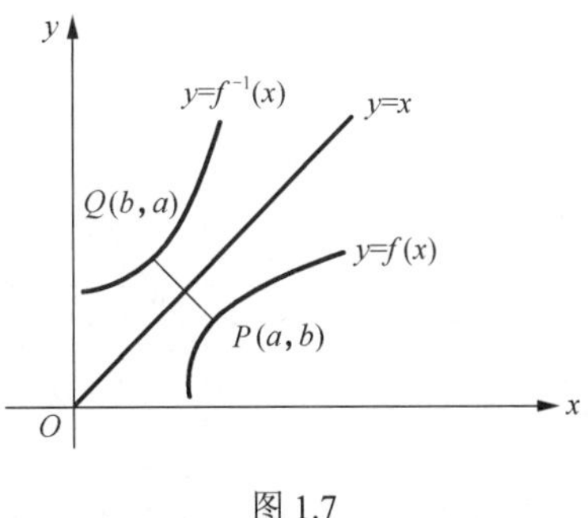

图 1.7

值得注意的是，并不是任何函数都存在反函数，比如，$y=x^2(-\infty<x<+\infty)$，由此式解出 x，得到 $x=\pm\sqrt{y}(y\geqslant 0)$，这时我们看到，对于每个 $y>0$，x 有两个不同的对应值 $\pm\sqrt{y}$，x 的值不唯一确定，因此按照反函数的定义，函数 $y=x^2(-\infty<x<+\infty)$不存在反函数. 但如果仅考虑函数 $y=x^2(x\leqslant 0)$，可解得 $x=-\sqrt{y}(y\geqslant 0)$，这时对于每个 $y\geqslant 0$，x 有唯一确定的值 $-\sqrt{y}$ 与它对应，因此，函数 $y=x^2(x\leqslant 0)$存在反函数 $x=-\sqrt{y}(y\geqslant 0)$，或写成 $y=-\sqrt{x}(x\geqslant 0)$；其实仅考虑函数 $y=x^2(x\geqslant 0)$，函数同样存在反函数 $x=-\sqrt{y}(y\geqslant 0)$. 由此看出，函数 $y=x^2(x\leqslant 0)$及 $y=x^2(x\geqslant 0)$在其定义域内是单调的，$y=x^2(-\infty<x<+\infty)$在定义域 $D=(-\infty,+\infty)$内不单调.

一般地，有如下关于反函数存在的充分条件：

若函数 $y=f(x)$定义在某区间 I 上，并在该区间上单调（增加或减少），则它的反函数必存在.

例如　正弦函数 $y=\sin x$ 的定义域为$(-\infty,+\infty)$，值域为$[-1,1]$．对于任一$y\in[-1,1]$，在$(-\infty,+\infty)$内有无穷多个 x 的值，满足 $\sin x=y$，因此 $y=\sin x$ 在定义域$(-\infty,+\infty)$内不存在反函数．但如果把定义域限制在它的一个单调区间$\left[-\dfrac{\pi}{2},\dfrac{\pi}{2}\right]$上，得到函数 $y=\sin x\left(-\dfrac{\pi}{2}\leqslant x\leqslant\dfrac{\pi}{2}\right)$，由反函数存在的充分条件可知存在反函数．这个反函数称为反正弦函数，记作 $y=\arcsin x$，它的定义域是$[-1,1]$，值域是$\left[-\dfrac{\pi}{2},\dfrac{\pi}{2}\right]$．如图 1.8 所示.

类似地，定义在区间$[0,\pi]$上的余弦函数 $y=\cos x$ 的反函数称为反余弦函数，记作 $y=\arccos x$，它的定义域是$[-1,1]$，值域是$[0,\pi]$，如图 1.9 所示；定义在区间$\left(-\dfrac{\pi}{2},\dfrac{\pi}{2}\right)$内的正切函数 $y=\tan x$ 的反函数称为反正切函数，记作 $y=\arctan x$，它的定义域是$(-\infty,+\infty)$，值域是$\left(-\dfrac{\pi}{2},\dfrac{\pi}{2}\right)$如图 1.10 所示；定义在区间$(0,\pi)$内的余切函数 $y=\cot x$ 的反函数称为反余切函数，记作 $y=\operatorname{arccot} x$，它的定义域是$(-\infty,+\infty)$，值域是$(0,\pi)$如图 1.11 所示.

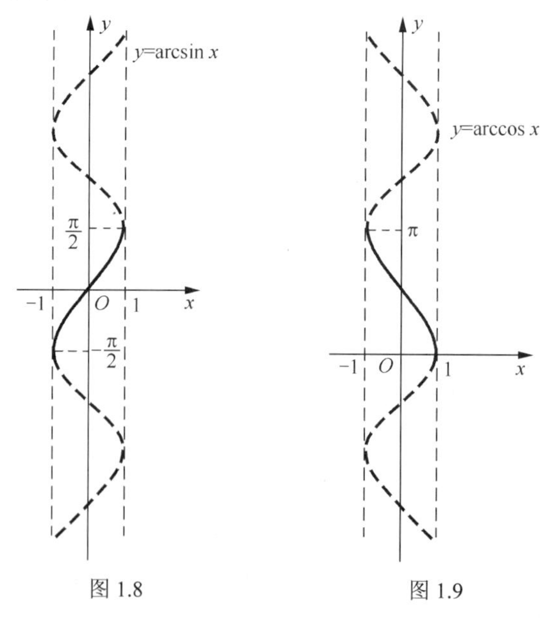

图 1.8　　图 1.9

函数 $y=\arcsin x$，$y=\arccos x$，$y=\arctan x$，$y=\operatorname{arccot} x$ 统称为反三角函数.

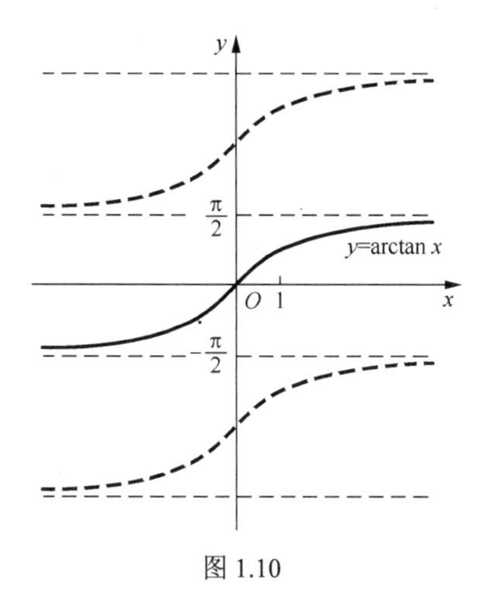

图 1.10

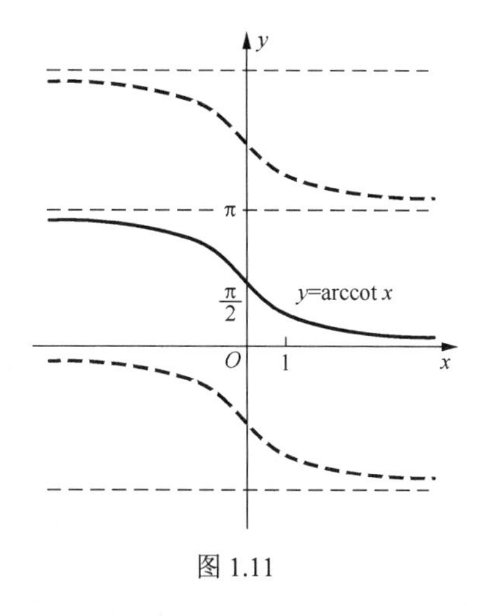

图 1.11

2. 复合函数

定义 1.3 设有两个函数

$$y=f(u),u\in D,$$
$$u=g(x),x\in E.$$

记 $E^*=\{x|g(x)\in D\}\cap E$．若 $E^*\neq\phi$，则对每一个 $x\in E^*$，可通过函数 g 对应 D 内唯一的一个值 u，而 u 又通过函数 f 对应唯一的一个值 y. 这就确定了一个定义在 E^* 上的函数，它以 x 为自变量，y 为因变量，记作

$$y=f[g(x)],x\in E^* \text{或} y=(f\circ g)(x),x\in E^*$$

称为函数 f 和 g 的**复合函数**．并称 f 为**外函数**，g 为**内函数**，u 为**中间变量**．函数 f 和 g 的复合运算也可简单地写作 $f\circ g$.

例如，函数 $y=f(u)=\sqrt{u}$,$u\in D=[0,+\infty)$与函数 $u=g(x)=1-x^2,x\in E=\mathbf{R}$ 的复合函数为

$$y=f[g(x)]=\sqrt{1-x^2} \text{或}(f\circ g)(x)=\sqrt{1-x^2},$$

其定义域 $E^*=[-1,1]\subset E$.

例如，函数 $y=\arctan x^3$ 可以看作是由 $y=\arctan u$, $u=x^3$ 复合而成的.

复合函数也可由多个函数相继复合而成．例如，由三个函数 $y=\sin u,u=\sqrt{v}$ 与 $v=1-x^2$（它们的定义域取为各自的存在域）相继复合而得的复合函数为

$$y=\sin\sqrt{1-x^2},x\in[-1,1].$$

注 当且仅当 $E^*\neq\varnothing$（即 $D\cap g(E)\neq\varnothing$）时，函数 f 与 g 才能进行复合.

例如，以 $y=f(u)=\arcsin u$, $u\in D=[-1,1]$为外函数，$u=g(x)=2+x^2,x\in E=\mathbf{R}$ 为内函数，就不能进行复合．这是因为外函数的定义域 $D=[-1,1]$与内函数的值域

$g(E)=[2,\infty)$不相交.

3. 初等函数

在初等数学中已经学习过的函数有：

幂函数 $y=x^{\alpha}$（α为实数）；

指数函数 $y=a^x$ ($a>0, a\neq 1$)；

对数函数 $y=\log_a x$ ($a>0, a\neq 1$)，特别当 $a=\mathrm{e}$（e 是一个无理数）时，记作 $y=\ln x$；

三角函数 如 $y=\sin x$, $y=\cos x$, $y=\tan x$, $y=\cot x$ 等；

反三角函数 如 $y=\arcsin x$, $y=\arccos x$, $y=\arctan x$, $y=\operatorname{arccot} x$ 等，

以上五类函数统称为基本初等函数.

定义 1.4 由常数和基本初等函数经过有限次四则运算与复合运算所得到的并可用一个式子表示的函数，称为**初等函数**.

不是初等函数的函数，称为**非初等函数**.

例如，函数 $y=\sqrt{1-x^2}$，$y=\arctan x^3$, $y=\mathrm{e}^{2x}$ 都是初等函数．本课程所讨论的函数主要是初等函数.

习题 1-1

1．求下列函数的定义域：

（1）$y=\sqrt{2x+1}$　（2）$y=\dfrac{1}{1-x^2}$　（3）$y=\mathrm{e}^{\frac{1}{x}}$

（4）$y=\ln(x-1)$　（5）$y=\arctan\dfrac{1}{x}$　（6）$y=\sqrt{2x+1}-\dfrac{1}{x}$

2．下列函数 $f(x)$和 $g(x)$是否相等？为什么？

（1）$f(x)=\ln x^2$, $g(x)=2\ln x$　（2）$f(x)=x$, $g(x)=\sqrt{x^2}$

（3）$f(x)=\sin^2 x+\cos^2 x$, $g(x)=1$　（4）$f(x)=\sqrt[3]{x^4-x^3}$, $g(x)=x\cdot\sqrt[3]{x-1}$

3．设函数 $f(x)=\begin{cases}|\sin x|, & |x|<\dfrac{\pi}{3},\\ 0, & |x|\geqslant\dfrac{\pi}{3}\end{cases}$ 试求 $f\left(\dfrac{\pi}{6}\right)$、$f\left(\dfrac{\pi}{4}\right)$、$f\left(-\dfrac{\pi}{4}\right)$及 $f(2)$，并作出函数 $y=f(x)$的图形.

4．讨论下列函数的奇偶性：

（1）$y=x^2(1-x^2)$　（2）$y=x\cos 2x$　（3）$y=\dfrac{10^x-10^{-x}}{2}$　（4）$y=x+\cos x$

5．设下面所考虑的函数都是定义在区间(l,l)($l\neq 0$)内的，证明

（1）两个偶函数的和是偶函数，两个奇函数的和是奇函数；

（2）两个偶函数的乘积是偶函数，两个奇函数的乘积是偶函数，奇函数与偶函数的乘积是奇函数.

6. 求下列函数的反函数：

（1）$y=1+\ln(x+2)$　　（2）$y=\dfrac{1-x}{1+x}$

（3）$y=2\sin 3x, x\in\left[-\dfrac{\pi}{6},\dfrac{\pi}{6}\right]$　　（4）$y=10^{x-1}-2$

7. 在下列各题中，求由所给函数复合而成的函数，并求这函数分别对应于所给自变量值的函数值：

（1）$y=u^2, u=\sin x, x_1=\dfrac{\pi}{6}, x_2=\dfrac{\pi}{3}$

（2）$y=\sqrt{u}, u=1+x^2, x_1=1, x_2=2$

（3）$y=\mathrm{e}^u, u=x^2, x=\tan t, t_1=0, t_2=\dfrac{\pi}{4}$

（4）$y=u^2, u=\mathrm{e}^x, x=\tan t, t_1=0, t_2=\dfrac{\pi}{4}$

8. 下列函数可以看成由哪些简单函数复合而成：

（1）$y=\sqrt{3x-1}$　　（2）$y=\ln^3 x$　　（3）$y=\mathrm{e}^{x^2}$　　(4)$y=\sqrt{\ln\sqrt{x}}$

9. 设函数 $f(x)=\begin{cases}1, |x|<1\\ 0, |x|=1\\ -1, |x|>1\end{cases}$ 求 $f(\mathrm{e}^x)$并作出这个函数的图形.

1.2　数列的极限

极限概念是由于求某些实际问题的精确解答而产生的. 有许多实际问题的精确解仅通过有限次的算术运算是不能求出的，必须通过分析一个无限变化过程的变化趋势才能求出，由此产生了极限概念和极限方法.

1.2.1　数列极限的概念

关于数列极限，先举一个我国古代有关数列的例子.

古代哲学家庄周所著的《庄子・天下篇》引用过一句话："一尺之棰，日取其半，万世不竭"，其含义是：一根长为一尺的木棒，每天截下一半，这样的过程可以无限制地进行下去.

把每天截下部分的长度列出如下（单位为尺）：

第一天截下$\dfrac{1}{2}$，第二天截下$\dfrac{1}{2^2}$，……，第 n 天截下$\dfrac{1}{2^n}$，……这样就得到一个数列

$$\frac{1}{2},\frac{1}{2^2},\cdots,\frac{1}{2^n},\cdots. \text{ 或} \left\{\frac{1}{2^n}\right\}.$$

不难看出，数列$\left\{\frac{1}{2^n}\right\}$的通项$\frac{1}{2^n}$随着$n$的无限增大而无限地接近于0，但不等于0.

定义 1.5 设$x_n=f(n)$是一个定义在全体正整数集合上的函数（称为整标函数），当自变量n按正整数1,2,3,…依次增大的顺序取值时，函数值按相应的顺序排成一串数

$$f(1),f(2),f(3),\cdots,f(n),\cdots$$

称为一个无穷数列，简称数列．数列中的每一个数称为数列的项，$f(n)$称为**通项**.

数列也可以记为

$$x_1,x_2,\cdots,x_n,\cdots$$

或简单地记为$\{x_n\}$.

在几何上，数列$\{x_n\}$可看作数轴上一个动点，它依次取数轴上的点$x_1,x_2,\cdots,x_n,\cdots$（见图1.12）.

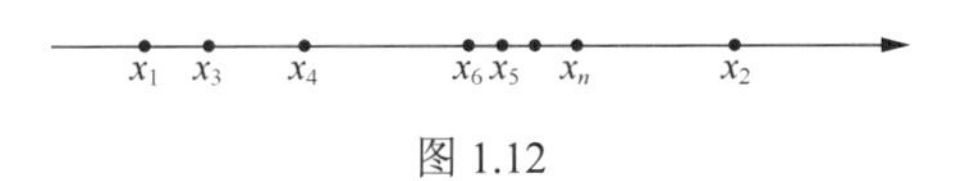

图 1.12

我们再观察几个数列的例子：

（1）$1,\frac{1}{2},\frac{1}{3},\cdots,\frac{1}{n},\cdots$

（2）$2,\frac{1}{2},\frac{4}{3},\cdots,\frac{n+(-1)^{n-1}}{n},\cdots$

（3）$1,-1,1,\cdots,(-1)^{n-1},\cdots$

（4）$2,4,6,\cdots,2n,\cdots$

它们的通项依次为 $\frac{1}{n},\frac{n+(-1)^{n-1}}{n},(-1)^{n-1},2n$.

对于数列我们所关心的问题是：当n无限增大（$n\to\infty$）时，数列$\{x_n\}$的变化趋势到底如何？它是否能无限接近于某一个数值？如果能，这个数值又等于多少？

可以看出上面4个数列中，当$n\to+\infty$时，数列（1）的通项$x_n=\frac{1}{n}$将无限接近于0，数列（2）的通项$x_n=\frac{n+(-1)^{n-1}}{n}=1+\frac{(-1)^{n-1}}{n}$将无限接近于常数1．数列（3）的通项$x_n=(-1)^{n-1}$始终交替地取得数值1和−1，并不接近于任何确定的数值．数列（4）的通项$x_n=2n$将无限增大，不接近于任何确定的数值．因此，我们认为数列（1）、（2）是"有极限"的，而数列（3）、（4）是"无极限"的.

收敛数列的特性是"随着n的无限增大，x_n无限地接近某一常数a"．这就是说，当n充分大时，数列的通项x_n与常数a之差的绝对值可以任意小．以数列（1）为

例，因为确定$\left|x_n-0\right|=\dfrac{1}{n}$：给定$\dfrac{1}{100}$要使$\dfrac{1}{n}<\dfrac{1}{100}$，只要$n>100$，即从第101项起，都能使不等式$\left|x_n-0\right|<\dfrac{1}{100}$成立．同样的给定$\dfrac{1}{10\,000}$，要使$\dfrac{1}{n}<\dfrac{1}{10\,000}$，只要$n>10\,000$，即从第10 001项起，都能使不等式$\left|x_n-0\right|<\dfrac{1}{10\,000}$成立．

一般地，不论给定的正数ε多么小，总存在着一个正整数N，使得当$n>N$时，不等式$\left|x_n-0\right|<\varepsilon$都成立，这说明当$n\to\infty$时，数列（1）的通项$x_n=\dfrac{1}{n}$与0的距离能达到任意小．

定义 1.6　设$\{x_n\}$为一数列，如果存在常数a，对于任意给定的正数ε（无论它多么小），总存在正整数N，使得当$n>N$时，不等式

$$\left|x_n-a\right|<\varepsilon$$

都成立，则称常数a是数列$\{x_n\}$的极限，或者称数列$\{x_n\}$收敛于a，记为

$$\lim_{n\to\infty}x_n=a \text{ 或 } x_n\to a\ (n\to\infty).$$

如果数列没有极限，则称数列不收敛，或称数列是**发散的．**

注　（1）定义中正数ε刻画x_n与定数a的接近程度，N刻画总有那么一个时刻（即刻画n充分大的程度）；ε是任意给定的，N随ε而确定的，一般情况下，ε越小，N的取值越大；

（2）ε是任意小的正数，那么$\dfrac{\varepsilon}{2}$、3ε或ε^2等同样也是任意小的正数．正由于ε是任意小正数，我们可限定ε小于一个确定的正数（如限定$\varepsilon<1$）．另外，定义中的$\left|x_n-a\right|<\varepsilon$也可改写成$\left|x_n-a\right|\leqslant\varepsilon$．

从几何意义上看，“当$n>N$时，有$\left|x_n-a\right|<\varepsilon$”意味着：所有下标大于$N$的项$x_n$都落在邻域$U(a;\varepsilon)$内；而在$U(a;\varepsilon)$之外，数列$\{x_n\}$中的项至多只有$N$个（有限个）．反之，任给$\varepsilon>0$，若在$U(a;\varepsilon)$之外的数列$\{x_n\}$中的项只有有限个，设这有限个项的最大下标为$N$，则当$n>N$时有$a_n\in U(a;\varepsilon)$，即当$n>N$时有$\left|x_n-a\right|<\varepsilon$（见图1.13）．

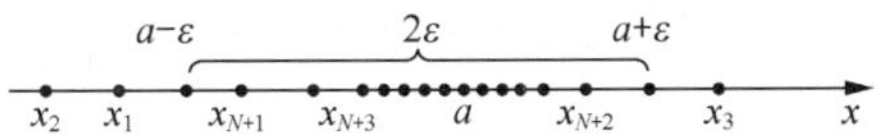

图 1.13

【例 1.1】　证明数列2，$\dfrac{1}{2}$，$\dfrac{4}{3}$，$\dfrac{3}{4}$，…，$\dfrac{n+(-1)^{n-1}}{n}$，…的极限是1．

证明 $\forall\varepsilon>0$，因为 $|x_n-a|=\left|\dfrac{n+(-1)^{n-1}}{n}-1\right|=\dfrac{1}{n}$，为了使 $|x_n-a|<\varepsilon$，只要 $\dfrac{1}{n}<\varepsilon$ 或 $n>\dfrac{1}{\varepsilon}$．所以 $\forall\varepsilon>0$，取 $N=\left[\dfrac{1}{\varepsilon}\right]$，当 $n>N$ 时，就有 $\left|\dfrac{n+(-1)^{n-1}}{n}-1\right|<\varepsilon$，故 $\lim\limits_{n\to\infty}\dfrac{n+(-1)^{n-1}}{n}=1$．

1.2.2　收敛数列性质

定理 1.1（**唯一性**）　若数列 $\{x_n\}$ 收敛，则它的极限唯一．即，若 $\lim\limits_{n\to\infty}x_n=a$，则 a 唯一．

定理 1.2（**有界性**）　若数列 $\{x_n\}$ 收敛，则 $\{x_n\}$ 为有界数列，即存在正数 M，使得对一切正整数 n 有

$$|x_n|\leqslant M．$$

证　设 $\lim\limits_{n\to\infty}x_n=a$，取 $\varepsilon=1$，存在正数 N，对一切 $n>N$ 有

$$|x_n-a|<1\qquad 即\qquad a-1<x_n<a+1．$$

记
$$M=\max\{|x_1|,|x_2|,\cdots,|x_N|,|a-1|,|a+1|\},$$

则对一切正整数 n 都有 $|x_n|\leqslant M$.

注　有界性只是数列收敛的必要条件，而非充分条件．例如数列 $\{(-1)^n\}$ 有界，但它并不收敛．

定理 1.3（**保号性**）　若 $\lim\limits_{n\to\infty}x_n=a>0$（或 $a<0$）则存在正数 N，当 $n>N$ 时，都有 $x_n>0$(或 $x_n<0$)

推论　如果数列 $\{x_n\}$ 从某项起有 $x_n\geqslant0$（或 $x_n\leqslant0$），且 $\lim\limits_{n\to\infty}x_n=a$，则 $a\geqslant0$（或 $a\leqslant0$）.

定理 1.4（**保不等式性**）　设 $\{x_n\}$ 与 $\{y_n\}$ 均为收敛数列．若存在正数 N_0，使得当 $n>N_0$ 时，有 $x_n\leqslant y_n$，则 $\lim\limits_{n\to\infty}x_n\leqslant\lim\limits_{n\to\infty}y_n$．

习题 1-2

1．观察下列数列的变化趋势，判断哪些数列有极限．如有极限，写出它们的极限：

（1）$x_n=\dfrac{(-1)^n}{n}$　（2）$x_n=\dfrac{n-1}{n+1}$　（3）$x_n=n-\dfrac{1}{n}$　（4）$x_n=n\cdot(-1)^n$

2．根据数列极限的定义证明：

（1）$\lim\limits_{n\to\infty}\dfrac{n}{n+1}=1$　　　　（2）$\lim\limits_{n\to\infty}\dfrac{1}{n^2}=0$

3．设数列$\{x_n\}$有界，又$\lim\limits_{n\to\infty}y_n=0$，证明$\lim\limits_{n\to\infty}x_n y_n=0$

1.3 函数极限

数列是定义在正整数集合上的函数，它的极限只是一种特殊的函数（即整标函数）的极限．现在我们讨论定义于实数集合上的函数$y=f(x)$的极限．

1.3.1 当$x\to\infty$时函数$y=f(x)$的极限

例如，函数

$$y=\frac{1}{x}(x\neq 0),$$

当$|x|$无限增大时，y无限地接近于0．也就是说，“当$|x|$无限增大时，$|y-0|$可以任意小”．这时我们称“$x\to\infty$时，函数$y=\dfrac{1}{x}$以0为极限”．

定义1.7　设$f(x)$当$|x|$大于某一正数时有定义，如果存在常数A，对于任意给的正数ε（不论它多么小），总存在着正数X，使得当$|x|>X$时，不等式

$$|f(x)-A|<\varepsilon$$

恒成立，则常数A叫做函数$f(x)$当$x\to\infty$时的极限，记作

$$\lim_{x\to\infty}f(x)=A \quad 或 \quad f(x)\to A\ (x\to\infty).$$

如果$x>0$且无限增大（记作$x\to+\infty$），那么只要把上面定义中的$|x|>X$改为$x>X$，就可以得到$\lim\limits_{x\to+\infty}f(x)=A$的定义．同样，如果$x<0$而$|x|$无限增大（记作$x\to-\infty$），那么只要把$|x|>X$改为$x<-X$，便得$\lim\limits_{x\to-\infty}f(x)=A$的定义．

显然$\lim\limits_{x\to\infty}f(x)=A\Leftrightarrow\lim\limits_{x\to-\infty}f(x)=A$且$\lim\limits_{x\to+\infty}f(x)=A$

$\lim\limits_{x\to+\infty}f(x)=A$的几何意义如图1.14所示，作直线$y=A-\varepsilon$和$y=A+\varepsilon$，则总有一个正数$X$存在，使得当$x>X$时，函数$y=f(x)$图形位于这两条直线之间．

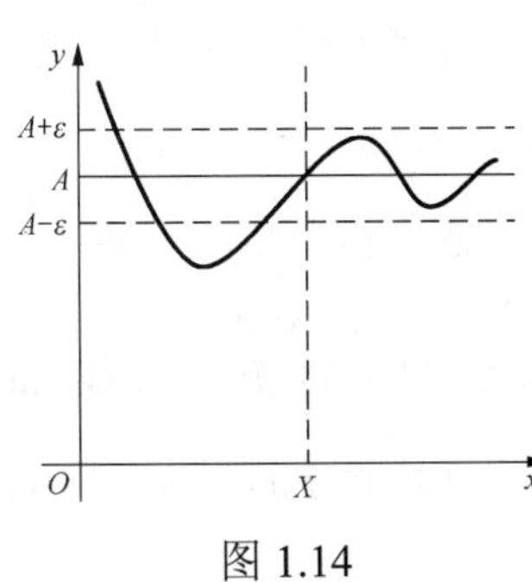

图1.14

【例1.2】　证明$\lim\limits_{x\to\infty}\dfrac{1}{x}=0$

证　任给$\varepsilon>0$，取$X=\dfrac{1}{\varepsilon}$，则当$|x|>X$时有

$$\left|\frac{1}{x}-0\right|=\frac{1}{|x|}<\frac{1}{X}=\varepsilon$$

所以 $\lim\limits_{x\to\infty}\frac{1}{x}=0$.

1.3.2　当 $x\to x_0$ 时函数 $y=f(x)$ 的极限

设 f 为定义在点 x_0 的某个空心邻域 $U^\circ(x_0)$ 内的函数．现在讨论当 x 趋于 $x_0(x\neq x_0)$ 时，对应的函数值能否趋于某个定数 A．这类函数极限的定义如下．

定义 1.8　设函数 f 在点 x_0 的某一去心邻域内有定义，如果存在常数 A，对任意给定的正数 ε（无论它多么小），总存在正数 δ，使得当 x 满足不等式 $0<|x-x_0|<\delta$ 时，对应的函数值 $f(x)$ 满足不等式

$$|f(x)-A|<\varepsilon$$

则称**函数 f 当 x 趋于 x_0 时以 A 为极限**，记作

$$\lim_{x\to x_0}f(x)=A \text{ 或 } f(x)\to A\ (x\to x_0)$$

上述定义称为 $x\to x_0$ 时函数极限的分析定义或 $x\to x_0$ 时函数极限的"ε–δ"定义．研究 $f(x)$ 当 $x\to x_0$ 的极限时，我们关心的是 x 无限趋近 x_0 时 $f(x)$ 的变化趋势，而不关心 $f(x)$ 在 $x=x_0$ 处有无定义、其值的大小如何，因此定义中使用了去心邻域．这就是说 $f(x)$ 在 $x=x_0$ 处有无极限与函数在该点有没有定义无关．

函数 $f(x)$ 当 $x\to x_0$ 时的极限为 A 的**几何解释**如下：任意给定一正数 ε，作平行于 x 轴的两条直线 $y=A+\varepsilon$ 和 $y=A-\varepsilon$，介于这两条直线之间是一横条区域．根据定义，对于给定的 ε，存在着点 x_0 的一个 δ 邻域（$x_0-\delta$，$x_0+\delta$），当 $y=f(x)$ 的图形上的点的横坐标 x 在邻域（$x_0-\delta$，$x_0+\delta$）内，但 $x\neq x_0$ 时，这些点的纵坐标 $f(x)$ 满足不等式

$$|f(x)-A|<\varepsilon,\ \text{或}\ A-\varepsilon<f(x)<A+\varepsilon.$$

亦即这些点落在上面所作的横条区域内，如图 1.15 所示．

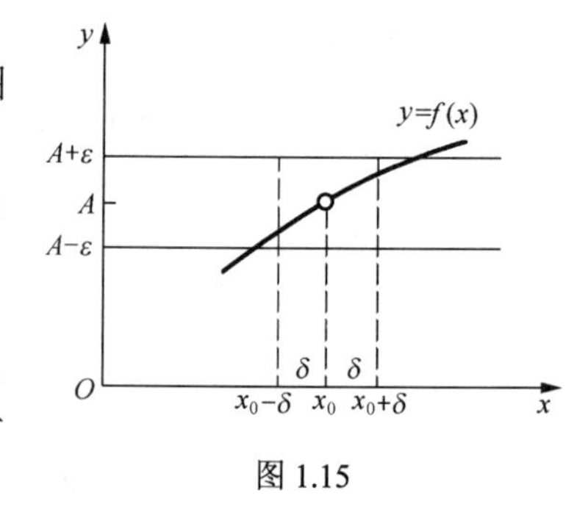

图 1.15

【例 1.3】　证明下列极限：（1）$\lim\limits_{x\to x_0}C=C$；（2）$\lim\limits_{x\to x_0}x=x_0$.

证　（1）这里 $|f(x)-A|=|C-C|=0$，因此 $\forall\ \varepsilon>0$，任取一个正数 δ，当 $0<|x-x_0|<\delta$ 时，就有 $|C-C|=0<\varepsilon$ 恒成立，所以 $\lim\limits_{x\to x_0}C=C$.

（2）由于 $|f(x)-A|=|x-x_0|$，因此 $\forall\ \varepsilon>0$，取 $\delta=\varepsilon$，当 $0<|x-x_0|<\delta=\varepsilon$ 时，有 $|x-x_0|$

$<\varepsilon$恒成立，故 $\lim\limits_{x\to x_0} x = x_0$.

【例 1.4】 设函数 $f(x)=\dfrac{x^2-1}{x-1}$，讨论其在 $x\to1$ 时的极限.

解 函数 $f(x)$在点 $x=1$ 处无定义，但 $f(x)$当 $x\to1$ 时的极限是否存在与 $f(1)$是否有意义并无关系．当 $x\neq1$ 时，恒有 $\dfrac{x^2-1}{x-1}=x+1$，因此，可以看出当 $x\to1$ 时，函数 $f(x)=\dfrac{x^2-1}{x-1}$ 无限接近于数值 2，所以

$$\lim_{x\to1}\frac{x^2-1}{x-1}=2 .$$

有些函数在其定义域上某些点左侧与右侧的解析式不同（如分段函数定义域上的某些点），或函数在某些点仅在其一侧有定义，这时函数在那些点上的极限只能单侧地给出定义.

例如，函数

$$f(x)=\begin{cases}x^2, x\geqslant0\\ x, x<0\end{cases}$$

当 $x>0$ 而趋于 0 时，应按 $f(x)=x^2$ 来考查函数值的变化趋势；当 $x<0$ 而趋于 0 时，则应按 $f(x)=x$ 来考查.

类似地，在 $\lim\limits_{x\to x_0}f(x)=A$ 的定义中，把 $0<|x-x_0|<\delta$改为 $x_0<x<x_0+\delta$,（或 $x_0-\delta<x<x_0$）

则称数 A 为函数 $f(x)$当 x 趋于 x_0 时的**右（左）极限，** 记作

$$\lim_{x\to x_0^+}f(x)=A\left(\lim_{x\to x_0^-}f(x)=A\right)$$

或

$$f(x)\to A\ (x\to x_0^+)(f(x)\to A\ (x\to x_0^-)).$$

右极限与左极限统称为**单侧极限**．$f(x)$在点 x_0 的右极限与左极限又分别记为

$$f\left(x_0^+\right)=\lim_{x\to x_0^+}f(x) \qquad 与 f\left(x_0^-\right)=\lim_{x\to x_0^-}f(x) .$$

按定义容易验证函数 $f(x)=\begin{cases}x^2, x\geqslant0\\ x, x<0\end{cases}$ 在 $x=0$ 处的左、右极限分别为

$$f\left(0^-\right)=\lim_{x\to0^-}f(x)=\lim_{x\to0^-}x=0 ;$$

$$f\left(0^+\right)=\lim_{x\to0^+}f(x)=\lim_{x\to0^+}x^2=0 .$$

同样还可验证符号函数 sgn x 在 $x=0$ 处的左、右极限分别为

$$\lim_{x\to0^-}\operatorname{sgn}x=\lim_{x\to0^-}(-1)=-1,\ \lim_{x\to0^+}\operatorname{sgn}x=\lim_{x\to0^+}1=1$$

关于函数极限 $\lim\limits_{x\to x_0}f(x)$ 与相应的左、右极限之间的关系，有下述定理：

定理 1.5 $\lim\limits_{x\to x_0}f(x)=A\Leftrightarrow\lim\limits_{x\to x_0^+}f(x)=\lim\limits_{x\to x_0^-}f(x)=A$

应用定理 1.5 除了可验证函数极限的存在，还常可说明某些函数极限的不存在，如前面提到的符号函数 sgn x，由于它在 $x=0$ 处的左、右极限不相等，所以 $\lim\limits_{x\to0}\operatorname{sgn}x$ 不存在.

【例 1.5】 当 $x\to2$ 时，讨论 $f(x)=\begin{cases}\sqrt{x},x>2\\ \mathrm{e}^x,x<2\end{cases}$ 的极限.

解 $\lim\limits_{x\to2^-}f(x)=\lim\limits_{x\to2^-}\mathrm{e}^x=\mathrm{e}^2,\lim\limits_{x\to2^+}f(x)=\lim\limits_{x\to2^+}\sqrt{x}=\sqrt{2}$

$\lim\limits_{x\to2^-}f(x)$ 与 $\lim\limits_{x\to2^+}f(x)$ 都存在但并不相等，因此，$\lim\limits_{x\to2}f(x)$ 不存在.

1.3.3 函数极限的性质

性质 1 （唯一性）如果 $\lim\limits_{x\to x_0}f(x)$ 存在，则极限唯一.

性质 2 （局部有界性）如果 $\lim\limits_{x\to x_0}f(x)$ 存在，则在点 x_0 的某个去心邻域内，函数 $f(x)$ 有界.

性质 3 （局部保号性）如果 $\lim\limits_{x\to x_0}f(x)=a$ 且 $a>0$（或 $a<0$），则在点 x_0 的某个去心邻域内，函数 $f(x)>0$（或 $f(x)<0$）.

习题 1-3

1．根据函数极限的定义证明：

（1）$\lim\limits_{x\to3}(3x-1)=8$　　（2）$\lim\limits_{x\to-2}\dfrac{x^2-4}{x+2}=-4$

（3）$\lim\limits_{x\to\infty}\dfrac{1+x^2}{2x^2}=\dfrac{1}{2}$　　（4）$\lim\limits_{x\to-\infty}2^x=0$

2．设函数 $f(x)=\begin{cases}x^2,x\leqslant0\\ 1+\sin x,x>0\end{cases}$，试求 $f(0^+)$ 及 $f(0^-)$，并说明该函数当 $x\to0$ 时的极限是否存在？

3．设函数 $f(x)=\dfrac{|x|}{x}$，试求 $f(0^+)$ 及 $f(0^-)$，并说明该函数当 $x\to0$ 时的极限

是否存在？

4．就 $\lim\limits_{x\to\infty} f(x)=A$ 的情况叙述极限的保号性.

1.4 无穷小与无穷大

在考查数列与函数的变化趋势时，通常情况下，我们会对两种情况加以关注，一是函数的绝对值无限变小，二是函数的绝对值无限变大．下面分别讨论这两种情形.

1.4.1 无穷小

1. 无穷小的概念

定义 1.9 在自变量 x 的某种变化过程中，如果函数 $f(x)$的极限为零，即 $\lim f(x)=0$，则称在该变化过程中，$f(x)$为无穷小量，简称无穷小，常用希腊字母 α,β,γ 等表示.

特别地，以零为极限的数列$\{x_n\}$也称为 $n\to\infty$ 时的无穷小.

例如：

（1）由于 $\lim\limits_{x\to\infty}\dfrac{1}{x}=0$，所以，函数 $f(x)=\dfrac{1}{x}$ 为 $x\to\infty$时的无穷小.

（2）由于 $\lim\limits_{x\to 1}(x-1)=0$，所以，函数 $f(x)=x-1$ 为 $x\to 1$ 时的无穷小.

（3）由于 $\lim\limits_{n\to\infty}\dfrac{1}{2^n}=0$，所以，数列$\left\{\dfrac{1}{2^n}\right\}$为 $n\to\infty$时的无穷小.

注 （1）定义中所述 x 的变化过程是指 $x\to\infty$，$x\to-\infty$，$x\to+\infty$，$x\to x_0$，$x\to x_0^-$，$x\to x_0^+$ 中的任意一种；

（2）无穷小是变量，它反映了函数趋于零的一种变化状态，除常数 0 之外，其他任何一个常数，不论它的绝对值有多小，其极限都不是零，而是此常数本身．因此，只有数 0 是无穷小，其余任何数都不是无穷小；

（3）对于同一个函数 $f(x)$，在自变量 x 的不同变化过程中，极限也会不同．因此，讨论无穷小时，必须指明自变量的变化过程．如函数 $f(x)=x-1$，当 $x\to 1$ 时是无穷小，当 $x\to 2$ 时就不是无穷小.

2. 无穷小与函数极限的关系

定理 1.6 在自变量 x 的同一种变化过程中，函数 $f(x)$以 A 为极限的充分且必要条件是 $f(x)$可以表示为 A 与一个无穷小$\alpha(x)$的和，即 $\lim f(x)=A\Leftrightarrow f(x)=A+\alpha(x)$，其中 $\lim\alpha(x)=0$.

证明 必要性 设$\alpha(x)=f(x)-A$，则

$$\lim\alpha(x)=\lim[f(x)-A]=\lim f(x)-A=A-A=0,$$

即在自变量 x 的同一种变化过程中，$\alpha(x)$是无穷小．所以

$$f(x)=A+\alpha(x)，其中\alpha(x)是无穷小.$$

充分性 由于 $f(x)=A+\alpha(x)$，且 $\lim\alpha(x)=0$，所以

$$\lim f(x)=\lim[A+\alpha(x)]=A+\lim\alpha(x)=A+0=A.$$

3. 无穷小的性质

性质 1 两个无穷小的代数和仍是无穷小．即

$$若\lim\alpha(x)=0，且\lim\beta(x)=0，则\lim[\alpha(x)\pm\beta(x)]=0$$

性质 2 两个无穷小的乘积仍是无穷小．即

$$若\lim\alpha(x)=0，且\lim\beta(x)=0，则\lim[\alpha(x)\cdot\beta(x)]=0$$

注 性质 1 和性质 2 可推广到任意有限多个无穷小的情形，即有限个无穷小的代数和、乘积仍为无穷小.

性质 3 有界函数与无穷小的乘积仍是无穷小.

性质 4 常数与无穷小的乘积仍是无穷小.

【例 1.6】 求下列极限:（1）$\lim\limits_{x\to 0}x\sin\dfrac{1}{x}$；（2）$\lim\limits_{x\to\infty}\dfrac{\sin x}{x}$.

解 （1）当 $x\neq 0$ 时，$\left|\sin\dfrac{1}{x}\right|\leqslant 1$，即 $\sin\dfrac{1}{x}$ 是有界函数，

而由于 $\lim\limits_{x\to 0}x=0$，所以，函数 $f(x)=x$ 为 $x\to 0$ 时的无穷小.

则 $x\to 0$ 时，函数 $x\sin\dfrac{1}{x}$ 为无穷小（性质 3）．因此，$\lim\limits_{x\to 0}x\sin\dfrac{1}{x}=0$.

（2）$|\sin x|\leqslant 1$，即 $\sin x$ 是有界函数，

而由于 $\lim\limits_{x\to\infty}\dfrac{1}{x}=0$，所以，函数 $f(x)=\dfrac{1}{x}$ 为 $x\to\infty$时的无穷小.

则 $x\to\infty$时，函数 $\dfrac{\sin x}{x}=\dfrac{1}{x}\sin x$ 为无穷小（性质 3）．因此，$\lim\limits_{x\to\infty}\dfrac{\sin x}{x}=0$.

1.4.2 无穷大

1. 无穷大的概念

定义 1.10 如果在自变量 x 的某种变化过程中，函数 $f(x)$的绝对值$|f(x)|$无限增大，则称在该变化中，$f(x)$为无穷大量，简称无穷大，记为 $\lim f(x)=\infty$.

类似可得正无穷大、负无穷大的概念．在自变量 x 的某种变化过程中，如果函数值 $f(x)>0$，且无限增大，则称 $f(x)$为正无穷大，记为 $\lim f(x)=+\infty$；如果函数值 $f(x)<0$，且$|f(x)|$无限增大，则称 $f(x)$为负无穷大，记为 $\lim f(x)=-\infty$.

例如，$f(x)=3x$ 是 $x\to\infty$时的无穷大，即 $\lim\limits_{x\to\infty}3x=\infty$；$f(x)=\dfrac{1}{x}$ 是 $x\to 0$ 时的无穷

大，即$\lim\limits_{x\to 0}\frac{1}{x}=\infty$.

从函数的图形可以看出，$\lim\limits_{x\to \frac{\pi}{2}^-}\tan x=+\infty$，$\lim\limits_{x\to \frac{\pi}{2}^+}\tan x=-\infty$，$\lim\limits_{x\to 0^+}\ln x=-\infty$.

注 （1）定义中所述 x 的变化过程是指 $x\to\infty$，$x\to-\infty$，$x\to+\infty$，$x\to x_0$，$x\to x_0^-$，$x\to x_0^+$ 六种形式；

（2）无穷大的概念也适用于数列；

（3）无穷大是变量，而且是绝对值越来越大、无限增大的变量，不是绝对值很大的常数；

（4）讨论无穷大时，必须指明自变量的变化过程．如函数 $f(x)=e^x$，当 $x\to+\infty$ 时是无穷大，当 $x\to-\infty$ 时，就是无穷小，即 $\lim\limits_{x\to+\infty}e^x=+\infty$，$\lim\limits_{x\to-\infty}e^x=0$；

（5）在 x 的某种变化过程中，$f(x)$ 为无穷大时，为了便于叙述函数的这一性态，我们借用极限记号 $\lim f(x)=\infty$ 来表示它，也说“函数 $f(x)$ 的极限为无穷大”，但此时，函数 $f(x)$ 的极限是不存在的.

2. 无穷大与无穷小的关系

可以证明，无穷大与无穷小之间有如下关系.

定理 1.7 在自变量 x 的同一种变化过程中，

（1）如果 $f(x)$ 为无穷大，那么 $\frac{1}{f(x)}$ 是无穷小；

（2）如果 $f(x)$ 为无穷小，且 $f(x)\neq 0$，那么 $\frac{1}{f(x)}$ 是无穷大.

可对本定理进行直观的解释．事实上，如果 $f(x)$ 为无穷大，$\left|\frac{1}{f(x)}\right|$ 会无限趋于零，则 $\frac{1}{f(x)}$ 是无穷小；反之，如果 $f(x)\neq 0$ 为无穷小，$f(x)$ 会无限趋于零，从而，$\left|\frac{1}{f(x)}\right|$ 会无限增大，则 $\frac{1}{f(x)}$ 是无穷大.

例如，由于 $\lim\limits_{x\to+\infty}e^x=+\infty$，则 $\lim\limits_{x\to+\infty}e^{-x}=\lim\limits_{x\to+\infty}\frac{1}{e^x}=0$；

由于 $\lim\limits_{x\to 1}(x-1)=0$，则 $\lim\limits_{x\to 1}\frac{1}{x-1}=\infty$.

习题 1-4

1．下列各种说法是否正确？为什么？

（1）无穷小是很小的常数；

（2）非常大的数是无穷大；

（3）零是无穷小；

（4）无穷小是零；

（5）两个无穷大的和一定是无穷大；

（6）两个无穷小的商一定是无穷小；

2．函数 $y=\dfrac{1}{(x-1)^2}$ 在 x 的哪种变化过程中是无穷小？又在 x 的哪种变化过程中是无穷大？

3．求下列极限：

（1）$\lim\limits_{x\to 0} x\cos\dfrac{1}{x^2}$　　（2）$\lim\limits_{x\to 1}(x-1)\sin\dfrac{1}{x-1}$　　（3）$\lim\limits_{x\to\infty}\dfrac{\arctan x}{x}$

1.5　极限的运算法则

我们已经知道，由极限的定义只能验证某个常数是否是某个函数的极限，而不能求出函数的极限．在这一节里，我们介绍函数极限的运算法则，并利用这些法则去求一些函数的极限．

在下面的讨论中，我们用记号“lim”表示自变量 x 取下列情况之一：$x\to x_0$，$x\to x_0^-$，$x\to x_0^+$，$x\to\infty$，$x\to-\infty$，$x\to+\infty$，在同一命题中，考虑的是自变量 x 的同一变化过程．

1.5.1　函数极限的四则运算法则

定理 1.8　设 $\lim f(x)=A$，$\lim g(x)=B$，则

（1）$\lim[f(x)\pm g(x)]=\lim f(x)\pm\lim g(x)=A\pm B$；

（2）$\lim[f(x)\cdot g(x)]=\lim f(x)\cdot\lim g(x)=A\cdot B$；

（3）当 $B\neq 0$ 时，$\lim\dfrac{f(x)}{g(x)}=\dfrac{\lim f(x)}{\lim g(x)}=\dfrac{A}{B}$．

证明　下面只证（1），（2）、（3）的证明从略．

因 $\lim f(x)=A$，$\lim g(x)=B$，于是可令

$$f(x)=A+\alpha,\ g(x)=B+\beta,$$

其中 α,β 均为无穷小．这样

$$f(x)\pm g(x)=(A+\alpha)\pm(B+\beta)=(A\pm B)+(\alpha\pm\beta),$$

即 $f(x)\pm g(x)$ 可以表示为常数 $A\pm B$ 与无穷小 $\alpha\pm\beta$ 之和．因此，

$$\lim[f(x)\pm g(x)]=A\pm B=\lim f(x)\pm\lim g(x).$$

定理中的（1）和（2）可以推广到有限个函数的情形．例如，若 $f(x),g(x),h(x)$ 的极限都存在，则

$$\lim[f(x)+g(x)-h(x)]=\lim f(x)+\lim g(x)-\lim h(x);$$

$$\lim[f(x)g(x)h(x)]=\lim f(x)\lim g(x)\lim h(x).$$

由此易得下面的推论.

推论 1 常数因子可以提到极限符号外面去，即

$$\lim[Cf(x)]=C\lim f(x).$$

推论 2 如果 $\lim f(x)$存在，则

$$\lim[f(x)]^k=[\lim f(x)]^k \qquad （k\text{ 为自然数}）$$

对于数列运算法则同样适用.

定理 1.9 设有数列$\{x_n\}$和$\{y_n\}$. 如果

$$\lim_{n\to\infty}x_n=A,\lim_{n\to\infty}y_n=B,$$

则（1）$\lim\limits_{n\to\infty}(x_n\pm y_n)=A\pm B$；

（2）$\lim\limits_{n\to\infty}(x_n\cdot y_n)=A\cdot B$；

（3）当 $y_n\neq0(\mathrm{n}=1,2,\cdots)$且 $B\neq0$ 时，$\lim\limits_{n\to\infty}\dfrac{x_n}{y_n}=\dfrac{A}{B}$.

【例 1.7】 求$\lim\limits_{x\to2}(3x^2-4x+1)$

解 $\lim\limits_{x\to2}(3x^2-4x+1)=\lim\limits_{x\to2}(3x^2)-\lim\limits_{x\to2}(4x)+\lim\limits_{x\to2}1=3\lim\limits_{x\to2}x^2-4\lim\limits_{x\to2}x+\lim\limits_{x\to2}1$

$$=3\times2^2-4\times2+1=5$$

【例 1.8】设多项式 $P(x)=a_0+a_1x+a_2x^2+\cdots+a_nx^n$（其中 $a_0,a_1,a_2,\cdots,a_n$ 为常数）求$\lim\limits_{x\to x_0}P(x)$.

解 $\lim\limits_{x\to x_0}P(x)=\lim\limits_{x\to x_0}(a_0+a_1x+a_2x^2+\cdots+a_nx^n)$

$$=a_0\lim_{x\to x_0}1+a_1\lim_{x\to x_0}x+\cdots+a_n(\lim_{x\to x_0}x)^n$$

$$=a_0+a_1x_0+a_2x_0^2+\cdots+a_nx_0^n=P(x_0)$$

从这个例子可以看出：求多项式 $P(x)$当 $x\to x_0$ 时的极限时，只要将 x_0 代入多项式中计算 $P(x_0)$的值，即$\lim\limits_{x\to x_0}P(x)=P(x_0)$.

又 $P(x)$，$Q(x)$为多项式，且 $Q(x_0)\neq0$，则有理分式函数$\dfrac{P(x)}{Q(x)}$当 $x\to x_0$ 时的极限为$\dfrac{P(x_0)}{Q(x_0)}$，即$\lim\limits_{x\to x_0}\dfrac{P(x)}{Q(x)}=\dfrac{\lim\limits_{x\to x_0}P(x)}{\lim\limits_{x\to x_0}Q(x)}=\dfrac{P(x_0)}{Q(x_0)}$.

在求函数商的极限时要注意分母为零的情况，此时虽然函数商的极限法则不能应用，但也不能直接断定函数极限不存在，比如看看分子分母有无公因子，总之需要根据具体情况采取其他方法处理.

【例 1.9】 求极限 $\lim\limits_{x\to 1}\dfrac{x-1}{x^2-1}$.

解 因为分母的极限 $\lim\limits_{x\to 1}(x^2-1)=0$，不能运用商的极限法则，由于 $x\to 1$ 时，$x\neq 1$，故可以消去分子分母中的公因子 $x-1$，得

$$\lim_{x\to 1}\frac{x-1}{x^2-1}=\lim_{x\to 1}\frac{x-1}{(x-1)(x+1)}=\lim_{x\to 1}\frac{1}{x+1}=\frac{\lim\limits_{x\to 1}1}{\lim\limits_{x\to 1}(x+1)}=\frac{1}{2}$$

【例 1.10】 求极限 $\lim\limits_{x\to\infty}\dfrac{2x^2+x-3}{3x^2-x+2}$.

解 当 $x\to\infty$时，分子与分母都没有极限，故不能运用商的极限运算法则，现将分子分母都除以 x^2，并注意到 $\lim\limits_{x\to\infty}\dfrac{1}{x}=0$ 得

$$\lim_{x\to\infty}\frac{2x^2+x-3}{3x^2-x+2}=\lim_{x\to\infty}\frac{\dfrac{2x^2+x-3}{x^2}}{\dfrac{3x^2-x+2}{x^2}}=\lim_{x\to\infty}\frac{2+\dfrac{1}{x}-\dfrac{3}{x^2}}{3-\dfrac{1}{x}+\dfrac{2}{x^2}}=\frac{\lim\limits_{x\to\infty}\left(2+\dfrac{1}{x}-\dfrac{3}{x^2}\right)}{\lim\limits_{x\to\infty}\left(3-\dfrac{1}{x}+\dfrac{2}{x^2}\right)}=\frac{2}{3}.$$

【例 1.11】 求 $\lim\limits_{x\to\infty}\dfrac{2x^2+3x+5}{3x^3+2x^2+x+1}$.

解 将分子分母都除以 x^3，得

$$\lim_{x\to\infty}\frac{2x^2+3x+5}{3x^3+2x^2+x+1}=\lim_{x\to\infty}\frac{\dfrac{2}{x}+\dfrac{3}{x^2}+\dfrac{5}{x^3}}{3+\dfrac{2}{x}+\dfrac{1}{x^2}+\dfrac{1}{x^3}}$$

$$=\frac{2\lim\limits_{x\to\infty}\dfrac{1}{x}+3\left(\lim\limits_{x\to\infty}\dfrac{1}{x}\right)^2+5\left(\lim\limits_{x\to\infty}\dfrac{1}{x}\right)^3}{3\lim\limits_{x\to\infty}1+2\lim\limits_{x\to\infty}\dfrac{1}{x}+\left(\lim\limits_{x\to\infty}\dfrac{1}{x}\right)^2+\left(\lim\limits_{x\to\infty}\dfrac{1}{x}\right)^3}=\frac{0+0+0}{3+0+0+0}=0.$$

【例 1.12】 求 $\lim\limits_{x\to\infty}\dfrac{2x^3+5}{8x^2+7x+1}$.

解 用例 1.11 的方法可得 $\lim\limits_{x\to\infty}\dfrac{8x^2+7x+1}{2x^3+5}=0$.

于是有

$$\lim_{x\to\infty}\frac{2x^3+5}{8x^2+7x+1}=\infty.$$

用类似的方法可以得到一般的结论：设 $a_0\neq 0$，$b_0\neq 0$ 则

$$\lim_{x\to\infty}\frac{a_0x^m+a_1x^{m-1}+\cdots+a_m}{b_0x^n+b_1x^{n-1}+\cdots+b_n}=\begin{cases}0, m<n\\ \dfrac{a_0}{b_0}, m=n\\ \infty, m>n\end{cases}$$

1.5.2 复合函数的极限

定理1.10 设 $\lim\limits_{u\to u_0}f(u)=A$，又设函数 $u=g(x)(u\neq u_0)$ 当 $x\to x_0$ 时有极限 $\lim\limits_{x\to x_0}g(x)=u_0$，则复合函数 $f[g(x)]$ 当 $x\to x_0$ 时存在极限且

$$\lim_{x\to x_0}f[g(x)]=\lim_{u\to u_0}f(u)=A.$$

证明从略.

上式表明：在求 $\lim\limits_{x\to x_0}f[g(x)]$ 时，可先作变量代换 $u=g(x)$ 并求出 $\lim\limits_{x\to x_0}g(x)=u_0$，就可以将求 $\lim\limits_{x\to x_0}f[g(x)]$ 化为求 $\lim\limits_{u\to u_0}f(u)$. 因此复合函数的运算法则也称为求极限时的变量代换法则.

【例 1.13】 求 $\lim\limits_{x\to 0}(\sqrt{x^2+4}+2)$.

解 令 $u=x^2+4$，由于 $\lim\limits_{x\to 0}\left(x^2+4\right)=0+4=4$，故

由复合函数的运算法则得

$$\lim_{x\to 0}\left(\sqrt{x^2+4}+2\right)=\lim_{u\to 4}\left(\sqrt{u}+2\right)=4$$

定理 1.11 如果 $f(x)\geqslant g(x)$，且 $\lim f(x)=A$，$\lim g(x)=B$，则 $A\geqslant B$.

证明从略

注 （1）若 $\lim f(x)$，$\lim g(x)$ 都不存在，那么 $\lim[f(x)\pm g(x)]$ 可能存在；

例如 $\lim\limits_{x\to\frac{\pi}{2}}\tan^2 x=\infty$，$\lim\limits_{x\to\frac{\pi}{2}}\sec^2 x=\infty$，

但 $\lim\limits_{x\to\frac{\pi}{2}}[f(x)-g(x)]=\lim\limits_{x\to\frac{\pi}{2}}(\tan^2 x-\sec^2 x)=\lim\limits_{x\to\frac{\pi}{2}}(-1)=-1$

由此可见，两个函数极限存在，仅是它们的和、差的极限存在的充分条件，并不是必要条件（积、商的运算法则也是如此）.

（2）若 $\lim f(x)$ 存在，$\lim g(x)$ 不存在，那么 $\lim[f(x)\pm g(x)]$ 一定不存在；因为 $g(x)=[f(x)\pm g(x)]\mp f(x)$，若 $\lim[f(x)\pm g(x)]$ 存在，则根据四则运算法则可推出 $\lim g(x)$ 也存在，这与假设矛盾.

（3）在求得函数极限值以后，记号“lim”就应去掉，而在尚未求得极限值时，记号“lim”仍应保留，不得遗漏.

习题 1-5

1．计算下列极限：

（1）$\lim\limits_{x\to 1}\dfrac{x^2-3x+1}{x^2+1}$　（2）$\lim\limits_{x\to 1}\dfrac{x^2-3x+2}{x^2-1}$　（3）$\lim\limits_{x\to\infty}\dfrac{x^2-2x+3}{3x^2+4}$

（4）$\lim\limits_{x\to\infty}\dfrac{x+6}{3x^2+x+3}$　（5）$\lim\limits_{h\to 0}\dfrac{(x+h)^2-x^2}{h}$　（6）$\lim\limits_{n\to\infty}\dfrac{1+2+3+\cdots+(n-1)}{n^2}$

（7）$\lim\limits_{n\to\infty}\dfrac{(n+1)(2n+1)}{n^2}$　（8）$\lim\limits_{n\to\infty}\left(1+\dfrac{1}{2}+\dfrac{1}{4}+\cdots+\dfrac{1}{2^n}\right)$

2．计算下列极限：

（1）$\lim\limits_{x\to\infty}\mathrm{e}^{\frac{1}{x^2}}$　（2）$\lim\limits_{x\to 0}\ln(x+1)$　（3）$\lim\limits_{x\to 4}\dfrac{\sqrt{1+2x}-3}{\sqrt{x}-2}$　（4）$\lim\limits_{n\to\infty}\sqrt{n}\left(\sqrt{n+1}-\sqrt{n}\right)$

1.6　极限存在准则及两个重要极限

利用极限运算法则和已知极限，可以求出一些初等函数的极限，但对于某些极限则不易由上述方法求出．另外，在讨论比较复杂的极限问题时，通常情况下，首先考查该极限是否存在，当极限存在时，再考虑如何求出该极限．下面就介绍判定极限是否存在的两个准则，即夹逼准则和单调有界收敛准则．作为极限存在准则的应用，讨论两个重要极限．

1.6.1　夹逼准则及应用

1. 夹逼准则

准则Ⅰ　如果数列$\{x_n\}$、$\{y_n\}$和$\{z_n\}$满足：

（1）存在某个正整数 N，使得当 $n>N$ 时，总有 $y_n\leqslant x_n\leqslant z_n$；

（2）$\lim\limits_{n\to\infty}y_n=\lim\limits_{n\to\infty}z_n=a$，

则$\lim\limits_{n\to\infty}x_n$存在，且$\lim\limits_{n\to\infty}x_n=a$．

上述数列极限的夹逼准则可以推广到函数极限的形式．

准则Ⅰ′　如果在自变量 x 的同一种变化过程中，函数 $f(x)$、$g(x)$和 $h(x)$满足：

（1）在自变量 x 的此变化过程中，总有 $g(x)\leqslant f(x)\leqslant h(x)$；

（2）$\lim g(x)=\lim h(x)=A$，

则 $\lim f(x)$存在，且 $\lim f(x)=A$．

【例 1.14】　求数列极限$\lim\limits_{n\to\infty}\left(\dfrac{1}{\sqrt{n^2+1}}+\dfrac{1}{\sqrt{n^2+2}}+\cdots+\dfrac{1}{\sqrt{n^2+n}}\right)$．

解 设 $x_n=\frac{1}{\sqrt{n^2+1}}+\frac{1}{\sqrt{n^2+2}}+\cdots+\frac{1}{\sqrt{n^2+n}}$，则有

$$\frac{1}{\sqrt{n^2+n}}+\frac{1}{\sqrt{n^2+n}}+\cdots+\frac{1}{\sqrt{n^2+n}}\leqslant x_n\leqslant\frac{1}{\sqrt{n^2+1}}+\frac{1}{\sqrt{n^2+1}}+\cdots+\frac{1}{\sqrt{n^2+1}}$$

所以，$\frac{n}{\sqrt{n^2+n}}\leqslant x_n\leqslant\frac{n}{\sqrt{n^2+1}}$，且

$$\lim_{n\to\infty}\frac{n}{\sqrt{n^2+n}}=\lim_{n\to\infty}\frac{1}{\sqrt{1+\frac{1}{n}}}=1,\lim_{n\to\infty}\frac{n}{\sqrt{n^2+1}}=\lim_{n\to\infty}\frac{1}{\sqrt{1+\frac{1}{n^2}}}=1$$

因此，$\lim_{n\to\infty}\left(\frac{1}{\sqrt{n^2+1}}+\frac{1}{\sqrt{n^2+2}}+\cdots+\frac{1}{\sqrt{n^2+n}}\right)=1$（夹逼准则Ⅰ）.

【例 1.15】 证明：在自变量 x 的同一种变化过程中，若 $\lim|f(x)|=0$，则 $\lim f(x)=0$.

证明 由于 $-|f(x)|\leqslant f(x)\leqslant|f(x)|$，且

$$\lim|f(x)|=0;\ \lim(-|f(x)|)=-\lim|f(x)|=0,$$

所以 $\lim f(x)=0$ （夹逼准则Ⅰ′）.

2. $\lim\limits_{x\to0}\frac{\sin x}{x}=1$

下面利用夹逼准则Ⅰ′证明重要极限 $\lim\limits_{x\to0}\frac{\sin x}{x}=1$.

（1）先证当 $0<|x|<\frac{\pi}{2}$ 时，有 $\cos x<\frac{\sin x}{x}<1$.

如图 1.16 所示，作单位圆，设圆心角 $\angle AOB=x$（弧度角），且 $0<x<\frac{\pi}{2}$，点 B 处的切线与 OA 的延长线交于点 D，连接点 A 与 B．由于，

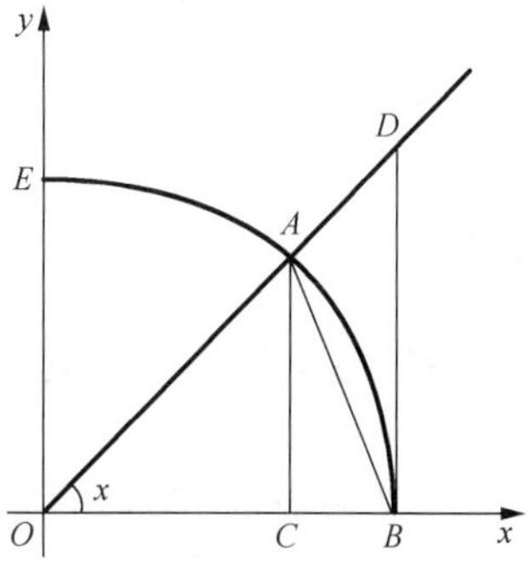

图 1.16

$\triangle AOB$ 的面积＜扇形 AOB 的面积＜$\triangle DOB$ 的面积，

$\triangle AOB$ 的面积$=\frac{1}{2}\cdot OA\cdot OB\cdot\sin\angle AOB=\frac{1}{2}\cdot1\cdot1\cdot\sin x$，

扇形 AOB 的面积$=\frac{1}{2}\cdot OA^2\cdot\angle AOB=\frac{1}{2}\cdot1^2\cdot x$，

$\triangle DOB$ 的面积$=\frac{1}{2}OB\cdot OB\cdot\tan\angle DOB=\frac{1}{2}\cdot1\cdot1\cdot\tan x$，

所以，$\frac{1}{2}\sin x<\frac{1}{2}x<\frac{1}{2}\tan x$，即 $\sin x<x<\tan x\left(0<x<\frac{\pi}{2}\right)$，同除以 $\sin x\ (>0)$，有

$$1<\frac{x}{\sin x}<\frac{1}{\cos x},$$

则当 $0<x<\frac{\pi}{2}$ 时，有 $\cos x<\frac{\sin x}{x}<1$，

当 $-\frac{\pi}{2}<x<0$ 时，有 $0<-x<\frac{\pi}{2}$，所以

$$\cos(-x)<\frac{\sin(-x)}{-x}<1，即 \cos x<\frac{\sin x}{x}<1,$$

因此，$\cos x<\frac{\sin x}{x}<1$ 对于 $0<|x|<\frac{\pi}{2}$ 总成立.

（2）再证 $\lim\limits_{x\to 0}\cos x=1$.

由于当 $0<|x|<\frac{\pi}{2}$ 时，$0<|\sin x|<|x|$，从而 $0\leqslant 1-\cos x=2\sin^2\frac{x}{2}\leqslant 2\cdot\left(\frac{x}{2}\right)^2=\frac{1}{2}x^2$，即

$0\leqslant 1-\cos x\leqslant\frac{1}{2}x^2$，而 $\lim\limits_{x\to 0}0=0,\lim\limits_{x\to 0}\frac{1}{2}x^2=0$

所以 $\lim\limits_{x\to 0}(1-\cos x)=0$（函数极限的夹逼准则 I'），

从而 $\lim\limits_{x\to 0}\cos x=\lim\limits_{x\to 0}[1-(1-\cos x)]=1$.

（3）最后，由于当 $0<|x|<\frac{\pi}{2}$ 时，有 $\cos x<\frac{\sin x}{x}<1$，且 $\lim\limits_{x\to 0}\cos x=\lim\limits_{x\to 0}1=1$，

因此 $\lim\limits_{x\to 0}\frac{\sin x}{x}=1$（函数极限的夹逼准则 I'）.

利用 $\lim\limits_{x\to 0}\frac{\sin x}{x}=1$ 可求其他一些函数的极限.

【例 1.16】 求极限 $\lim\limits_{x\to 0}\frac{\tan x}{x}$.

解 $\lim\limits_{x\to 0}\frac{\tan x}{x}=\lim\limits_{x\to 0}\frac{\sin x}{x\cos x}=\lim\limits_{x\to 0}\frac{\sin x}{x}\cdot\lim\limits_{x\to 0}\frac{1}{\cos x}=1$.

注 $\lim\limits_{x\to 0}\frac{\sin x}{x}$ 为 $\frac{0}{0}$ 型极限，我们可以推广为：

在 x 的某一变化过程中，若 $\lim\phi(x)=0$，且 $\phi(x)\neq 0$，则 $\lim\limits_{\phi(x)\to 0}\frac{\sin\phi(x)}{\phi(x)}=1$.

【例 1.17】 求极限 $\lim\limits_{x\to 0}\frac{\sin 3x}{x}$.

解 $\lim\limits_{x\to 0}\frac{\sin 3x}{x}=\lim\limits_{x\to 0}\left(\frac{\sin 3x}{3x}\cdot 3\right)=3\lim\limits_{x\to 0}\frac{\sin 3x}{3x}=3$.

【例 1.18】 求极限 $\lim\limits_{x\to 0}\dfrac{1-\cos x}{x^2}$.

解 $\lim\limits_{x\to 0}\dfrac{1-\cos x}{x^2}=\lim\limits_{x\to 0}\dfrac{2\sin^2\dfrac{x}{2}}{x^2}=\lim\limits_{x\to 0}\dfrac{2\sin^2\dfrac{x}{2}}{4\left(\dfrac{x}{2}\right)^2}=\dfrac{1}{2}\lim\limits_{x\to 0}\left(\dfrac{\sin\dfrac{x}{2}}{\dfrac{x}{2}}\right)^2=\dfrac{1}{2}$.

【例 1.19】 求极限 $\lim\limits_{x\to 0}\dfrac{\arcsin x}{x}$.

解 设 $t=\arcsin x$，则 $x=\sin t$，且当 $x\to 0$ 时，$t\to 0$，于是

$$\lim_{x\to 0}\frac{\arcsin x}{x}=\lim_{t\to 0}\frac{t}{\sin t}=1.$$

类似的，有 $\lim\limits_{x\to 0}\dfrac{\arctan x}{x}=1$.

1.6.2 单调有界收敛准则及应用

1. 单调有界收敛准则

若数列$\{x_n\}$满足：$x_1\leqslant x_2\leqslant\cdots\leqslant x_n\leqslant x_{n+1}\leqslant\cdots$，则称$\{x_n\}$为单调增加数列；反之，若 $x_1\geqslant x_2\geqslant\cdots\geqslant x_n\geqslant x_{n+1}\geqslant\cdots$，则称$\{x_n\}$为单调减少数列. 单调增加数列与单调减少数列统称为单调数列.

准则 II 单调有界数列必有极限.

我们知道收敛的数列一定有界，但有界的数列未必收敛. 准则 II 表明，如果一个数列不仅单调，而且有界，则该数列一定收敛.

对于准则 II 不作证明，以单调增加的数列为例，仅给出几何解释.

从数轴上看，单调增加的数列$\{x_n\}$的点只能向数轴的正向移动：或者无限向右移动到无穷远处，或者无限趋近于某个定点 A，而对于有界数列$\{x_n\}$而言，只有可能是后者，即单调的有界数列$\{x_n\}$与某一确定常数无限接近，说明此数列有极限.

例如数列 $x_n=1-\dfrac{1}{n}$，显然，$\{x_n\}$单调增加，且有 $0\leqslant x_n<1$，即$\{x_n\}$有界，由准则 II 可知，$\lim\limits_{n\to\infty}x_n$ 存在. 事实上，$\lim\limits_{n\to\infty}\left(1-\dfrac{1}{n}\right)=1$.

2. $\lim\limits_{x\to\infty}\left(1+\dfrac{1}{x}\right)^x=\mathrm{e}$

先讨论极限 $\lim\limits_{n\to\infty}\left(1+\dfrac{1}{n}\right)^n$. 设 $x_n=\left(1+\dfrac{1}{n}\right)^n$，下证数列$\{x_n\}$有极限.

首先，证$\{x_n\}$单调增加. 根据二项式定理，有

$$x_n=\left(1+\frac{1}{n}\right)^n$$

$$=1+\frac{n}{1!}\cdot\frac{1}{n}+\frac{n(n-1)}{2!}\cdot\frac{1}{n^2}+\frac{n(n-1)(n-2)}{3!}\cdot\frac{1}{n^3}+\cdots+\frac{n(n-1)(n-2)\cdots[n-(n-1)]}{n!}\cdot\frac{1}{n^n}$$

$$=1+\frac{1}{1!}+\frac{1}{2!}\left(1-\frac{1}{n}\right)+\frac{1}{3!}\left(1-\frac{1}{n}\right)\left(1-\frac{2}{n}\right)+\cdots+\frac{1}{n!}\left(1-\frac{1}{n}\right)\left(1-\frac{2}{n}\right)\cdots\left(1-\frac{n-1}{n}\right)$$

类似的，

$$x_{n+1}=\left(1+\frac{1}{n+1}\right)^{n+1}$$

$$=1+\frac{1}{1!}+\frac{1}{2!}\left(1-\frac{1}{n+1}\right)+\frac{1}{3!}\left(1-\frac{1}{n+1}\right)\left(1-\frac{2}{n+1}\right)+\cdots+\frac{1}{n!}\left(1-\frac{1}{n+1}\right)\left(1-\frac{2}{n+1}\right)\cdots$$

$$\left(1-\frac{n-1}{n+1}\right)+\frac{1}{(n+1)!}\left(1-\frac{1}{n+1}\right)\left(1-\frac{2}{n+1}\right)+\cdots+\left(1-\frac{n}{n+1}\right).$$

比较 x_n 与 x_{n+1} 的展开式可知，除前两项相等外，从第三项开始，x_n 的每一项都小于 x_{n+1} 的对应项，而且 x_{n+1} 还多出一个正的尾项．因此 $x_n<x_{n+1}$，所以 $\{x_n\}$ 单调增加．

其次，证 $\{x_n\}$ 有界．由于

$$x_n=1+\frac{1}{1!}+\frac{1}{2!}\left(1-\frac{1}{n}\right)+\frac{1}{3!}\left(1-\frac{1}{n}\right)\left(1-\frac{2}{n}\right)+\cdots+\frac{1}{n!}\left(1-\frac{1}{n}\right)\left(1-\frac{2}{n}\right)\cdots\left(1-\frac{n-1}{n}\right)$$

$$<1+1+\frac{1}{2!}+\frac{1}{3!}+\cdots+\frac{1}{n!}$$

$$\leqslant 1+1+\frac{1}{2\cdot 1}+\frac{1}{3\cdot 2}+\cdots+\frac{1}{n(n-1)}$$

$$=1+1+\left(1-\frac{1}{2}\right)+\left(\frac{1}{2}-\frac{1}{3}\right)+\cdots+\left(\frac{1}{n-1}-\frac{1}{n}\right)=3-\frac{1}{n}<3$$

所以，对于每一个正整数 n，都有 $2=x_1\leqslant x_n<3$，则数列 $\{x_n\}$ 有界．

这样，根据准则 II 可知，$\left\{(1+\frac{1}{n})^n\right\}$ 有极限．我们把这个极限值记为 e，即 $\lim\limits_{n\to\infty}\left(1+\frac{1}{n}\right)^n=\mathrm{e}$．e 是一个无理数，值为 $\mathrm{e}=2.718281828459045\cdots$．指数函数 $y=\mathrm{e}^x$ 及自然对数 $y=\ln x$ 中的底就是这个常数 e．

设 $f(x)=\left(1+\frac{1}{x}\right)^x$，可以证明 $\lim\limits_{x\to\infty}\left(1+\frac{1}{x}\right)^x=\mathrm{e}$．

注 （1）$\lim\limits_{x\to\infty}\left(1+\frac{1}{x}\right)^x$ 为 1^∞ 型极限，我们可以推广为：

在 x 的某一变化过程中，若 $\lim\phi(x)=\infty$，则 $\lim\limits_{\phi(x)\to\infty}\left(1+\dfrac{1}{\phi(x)}\right)^{\phi(x)}=\mathrm{e}$.

（2）$\lim\limits_{x\to\infty}\left(1+\dfrac{1}{x}\right)^{x}=\mathrm{e}$ 的另一种表达形式为：$\lim\limits_{t\to 0}(1+t)^{\frac{1}{t}}=\mathrm{e}$.

事实上，令 $t=\dfrac{1}{x}$，则 $x=\dfrac{1}{t}$，且当 $x\to\infty$时，$t\to 0$，于是

$$\mathrm{e}=\lim_{x\to\infty}\left(1+\frac{1}{x}\right)^{x}=\lim_{t\to 0}(1+t)^{\frac{1}{t}}，即 \lim_{t\to 0}(1+t)^{\frac{1}{t}}=\mathrm{e} .$$

这仍是 1^{∞}型极限，可以推广为：

在 x 的某一变化过程中，若 $\lim\varphi(x)=0$，且 $\varphi(x)\neq 0$，则 $\lim\limits_{\varphi(x)\to 0}\left(1+\varphi(x)\right)^{\frac{1}{\varphi(x)}}=\mathrm{e}$.

【例 1.20】 求极限 $\lim\limits_{x\to\infty}\left(1+\dfrac{1}{x}\right)^{2x}$.

解 $$\lim_{x\to\infty}\left(1+\frac{1}{x}\right)^{2x}=\lim_{x\to\infty}\left[\left(1+\frac{1}{x}\right)^{x}\right]^{2}=\mathrm{e}^{2} .$$

【例 1.21】 求极限 $\lim\limits_{x\to\infty}\left(1-\dfrac{1}{x}\right)^{x}$.

解 $$\lim_{x\to\infty}\left(1-\frac{1}{x}\right)^{x}=\lim_{x\to\infty}\left(1+\frac{1}{-x}\right)^{(-x).(-1)}=\lim_{x\to\infty}\left[\left(1+\frac{1}{-x}\right)^{-x}\right]^{-1}=\mathrm{e}^{-1}=\frac{1}{\mathrm{e}} .$$

【例 1.22】 求极限 $\lim\limits_{x\to\infty}\left(1+\dfrac{3}{x}\right)^{x}$.

解 $$\lim_{x\to\infty}\left(1+\frac{3}{x}\right)^{x}=\lim_{x\to\infty}\left(1+\frac{3}{x}\right)^{\frac{x}{3}\cdot 3}=\lim_{x\to\infty}\left[\left(1+\frac{3}{x}\right)^{\frac{x}{3}}\right]^{3}=\mathrm{e}^{3} .$$

【例 1.23】 求极限 $\lim\limits_{x\to\infty}\left(\dfrac{2x+3}{2x+1}\right)^{x+1}$.

分析 我们需要凑出 $\lim\limits_{\phi(x)\to\infty}\left(1+\dfrac{1}{\phi(x)}\right)^{\phi(x)}$ 的极限形式.

解 $$\lim_{x\to\infty}\left(\frac{2x+3}{2x+1}\right)^{x+1}=\lim_{x\to\infty}\left(1+\frac{1}{x+\frac{1}{2}}\right)^{x+\frac{1}{2}+\frac{1}{2}}=\lim_{x\to\infty}\left(1+\frac{1}{x+\frac{1}{2}}\right)^{x+\frac{1}{2}}\cdot\sqrt{1+\frac{1}{x+\frac{1}{2}}}=\mathrm{e}\cdot 1=\mathrm{e} .$$

【例 1.24】 求极限 $\lim\limits_{x\to 0}\dfrac{\ln(1+x)}{x}$.

解 $$\lim_{x\to 0}\frac{\ln(1+x)}{x}=\lim_{x\to 0}\frac{1}{x}\ln(1+x)=\lim_{x\to 0}\ln(1+x)^{\frac{1}{x}}=\ln\left[\lim_{x\to 0}(1+x)^{\frac{1}{x}}\right]=\ln\mathrm{e}=1 .$$

【例 1.25】 求极限 $\lim\limits_{x\to 0}\dfrac{e^x-1}{x}$.

解 设 $t=e^x-1$，则 $x=\ln(1+t)$，且当 $x\to 0$ 时，$t\to 0$，于是

$$\lim_{x\to 0}\frac{e^x-1}{x}=\lim_{t\to 0}\frac{t}{\ln(1+t)}=\lim_{t\to 0}\frac{1}{\frac{1}{t}\ln(1+t)}=\frac{1}{\lim\limits_{t\to 0}\ln(1+t)^{\frac{1}{t}}}=\frac{1}{1}=1.$$

在利用 $\lim\limits_{x\to\infty}\left(1+\dfrac{1}{x}\right)^x=e$ 计算极限时，常会遇到形如 $f(x)^{g(x)}$ 的幂指函数的极限. 可以证明以下结论：在自变量 x 的同一种变化过程中，如果 $\lim f(x)=A>0$，且 $\lim g(x)=B$，则 $\lim f(x)^{g(x)}=A^B$.

【例 1.26】 求极限 $\lim\limits_{x\to\infty}\left(1+\dfrac{1}{x^2}\right)^{\frac{2x^3+1}{x+1}}$.

解 $\lim\limits_{x\to\infty}\left(1+\dfrac{1}{x^2}\right)^{\frac{2x^3+1}{x+1}}=\lim\limits_{x\to\infty}\left[\left(1+\dfrac{1}{x^2}\right)^{x^2}\right]^{\frac{2x^3+1}{x^2(x+1)}}$

令 $f(x)=\left(1+\dfrac{1}{x^2}\right)^{x^2}$， $g(x)=\dfrac{2x^3+1}{x^2(x+1)}=\dfrac{2x^3+1}{x^3+x^2}$，有

$\lim\limits_{x\to\infty}f(x)=e>0$，且 $\lim\limits_{x\to\infty}g(x)=2$，从而 $\lim\limits_{x\to\infty}\left[\left(1+\dfrac{1}{x^2}\right)^{x^2}\right]^{\frac{2x^3+1}{x^2(x+1)}}=e^2$，即

$$\lim_{x\to\infty}\left(1+\frac{1}{x^2}\right)^{\frac{2x^3+1}{x+1}}=e^2.$$

习题 1-6

1．计算下列极限：

（1）$\lim\limits_{x\to 0}\dfrac{\sin 5x}{x}$ （2）$\lim\limits_{x\to 0}\dfrac{\sin 7x}{\sin 2x}$ （3）$\lim\limits_{x\to 0}\dfrac{\tan 2x}{x}$ （4）$\lim\limits_{x\to\pi}\dfrac{\sin x}{x-\pi}$

（5）$\lim\limits_{x\to\infty}x\sin\dfrac{3}{x}$ （6）$\lim\limits_{x\to 0}\dfrac{x-\sin x}{x+\sin x}$ （7）$\lim\limits_{x\to 0}\dfrac{1-\cos 2x}{x\sin x}$ （8）$\lim\limits_{x\to 0}\dfrac{2\sin x-\sin 2x}{x^3}$

2．计算下列极限：

（1）$\lim\limits_{n\to\infty}\left(1+\dfrac{1}{n}\right)^{\frac{n}{2}+1}$ （2）$\lim\limits_{x\to\infty}\left(1+\dfrac{a}{x}\right)^{bx}$，其中 a,b 为常数，且 $a\neq 0$

（3）$\lim\limits_{x\to 0}(1-2x)^{\frac{1}{x}}$ （4）$\lim\limits_{x\to 0}\left(\dfrac{3-x}{3}\right)^{\frac{2}{x}}$ （5）$\lim\limits_{x\to 0}(1+\tan x)^{\cot x}$ （6）$\lim\limits_{x\to\infty}\left(\dfrac{x-1}{x+1}\right)^x$

3．利用夹逼准则证明：$\lim\limits_{n\to\infty} n\left(\dfrac{1}{n^2+1}+\dfrac{1}{n^2+2}+\cdots+\dfrac{1}{n^2+n}\right)=1$．

1.7 无穷小的比较及应用

在无穷小的运算过程中，两个无穷小的代数和、乘积仍是无穷小，但两个无穷小的商却会出现不同的情况．

比如，当 $x\to 0$ 时，$x,5x,x^2$ 都是无穷小，却有

$$\lim_{x\to 0}\frac{x^2}{x}=0,\lim_{x\to 0}\frac{5x}{x^2}=\infty,\lim_{x\to 0}\frac{5x}{x}=5,$$

这反映了不同无穷小趋于零的“速度”有快有慢．就上述例子而言，当 $x\to 0$ 时，x^2 比 x 趋于零的“速度”要快得多，而 $5x$ 与 x 趋于零的“速度”快慢相当．

为了比较两个无穷小趋于零的快慢程度，我们引进无穷小“阶的比较”等概念．

1.7.1 无穷小的比较

定义 1.11 在自变量 x 的同一种变化过程中，设 $\alpha(x)$，$\beta(x)$ 是无穷小．

（1）若 $\lim\dfrac{\beta(x)}{\alpha(x)}=0$，则称 $\beta(x)$ 是比 $\alpha(x)$ 高阶的无穷小，或称 $\alpha(x)$ 是比 $\beta(x)$ 低阶的无穷小，记为 $\beta(x)=\circ(\alpha(x))$；

（2）若 $\lim\dfrac{\beta(x)}{\alpha(x)}=c$，其中 c 为非零常数，则称 $\beta(x)$ 是与 $\alpha(x)$ 同阶的无穷小；特别的，当 $c=1$ 时，则称 $\beta(x)$ 与 $\alpha(x)$ 是等价无穷小，记做 $\beta(x)\sim\alpha(x)$．

由极限 $\lim\limits_{x\to 0}\dfrac{x^2}{x}=0$，$\lim\limits_{x\to 0}\dfrac{5x}{x}=5$ 可知，当 $x\to 0$ 时，x^2 是比 x 高阶的无穷小，x 是比 x^2 低阶的无穷小，而 $5x$ 与 x 是同阶无穷小．

从前面几节的例子可知，当 $x\to 0$ 时，

$\sin x\sim x$；$1-\cos x\sim\dfrac{1}{2}x^2$；$\tan x\sim x$；$\arcsin x\sim x$；$\arctan x\sim x$；$e^x-1\sim x$；$\ln(1+x)\sim x$．

1.7.2 利用等价无穷小代换求极限

关于等价无穷小有下面一个很有用的性质．

定理 1.12 设在自变量 x 的同一种变化过程中，$\alpha_1(x)$，$\alpha_2(x)$，$\beta_1(x)$，$\beta_2(x)$ 是无穷小，且 $\alpha_1(x)\sim\alpha_2(x)$，$\beta_1(x)\sim\beta_2(x)$，若 $\lim\dfrac{\beta_2(x)}{\alpha_2(x)}$ 存在，则 $\lim\dfrac{\beta_1(x)}{\alpha_1(x)}=\lim\dfrac{\beta_2(x)}{\alpha_2(x)}$．

证明 $\lim\frac{\beta_1(x)}{\alpha_1(x)}=\lim[\frac{\beta_1(x)}{\beta_2(x)}\cdot\frac{\beta_2(x)}{\alpha_2(x)}\cdot\frac{\alpha_2(x)}{\alpha_1(x)}]$

$$=\lim\frac{\beta_1(x)}{\beta_2(x)}\cdot\lim\frac{\beta_2(x)}{\alpha_2(x)}\cdot\lim\frac{\alpha_2(x)}{\alpha_1(x)}$$

$$=1\cdot\lim\frac{\beta_2(x)}{\alpha_2(x)}\cdot 1$$

$$=\lim\frac{\beta_2(x)}{\alpha_2(x)}$$

本性质说明，在求某些无穷小乘除运算的极限时，使用其等价无穷小代换，并不影响极限值的结果，但可使求极限的步骤简化.

【例 1.27】 设α为非零常数，求极限$\lim\limits_{x\to0}\frac{(1+x)^{\alpha}-1}{\alpha x}$.

解 设$t=(1+x)^{\alpha}-1$，则

$\alpha\ln(1+x)=\ln(1+t)$，且当$x\to0$时，$t\to0$，而$x\to0$时，$\ln(1+x)\sim x$，

于是$\lim\limits_{x\to0}\frac{(1+x)^{\alpha}-1}{\alpha x}=\lim\limits_{x\to0}\frac{(1+x)^{\alpha}-1}{\alpha\ln(1+x)}=\lim\limits_{t\to0}\frac{t}{\ln(1+t)}=1$.

注 由本例可知：当$x\to0$时，$(1+x)^{\alpha}-1\sim\alpha x\ (\alpha\neq0)$.

【例 1.28】 求极限$\lim\limits_{x\to0}\frac{\tan x\ln(1+x)}{\sin x^2}$.

解 当$x\to0$时，$\sin x^2\sim x^2,\tan x\sim x,\ln(1+x)\sim x$

所以，$\lim\limits_{x\to0}\frac{\tan x\ln(1+x)}{\sin x^2}=\lim\limits_{x\to0}\frac{x\cdot x}{x^2}=1$

【例 1.29】 求极限$\lim\limits_{x\to0}\frac{\sqrt[3]{1+x\arcsin x}-1}{\arctan x^2}$.

解 当$x\to0$时，$\sqrt[3]{1+x\arcsin x}-1\sim\frac{1}{3}x\arcsin x$, $\arctan x^2\sim x^2$, $\arcsin x\sim x$

所以，$\lim\limits_{x\to0}\frac{\sqrt[3]{1+x\arcsin x}-1}{\arctan x^2}=\lim\limits_{x\to0}\frac{\frac{1}{3}x\arcsin x}{x^2}=\frac{1}{3}\lim\limits_{x\to0}\frac{x\cdot x}{x^2}=\frac{1}{3}$.

【例 1.30】 求极限$\lim\limits_{x\to0}\frac{\tan x-\sin x}{\sin x^3}$.

解 $\lim\limits_{x\to0}\frac{\tan x-\sin x}{\sin x^3}=\lim\limits_{x\to0}\frac{\tan x(1-\cos x)}{\sin x^3}$

由于当$x\to0$时，$\tan x\sim x,1-\cos x\sim\frac{1}{2}x^2,\sin x^3\sim x^3$，所以

$$\lim_{x\to0}\frac{\tan x-\sin x}{\sin x^3}=\lim_{x\to0}\frac{x\cdot\frac{1}{2}x^2}{x^3}=\frac{1}{2}$$

注 等价无穷小代换，只能用于乘除运算，对加、减项的无穷小不能随意代换，否则，可能出现错误的结论．如例 1.30 中，虽然当 $x\to0$ 时，$\tan x\sim x$, $\sin x\sim x$，但是，若这样求极限：$\lim\limits_{x\to0}\frac{\tan x-\sin x}{\sin x^3}=\lim\limits_{x\to0}\frac{x-x}{x^3}=0$，显然是错误的．

习题 1-7

1．当 $x\to0$ 时，比较下列各对无穷小的阶：

（1）$2x^2$ 与 $x-x^3\tan x$　　（2）$1-\cos x$ 与 x^2

（3）$x-x^2$ 与 x^2-x^3　　（4）$\sin 2x$ 与 $2x$

2．利用等价无穷小代换定理求下列极限：

（1）$\lim\limits_{x\to0}\frac{\tan x-\sin x}{x\sin^2 x}$　　（2）$\lim\limits_{x\to0}\frac{\ln(1+2x^2)}{x^2}$

（3）$\lim\limits_{x\to0}\frac{\sin x^n}{(\tan x)^m}(m,n\in\mathbf{Z}^+)$　　（4）$\lim\limits_{x\to0}\frac{\sqrt[4]{1+x^2}-1}{1-\cos x}$

（5）$\lim\limits_{x\to0}\frac{\arctan x^3}{x^2\arcsin 3x}$　　（6）$\lim\limits_{x\to0}\frac{e^{5x}-1}{\tan x}$

1.8 函数的连续性

在日常生活和生产实践中，许多变量的变化都是连续不断的，如气温的变化，动植物的生长，河水的流动等．就拿气温的变化而言，在很短的时间间隔内，我们几乎体会不出气温的变化，即当时间的变化很微小时，气温的变化也很微小，这种现象反映在数学上，就是函数的连续性．

1.8.1 函数的连续性概念

为了准确描述函数的连续性概念，先介绍变量的改变量．

1. 变量的改变量

定义 1.12 设变量 u 从它的一个初值 u_1 变化到终值 u_2，则称终值 u_2 与初值 u_1 的差 u_2-u_1 为变量 u 在点 u_1 的改变量，也叫做 u 在点 u_1 的增量，记为 Δu，即 $\Delta u=u_2-u_1$．

注 （1）记号 Δu 是一个整体记号，而不是 Δ 与 u 的乘积；

（2）增量 Δu 可以是正值，也可以是负值，还可以为 0．当 $u_2>u_1$ 时，$\Delta u>0$；当 $u_2=u_1$ 时，$\Delta u=0$；当 $u_2<u_1$ 时，$\Delta u<0$．

根据定义 1.12，若 u 在点 u_1 的增量为 Δu，则终值 $u_2=u_1+\Delta u$，常说成变量 u

从 u_1 变化到 $u_1+\Delta u$.

设函数 $y=f(x)$在点 x_0 的某邻域 $U(x_0)$内有定义，$x_0+\Delta x$ 是该邻域内一点，当自变量 x 从 x_0 变到 $x_0+\Delta x$ 时，相应地，函数值 y 从 $f(x_0)$变到 $f(x_0+\Delta x)$. 因此，函数的改变量 $\Delta y=f(x_0+\Delta x)-f(x_0)$，简称为函数 $y=f(x)$在点 x_0 改变量(或增量).

这个关系式的几何解释如图 1.17 所示.

【例 1.31】 设 $y=f(x)=x^2$，求 $y=f(x)$在 $x_0=2$ 处的改变量，并分别求出 $\Delta x=0.1$，$\Delta x=-0.01$ 时的改变量.

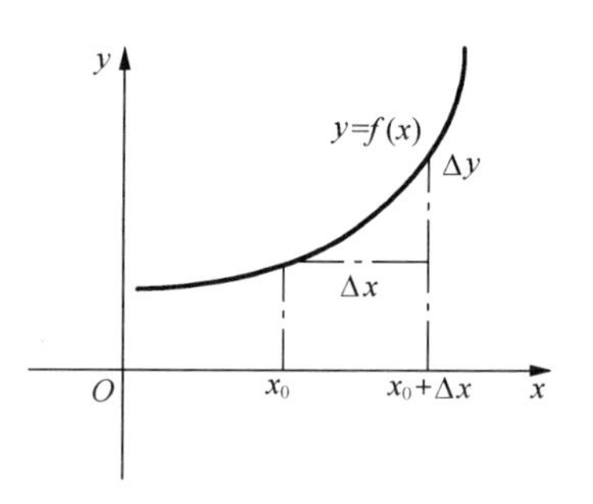

图 1.17

解 自变量 x 的初值为 $x_0=2$，终值为 $x_0+\Delta x=2+\Delta x$. 所以 $y=f(x)$在 $x_0=2$ 处的改变量为:

$$\Delta y=f(x_0+\Delta x)-f(x_0)=f(2+\Delta x)-f(2)$$
$$=(2+\Delta x)^2-2^2=4\Delta x+(\Delta x)^2$$

当 $\Delta x=0.1$ 时，$\Delta y=0.41$；

当 $\Delta x=-0.01$ 时，$\Delta y=-0.0399$.

2. 函数连续的概念

定义 1.13 设函数 $y=f(x)$在点 x_0 的某邻域内有定义，如果当自变量 x 在点 x_0 的改变量 Δx 趋于零时，所对应的函数的改变量 Δy 也趋于零，即 $\lim\limits_{\Delta x\to 0}\Delta y=0$，则称函数 $y=f(x)$在点 x_0 连续，点 x_0 叫做函数 $y=f(x)$的连续点.

令 $x=x_0+\Delta x$，则当 $\Delta x\to 0$ 时，$x\to x_0$，且

$$\Delta y=f(x_0+\Delta x)-f(x_0)=f(x)-f(x_0)$$

从而 $\lim\limits_{\Delta x\to 0}\Delta y=0$ 可改写成为

$$\lim_{x\to x_0}[f(x)-f(x_0)]=0\text{，即}\lim_{x\to x_0}f(x)=f(x_0)$$

因此，函数 $y=f(x)$在点 x_0 连续也可以如下定义.

定义 1.14 设函数 $y=f(x)$在点 x_0 的某邻域内有定义，如果当 $x\to x_0$ 时，函数 $f(x)$的极限存在，且等于 $f(x)$在点 x_0 的函数值 $f(x_0)$，即 $\lim\limits_{x\to x_0}f(x)=f(x_0)$，则称函数 $y=f(x)$在点 x_0 连续.

【例 1.32】 试证函数 $f(x)=\begin{cases}x\sin\dfrac{1}{x}, x\neq 0\\ 0, x=0\end{cases}$ 在 $x=0$ 处连续.

证明 $f(x)$在 $x=0$ 处有定义，且 $f(0)=0$，又 $\lim\limits_{x\to 0}f(x)=\lim\limits_{x\to 0}x\sin\dfrac{1}{x}=0=f(0)$，所以，函数 $f(x)$在 $x=0$ 处连续（定义 1.14）.

【例 1.33】 试判断函数$f(x)=\begin{cases}x^2, x\geqslant 1\\ x-1, x<1\end{cases}$在$x=1$处的连续性.

解 $f(x)$在$x=1$处有定义，且$f(1)=1$，

$\lim\limits_{x\to 1^-}f(x)=\lim\limits_{x\to 1^-}(x-1)=0$, $\lim\limits_{x\to 1^+}f(x)=\lim\limits_{x\to 1^+}x^2=1$，

所以$\lim\limits_{x\to 1^-}f(x)\neq\lim\limits_{x\to 1^+}f(x)$,即$\lim\limits_{x\to 1}f(x)$不存在，因此，函数$f(x)$在$x=1$处不连续.

对于例 1.33，有$\lim\limits_{x\to 1^+}f(x)=f(1)$，但是$\lim\limits_{x\to 1^-}f(x)\neq f(1)$，即在$x=1$的左右两侧函数的变化趋势不同，故需要讨论函数在$x=1$两侧的连续性.

3. 单侧连续性

若$\lim\limits_{x\to x_0^-}f(x)=f(x_0)$，则称函数$f(x)$在点$x_0$左连续；

若$\lim\limits_{x\to x_0^+}f(x)=f(x_0)$，则称函数$f(x)$在点$x_0$右连续.

由函数极限与左、右极限的关系可得：

函数$f(x)$在点x_0连续的充分必要条件是$f(x)$在点x_0既左连续又右连续.

【例 1.34】 当a为何值时，函数$f(x)=\begin{cases}\cos x, x\leqslant 0\\ \dfrac{\sin ax}{x}, x>0\end{cases}$在$x=0$处连续？

解 $f(0)=\cos 0=1$

$$\lim_{x\to 0^-}f(x)=\lim_{x\to 0^-}\cos x=1;\ \lim_{x\to 0^+}f(x)=\lim_{x\to 0^+}\frac{\sin ax}{x}=\lim_{x\to 0^+}\left(\frac{\sin ax}{ax}\cdot a\right)=a\text{，}$$

要使函数$f(x)$在$x=0$处连续，必须$f(x)$在$x=0$处既左连续又右连续，即$\lim\limits_{x\to 0^-}f(x)=\lim\limits_{x\to 0^+}f(x)=f(0)$，从而$a=1$，因此，$a=1$时，函数$f(x)$在$x=0$处连续.

注 由例 1.34 可知，单侧连续性尤其适合判断分段函数在分段点处的连续性.

4. 连续函数

以上讨论的是函数在某一点的连续性，下面讨论函数在某一区间上的连续性.

如果函数$f(x)$在开区间（a,b）内每一点处都连续，则称函数$f(x)$在开区间（a,b）内连续. 如果函数$f(x)$在开区间（a,b）内连续，且在左端点$x=a$处右连续，即$\lim\limits_{x\to a^+}f(x)=f(a)$，在右端点$x=b$处左连续，即$\lim\limits_{x\to b^-}f(x)=f(b)$，则称函数$f(x)$在闭区间$[a,b]$上连续.

如果函数$f(x)$在区间I上连续，则称函数$f(x)$是区间I上的连续函数，称区间I是函数$f(x)$的连续区间.

几何直观上，连续函数的图形是一条接连不间断的曲线.

如果$f(x)$是有理整函数(多项式函数)，则对于任意的实数x_0，都有$\lim\limits_{x\to x_0}f(x)=f(x_0)$，

因此有理整函数在区间（$-\infty, +\infty$），即其定义域内连续．对于有理分式函数 $R(x)=\dfrac{P(x)}{Q(x)}$ 而言，只要 $Q(x_0)\neq 0$，就有 $\lim\limits_{x\to x_0} R(x)=R(x_0)$，所以有理分式函数在其定义域内连续．

【例 1.35】 证明函数 $y=\sin x$ 在区间（$-\infty, +\infty$）内连续．

分析　仅需证明 $y=\sin x$ 在区间（$-\infty, +\infty$）内任意一点 x_0 连续即可．

证明　设 x_0 是区间（$-\infty, +\infty$）内任意一点．因为

$$\Delta y=\sin(x_0+\Delta x)-\sin(x_0)=2\sin\frac{\Delta x}{2}\cos\left(x_0+\frac{\Delta x}{x}\right)，则$$

$$\begin{aligned}\lim_{\Delta x\to 0}\Delta y&=\lim_{\Delta x\to 0}2\sin\frac{\Delta x}{2}\cos\left(x_0+\frac{\Delta x}{2}\right)\\&=\lim_{\Delta x\to 0}\frac{\sin\frac{\Delta x}{2}}{\frac{\Delta x}{2}}\lim_{\Delta x\to 0}\Delta x\cos\left(x_0+\frac{\Delta x}{2}\right)\\&=1\times 0=0\end{aligned}$$

所以，$y=\sin x$ 在任一点 x_0 连续（定义 1.14）．

从而，函数 $y=\sin x$ 在区间（$-\infty, +\infty$）内连续．

注　例 1.35 的证明过程中用到了极限 $\lim\limits_{\Delta x\to 0}\dfrac{\sin\frac{\Delta x}{2}}{\frac{\Delta x}{2}}=1$（重要极限）与极限 $\lim\limits_{\Delta x\to 0}\Delta x\cos\left(x_0+\dfrac{\Delta x}{2}\right)=0$（有界函数与无穷小的乘积仍是无穷小）．

同理可证函数 $y=\cos x$ 在区间（$-\infty, +\infty$）内连续．

前面讨论了函数的连续性，我们知道也有在点 x_0 处不连续的函数，所以讨论函数不连续的情况非常必要．

1.8.2　函数的间断点

1. 间断点的定义

定义 1.15　如果函数 $f(x)$在点 x_0 处不连续，则称函数 $f(x)$在点 x_0 处间断，点 x_0 称为 $f(x)$的间断点或不连续点．

由函数 $f(x)$在点 x_0 处连续的定义 1.14 可知，如果点 x_0 是 $f(x)$的连续点，则必须同时满足以下 3 个条件：

（1）函数 $f(x)$在点 x_0 处有定义，即 $f(x_0)$有意义；

（2）函数 $f(x)$在点 x_0 处的极限存在，即 $\lim\limits_{x\to x_0} f(x)$ 存在；

（3）极限值等于函数值，$\lim\limits_{x \to x_0} f(x) = f(x_0)$.

上述3个条件中，只要有一个不满足，函数$f(x)$在点x_0处就不连续. 即只要$f(x)$在点x_0处有下列3种情形之一，点x_0就是$f(x)$的一个间断点：

（1）$f(x)$在点x_0处没有定义；

（2）虽然$f(x)$在点x_0处有定义，但是$\lim\limits_{x \to x_0} f(x)$不存在；

（3）虽然$f(x)$在点x_0处有定义，且$\lim\limits_{x \to x_0} f(x)$存在，但是$\lim\limits_{x \to x_0} f(x) \neq f(x_0)$

当点x_0是$f(x)$的一个间断点时，函数$f(x)$在点x_0附近的变化趋势将各不相同，通常把函数的间断点分为以下两种类型.

2. 间断点的常见类型

（1）第一类间断点

设点x_0是函数$f(x)$的间断点，如果$f(x)$在点x_0处的左极限$\lim\limits_{x \to x_0^-} f(x)$与右极限$\lim\limits_{x \to x_0^+} f(x)$同时存在，就称点$x_0$是函数$f(x)$的第一类间断点. 其中

若$\lim\limits_{x \to x_0^-} f(x) = \lim\limits_{x \to x_0^+} f(x)$，即$\lim\limits_{x \to x_0} f(x)$存在，则称$x_0$是函数$f(x)$的可去间断点；

若$\lim\limits_{x \to x_0^-} f(x) \neq \lim\limits_{x \to x_0^+} f(x)$，则称$x_0$是函数$f(x)$的跳跃间断点.

（2）第二类间断点

不是第一类间断点的任何间断点称为第二类间断点. 其特点是在此类间断点处的左、右极限至少有一个不存在.

【例 1.36】 讨论函数$f(x) = \begin{cases} -x, x \leqslant 0 \\ x+1, x > 0 \end{cases}$在点$x=0$处的连续性. 若间断，指出间断点的类型.

解 $f(x)$在$x=0$处有定义，且$f(0)=0$，由于

$$\lim_{x \to 0^-} f(x) = \lim_{x \to 0^-}(-x) = 0, \quad \lim_{x \to 0^+} f(x) = \lim_{x \to 0^+}(x+1) = 1$$

则$\lim\limits_{x \to 0^-} f(x) \neq \lim\limits_{x \to 0^+} f(x)$，那么$\lim\limits_{x \to 0} f(x)$不存在，因此$x$函数$f(x)$在点$x=0$处间断，$x=0$是$f(x)$的第一类间断点，并且是跳跃间断点.

如图1.18所示，$y=f(x)$在$x=0$处产生跳跃现象.

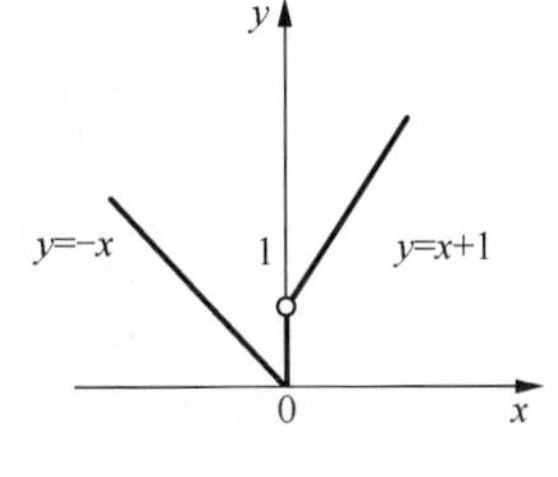

图 1.18

【例 1.37】 讨论函数$f(x) = \begin{cases} \dfrac{1}{x}, x \neq 1 \\ 0, x = 1 \end{cases}$在点$x=1$处的连续性，若间断，指出间断点的类型.

解 $f(x)$在$x=1$处有定义，且$f(1)=0$，由于

$$\lim_{x\to 1} f(x)=\lim_{x\to 1}\frac{1}{x}=1\neq f(0),$$

则函数$f(x)$在点$x=1$处间断，$x=1$是$f(x)$的第一类间断点，并且是可去间断点.

如果改变$f(x)$在$x=1$处的定义，令$f(1)=\lim\limits_{x\to 1} f(x)=1$，则函数$f(x)$在点$x=1$处连续.

【例 1.38】 讨论函数$f(x)=\dfrac{x^2-9}{x-3}$在点$x=3$处的连续性，若间断，指出间断点的类型.

解 函数$f(x)$在点$x=3$处无定义，所以$f(x)$在点$x=3$处间断，由于

$$\lim_{x\to 3} f(x)=\lim_{x\to 3}\frac{(x-3)(x+3)}{x-3}=\lim_{x\to 3}(x+3)=6,$$

则$x=3$是$f(x)$的第一类间断点，并且是可去间断点.

如果补充$f(x)$在$x=3$处的定义，令$f(3)=\lim\limits_{x\to 3} f(x)=6$，则函数$f(x)$在点$x=3$处连续.

【例 1.39】 讨论函数$f(x)=\tan x$在点$x=\dfrac{\pi}{2}$处的连续性，若间断，指出间断点的类型.

解 因为$f(x)$在点$x=\dfrac{\pi}{2}$处无定义，所以$f(x)$在点$x=\dfrac{\pi}{2}$处间断，由于$\lim\limits_{x\to\frac{\pi}{2}}\tan x=\infty$，即$x\to\dfrac{\pi}{2}$时，$f(x)$的左、右极限不存在，则$x\to\dfrac{\pi}{2}$是$f(x)$的第二类间断点，又$\lim\limits_{x\to\frac{\pi}{2}}\tan x=\infty$，故称$x=\dfrac{\pi}{2}$是$f(x)$的无穷间断点（见图 1.19）.

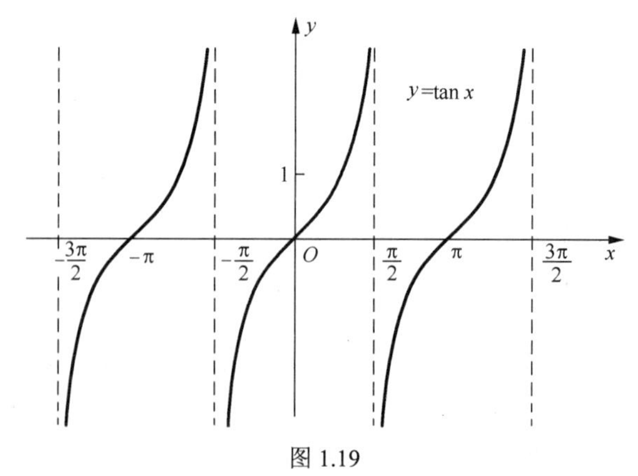

图 1.19

【例 1.40】 讨论函数$f(x)=\sin\dfrac{1}{x}$在点$x=0$处的连续性，若间断，指出间断

点的类型（见图 1.20）.

解 因为 $f(x)$在点 $x=0$ 处无定义，所以 $f(x)$在点 $x=0$ 处间断，由于 x 趋于 0 的过程中，函数值 $\sin\frac{1}{x}$ 总在-1 与 1 之间来回振荡，不会和一个确定的常数任意接近，则 $\lim\limits_{x\to 0^-}\sin\frac{1}{x}$ 与 $\lim\limits_{x\to 0^+}\sin\frac{1}{x}$ 都不存在，因此点 $x=0$ 是 $f(x)$的第二类间断点，且点 $x=0$ 称为 $f(x)$的振荡间断点.

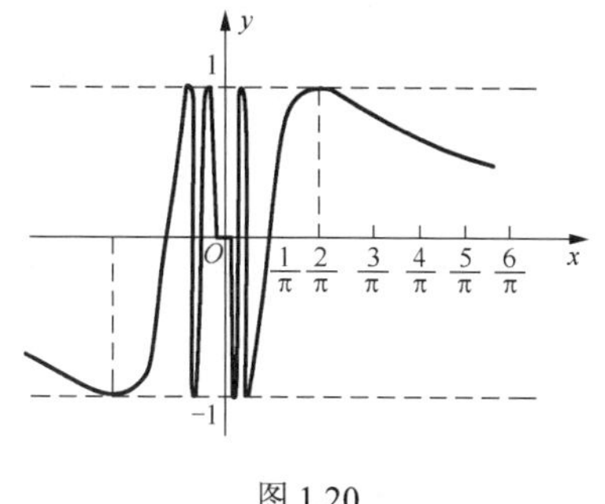

图 1.20

习题 1-8

1．求下列函数的间断点，并判断间断点的类型：

（1） $f(x)=\operatorname{sgn} x$ （2） $f(x)=\dfrac{x-4}{|x-4|}$

（3） $f(x)=x\cos\dfrac{1}{x}$ （4） $f(x)=\dfrac{x^2-1}{x^2-3x+2}$．

（5） $f(x)=(1+2x)^{\frac{1}{x}}$ （6） $f(x)=\cos\dfrac{1}{x}$

2．确定常数 k，使下列分段函数在分段点处连续：

（1） $f(x)=\begin{cases} x\sin\dfrac{1}{x}, x\neq 0 \\ k+1, x=0 \end{cases}$ （2） $f(x)=\begin{cases} k+\cos x, x\leqslant 0 \\ \dfrac{\ln(1+2x)}{x}, x>0 \end{cases}$

3．给下列函数 $f(x)$补充或改变在 $x=0$ 处的定义，使修改后的函数在点 $x=0$ 处连续：

（1） $f(x)=\dfrac{\sqrt{1+x}-\sqrt{1-x}}{x}$ （2） $f(x)=\begin{cases} \sin x\cos\dfrac{1}{x}, x\neq 0 \\ 1, x=0 \end{cases}$

1.9 连续函数的性质

由极限的运算法则可得连续函数的运算性质.

1.9.1 连续函数的运算性质

定理 1.13 如果函数 $f(x)$与 $g(x)$在点 x_0 处连续，则这两个函数的和 $f(x)+g(x)$、差 $f(x)-g(x)$、积 $f(x)\cdot g(x)$、商 $\dfrac{f(x)}{g(x)}$ （当 $g(x_0)\neq 0$ 时），在点 x_0 连续.

证明 仅证 $f(x)+g(x)$在点 x_0 连续的情况.

因为函数$f(x)$与$g(x)$在点x_0连续，所以有$\lim\limits_{x\to x_0} f(x)=f(x_0)$，$\lim\limits_{x\to x_0} g(x)=g(x_0)$，因此，$\lim\limits_{x\to x_0}[f(x)+g(x)]=f(x_0)+g(x_0)$（函数极限的四则运算法则）. 所以，$f(x)+g(x)$在点$x_0$连续.

例如，上一节已经证明$\sin x$，$\cos x$在区间$(-\infty,+\infty)$内连续，由定理 1.13 可知，$\tan x=\dfrac{\sin x}{\cos x},\cot x=\dfrac{\cos x}{\sin x},\sec x=\dfrac{1}{\cos x},\csc x=\dfrac{1}{\sin x}$在其定义域内连续. 总之，三角函数在其定义域内连续.

定理 1.14 若函数$y=f(x)$在区间I_x上单调增加（或单调减少）且连续，则其反函数$x=f^{-1}(y)$在对应区间$I_y=\{y|y=f(x), x\in I_x\}$上单调增加（或单调减少）且连续.

例如，由于$\sin x$在闭区间$\left[-\dfrac{\pi}{2},\dfrac{\pi}{2}\right]$上单调增加且连续，根据定理 1.14 可知，其反函数$\arcsin x$在闭区间$[-1,1]$上单调增加且连续；同理，$\arccos x$在闭区间$[-1,1]$上单调减少且连续；$\arctan x$在区间$(-\infty,\infty)$内单调增加且连续；$\operatorname{arccot} x$在区间$(-\infty,\infty)$内单调减少且连续.

总之，反三角函数在其定义域内连续.

定理 1.15 设函数$y=f(u)$，$u=\varphi(x)$复合成$y=f[\varphi(x)]$. 若$u=\varphi(x)$在点x_0连续，$y=f(u)$在对应点$u_0=\varphi(x_0)$连续，则复合函数$y=f[\varphi(x)]$在点x_0连续.

【例 1.41】 讨论函数$y=\cos^2 x$的连续性.

解 $y=\cos^2 x$由$y=u^2$，$u=\cos x$复合而成，而$u=\cos x$在区间$(-\infty,+\infty)$内连续，且$y=u^2$在区间$[-1,1]$上连续，由定理 1.15 可知$y=\cos^2 x$在区间$(-\infty,+\infty)$内连续.

可以证明，基本初等函数在其定义域内都是连续函数.

根据初等函数的的定义及连续函数的运算法则，又可得下面结论：初等函数在定义区间上连续. 这里所说的定义区间是指定义域内的区间.

注 （1）初等函数在其定义区间内都是连续的，但在其定义域内不一定连续.

例如，函数$y=\sqrt{\cos x-1}$，定义域是D：$x=0,\pm 2\pi,\pm 4\pi,\cdots$,这只是无穷个孤立点，在这些孤立点的邻域内函数没有定义，所以$x=0,\pm 2\pi,\pm 4\pi,\cdots$是$y=\sqrt{\cos x-1}$的间断点.

（2）利用初等函数的连续性，可求某些函数的极限. 即若$f(x)$是初等函数，点x_0是其定义域内某个区间内的一点，则$f(x)$在点x_0连续，从而$\lim\limits_{x\to x_0} f(x)=f(x_0)$.

【例 1.42】 求极限$\lim\limits_{x\to 1}\sin\sqrt{e^x-1}$.

解 点$x=1$是初等函数$f(x)=\sin\sqrt{e^x-1}$的定义区间$[0,2]$内一点，所以

$$\lim_{x\to 1}\sin\sqrt{e^x-1}=\sin\sqrt{e^1-1}=\sin\sqrt{e-1}.$$

【例 1.43】 求极限 $\lim\limits_{x\to 4}\dfrac{\ln(5-x)+\cos(4-x)}{\sqrt{x}-3}$.

解 点 $x=4$ 是初等函数 $f(x)=\dfrac{\ln(5-x)+\cos(4-x)}{\sqrt{x}-3}$ 的定义区间[0,5)内一点，所以

$$\lim_{x\to 4}\frac{\ln(5-x)+\cos(4-x)}{\sqrt{x}-3}=\frac{\ln(5-4)+\cos(4-4)}{\sqrt{4}-3}=-1$$

1.9.2 闭区间上连续函数的性质

在闭区间上连续的函数，有几个重要性质，我们仅介绍这些性质，不予证明.

1. 最值性

定义 1.16 设函数 $f(x)$在区间 I 有定义，如果存在 $x_0\in I$，使得对于任何的 $x\in I$，总有

$$f(x)\leqslant f(x_0)(\text{或}f(x)\geqslant f(x_0))$$

则称 $f(x_0)$是函数 $f(x)$在区间 I 上的最大值（或最小值）.

定理 1.16 若函数 $f(x)$在闭区间$[a,b]$上连续，则 $f(x)$在$[a,b]$上必有最大值和最小值，即至少存在点 ξ_1，$\xi_2\in[a,b]$，使得对于$[a,b]$内任一点 x，有 $f(\xi_2)\leqslant f(x)\leqslant f(\xi_1)$，即 $f(\xi_1)$ 是 $f(x)$在$[a,b]$上的最大值，$f(\xi_2)$ 是 $f(x)$在$[a,b]$上的最小值.

定理 1.16 可用如图 1.21 所示曲线表达.

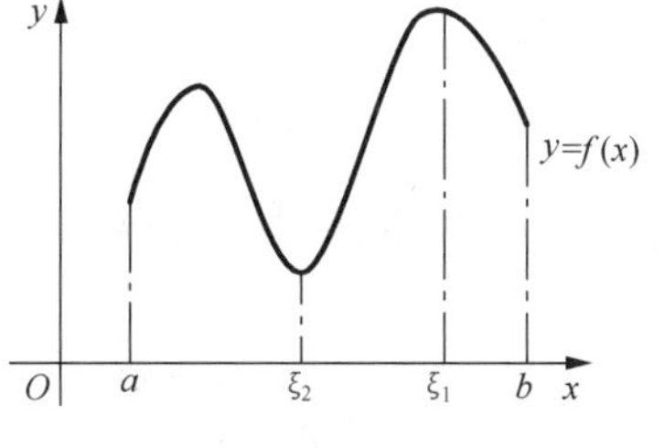

图 1.21

推论 1（有界性） 若函数 $f(x)$在闭区间$[a,b]$上连续，则 $f(x)$在$[a,b]$上有界.

2. 介值性

定理 1.17 若函数 $f(x)$在闭区间$[a,b]$上连续，m 和 M 分别为 $f(x)$在$[a,b]$上的最小值与最大值，则对于介于 m 和 M 之间的任意一个实数μ，在开区间（a,b）内至少存在一点ξ，使得 $f(\xi)=\mu$.

如图 1.22 所示，在闭区间$[a,b]$上的连续曲线弧 $y=f(x)$与平行于 x 轴的直线 $y=\mu(m<\mu<M)$至少有一个交点.

推论 2（零点定理） 设函数 $f(x)$在闭区间$[a,b]$上连续，且 $f(a)\cdot f(b)<0$，则在开区间(a,b)内至少有函数 $f(x)$的一个零点，即至少存在一点 $\xi\in(a,b)$，使得 $f(\xi)=0$，亦即 $\xi\in(a,b)$是方程 $f(x)=0$ 的一个实根.

如图 1.23 所示，连续曲线 $y=f(x)$的两个端点$(a,f(a))$与$(b,f(b))$分别位于 x 轴的上下两侧时，曲线 $y=f(x)$至少与 x 轴有一个交点.

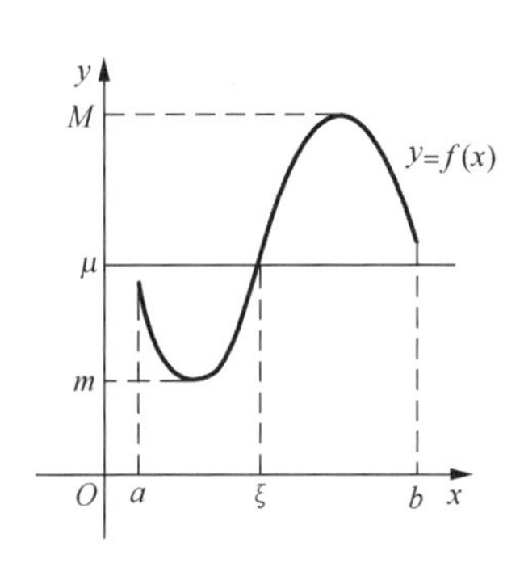

图 1.22

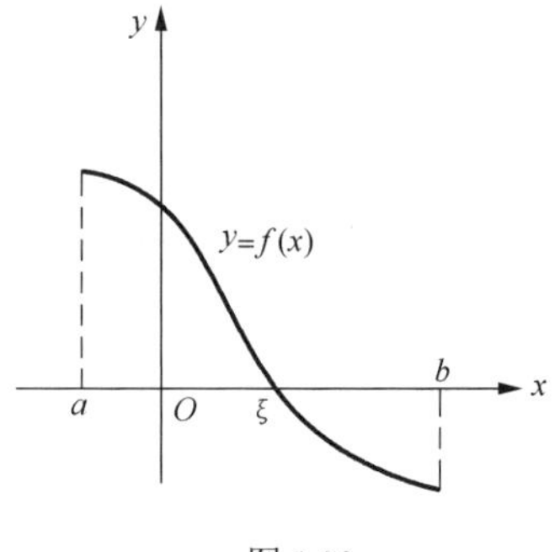

图 1.23

【例 1.44】 证明方程 $x^3+x-1=0$ 在开区间（0,1）内至少有一个实根.

证明 设 $f(x)=x^3+x-1$，则 $f(x)$ 在闭区间[0,1]上连续，又

$$f(0)=-1<0, f(1)=1>0，即 f(0)\cdot f(1)<0,$$

由零点定理可知，至少存在一点 $\xi\in(0,1)$，使得 $f(\xi)=0$

即方程 $x^3+x-1=0$ 在开区间（0,1）内至少有一个实根.

习题 1-9

1．求函数 $f(x)=\dfrac{x^3+3x^2-x-3}{x^2+x-6}$ 的连续区间，并求极限 $\lim\limits_{x\to 0}f(x), \lim\limits_{x\to -3}f(x)$ 和 $\lim\limits_{x\to 2}f(x)$.

2．计算下列极限：

（1）$\lim\limits_{x\to\frac{\pi}{6}}\ln(2\cos 2x+\sqrt{2+x^2})$　　（2）$\lim\limits_{x\to 0}\dfrac{\ln(1+x^2)}{\sin(1+x^2)}$

（3）$\lim\limits_{x\to 0}[\dfrac{\lg(100+x)}{a^x+\arcsin x}]^{\frac{1}{2}}$　　（4）$\lim\limits_{x\to 0}\dfrac{\sqrt{1+x^2}-1}{x^2}$

（5）$\lim\limits_{x\to a}\dfrac{\sin x-\sin a}{x-a}$　　（6）$\lim\limits_{x\to 0}\dfrac{3\sin x+x^2\cos\frac{1}{x}}{(1+\cos x)\ln(1+x)}$

3．试确定 a,b 的值，使 $f(x)=\begin{cases}\dfrac{1}{x}\sin x, x<0\\ a, x=0\\ x\sin\dfrac{1}{x}+b, x>0\end{cases}$ 在区间（$-\infty,+\infty$）内连续.

4．证明方程 $xe^x-1=0$ 至少有一个小于 1 的正根.

1.10 MATLAB 简介

MATLAB 是由 MathWorks 公司 1984 年推出的一套科学计算软件，分为总包和若干个工具箱. 它具有强大的矩阵计算和数据可视化能力，一方面可以实现数值分析、优化、设计、偏微分方程数值解、自动控制、信号处理等若干领域的数学计算，另一方面可以实现二维、三维图形绘制、三维场景创建和渲染、科学计算可视化、图像处理、虚拟现实、地图制作等图形图像方面的处理.

1.10.1 MATLAB 的主要特点

该软件的特点可以归纳为以下几点.

（1）简单易学：MATLAB 是一门编成语言，其语法规则与一般的结构化高级编程语言如 C 语言等大同小异，而且使用方便，具有一般语言基础的用户可以很快掌握.

（2）代码短小高效：由于 MATLAB 已经将数学问题的具体算法编成了内部函数，用户只要熟悉算法特点、使用场合、函数的调用格式和参数意义等，通过调用函数很快就可以解决问题，而不必花费大量时间纠缠于具体算法的实现.

（3）计算功能强大：该软件具有强大的矩阵计算功能，利用一般的符号和函数就可以对矩阵进行加、减、乘、除运算以及转置和求逆运算，而且可以处理稀疏矩阵等特殊的矩阵，非常适合于有限元等大型数值算法的编程. 此外，该软件现有的数十个工具箱，可以解决应用中的绝大部分数学问题.

（4）强大的图形绘制和处理能力：该软件可以绘制常见的二维、三维图形，如线形图、条形图、饼图、散点图、直方图、误差图等. 利用有关函数，可以对三维图形进行颜色、光照、材质、纹理和透明设置并进行交互处理. 科学计算涉及大量数据的处理，利用图形展示数据场的特征，能显著提高数据处理的效率，提高对数据反馈信息的处理速度和能力. MATLAB 提供了丰富的科学计算可视化功能，利用它可以绘制二维三维矢量图、等值线图、三维表面图、二维三维流线图，还可以进行动画制作.

（5）可扩展性能：可扩展性能是该软件的一大优点，用户可以自己编写 M 文件，组成自己的工具箱，方便地解决本领域内常见的计算问题. 利用 MATLAB 编译器可以生成独立运行的可执行程序，从而大大提高工作效率.

1.10.2 MATLAB 桌面简介

启动 MATLAB 时，第一件事就是查看 MATLAB 桌面，它由文件管理、变量和有关应用程序的几个工具组成. 第一次启动 MATLAB 时，桌面如图 1.24 所示. 可根据需要改变桌面外观，包括移动、缩放和关闭窗口等. 通过 Desktop→Desktop Layout->Default 使 MATLAB 桌面恢复默认状态. 默认的 MATLAB 桌面主要包含：命令窗口、命令历史窗口、工作区窗口、当前目录窗口.

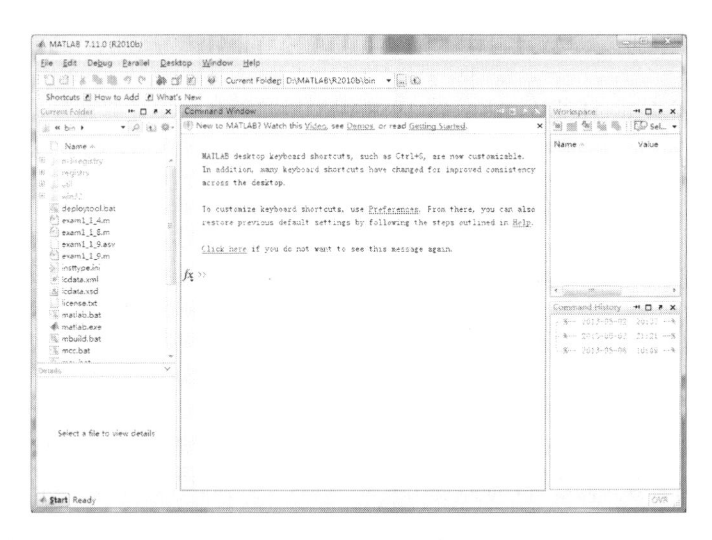

图 1.24　MATLAB 桌面

1. 启动按钮

打开 MATLAB 主界面以后，单击“Start”按钮，显示一个菜单如图 1.25 所示. 利用“Start”菜单及其子菜单中的选项，可以直接打开 MATLAB 的有关工具.

2. 命令窗口

命令窗口是用于输入数据，运行 MATLAB 函数和脚本并显示结果的主要工具之一. 如图 1.26 所示，为一个命令窗口，“〉〉”符号是输入函数的提示符. 在提示符后面输入和运行函数. 例如，下面代码创建一个 3 × 3 的矩阵 A.

A = [1 2 3；4 5 6；7 8 9]

输入完命令后按回车键，MATLAB 返回矩阵 A 值：

```
A = [1 2 3;4 5 6;7 8 9]


A =


     1     2     3
     4     5     6
     7     8     9
A =


     1     2     3
     4     5     6
     7     8     9
```

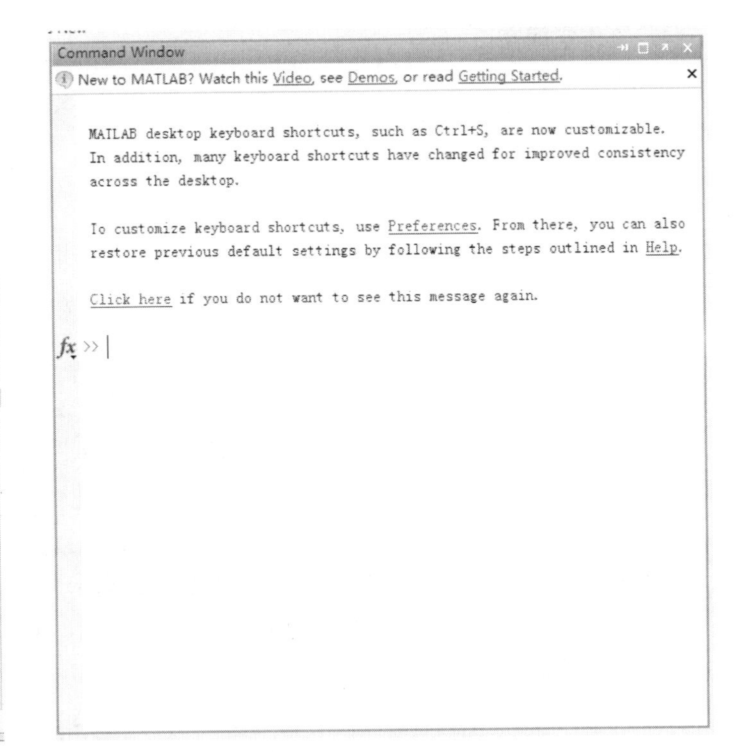

图 1.25 “Start”菜单　　　　图 1.26 命令窗口

运行函数时键入函数及其变量后按回车键．例如，命令行中键入

```
>> magic(3)

ans =

     8     1     6
     3     5     7
     4     9     2
```

小技巧：在语句末尾添加分号（;），可以禁止输出结果显示在屏幕上，在创建大矩阵时这个技巧很有用，如：

```
A = magic(100);
```

小技巧：↑,Ctrl－P，重新调入上一命令行；↓,Ctrl－N，重新调入下一命令行．

3. 命令历史窗口

命令历史窗口显示命令窗口中最近输入的所有语句，如图 1.27 所示．可以将命令窗口中的语句复制到命令窗口或其他窗口，双击命令历史窗口中的语句，可以重新执行该语句．

4. 工作空间窗口

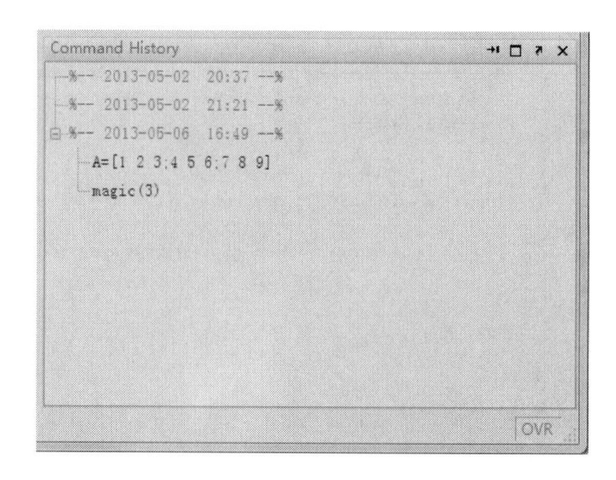

图 1.27

MATLAB 工作空间由一系列变量组成，如图 1.28 所示．可以通过使用函数、运行 M 文件和载入已经存在的工作空间来添加变量，例如，键入

T = 0:pi/4:2*pi;Y = sin(t);

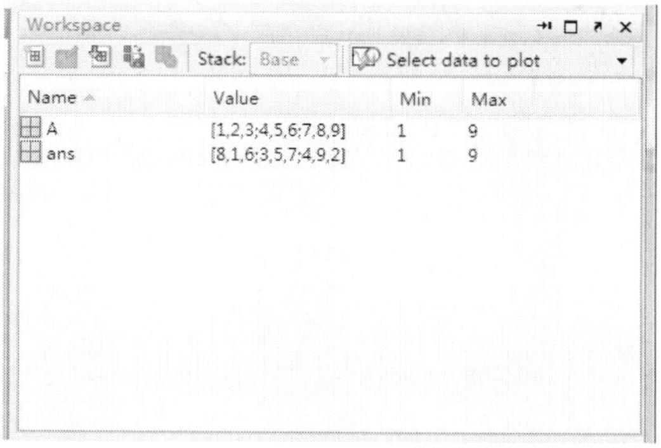

图 1.28

工作空间会包含两个变量 y 和 t，它们的值有 9 个．可以用工作空间窗口显示每个变量的名称、值、数组大小和类型，用 who 函数列出当前工作空间中所有变量，用 whos 函数列出变量和它们的大小及类型等信息．退出 MATLAB 时工作空间的内容随之清除，可以“File”菜单中选择“Save Workspace As ”命令保存工作空间中变量到一个 mat 文件．需要时通过“File”菜单中“Open”命令载入已存在的工作空间文件．

5. 当前目录浏览器

用 MATLAB 的当前目录浏览器搜索、查找文件，从“Desktop”菜单中选择“Current Direction”选项，打开当前目录浏览器，如图 1.29 所示．

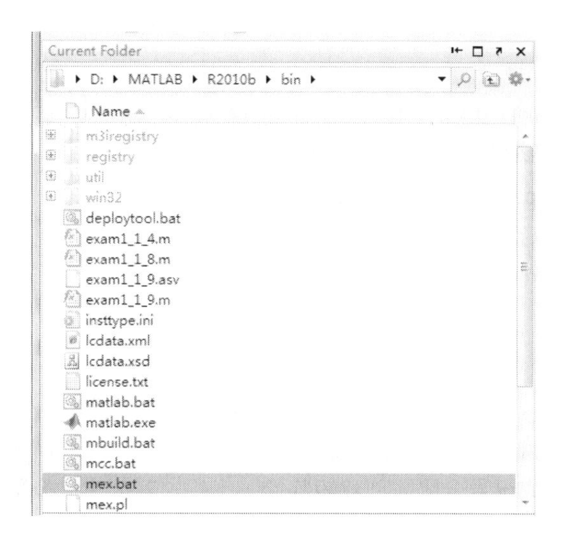

图 1.29

1.10.3 MATLAB 基本使用

（1）常数 MATLAB 提供了一些内部常数，这些常数在 MATLAB 应用和编程中经常用到的数据，见下表.

常　数	返　回　值
ans	默认变量名，保存最近的结果．如果不给表达式指定输出变量，MATLAB 会自动将结果保存到 ans 变量中
eps	浮点相对精度，是 MATLAB 用于计算的容限
realmax	计算机可以表示的最大浮点数
realmin	计算机可以表示的最小浮点数
pi	圆周率
i，j	虚数单位
inf	无穷大
NaN	表示不合法式子的计算结果，如 0/0，inf/inf

（2）数组和矩阵

MATLAB 中所有数据都用数组或矩阵形式保存．MATLAB 构造数组的方法十分简单，只需用空格或逗号间隔元素，用方括号括起来即可．例如：

X = [0 2 3 6 7 8]

就构造了一个有 6 个元素的数组 X．也可以用 MATLAB 提供的冒号运算符生成数组．

```
>>A = 10:15        %生成 10 到 15 间隔为 1 的数组
```

```
A =

      10    11    12    13    14    15
```

linspace 函数构造指定元素个数的数组.

格式：X = linspace(first，last，num)

firsr,last,num 分别为数组 X 的首尾元素和元素个数，如：

```
>>X = linspace(0,10,5)

X =

         0    2.5000    5.0000    7.5000   10.0000
```

MATLAB 创建矩阵的简单方法是使用矩阵创建符号“[ ]”，在方括号内输入多个元素，并用空格或逗号分隔，创建矩阵的一个行，若创建一个新行，则需要用分号终止当前行．例如：

```
>>    A = [12 62 93 -8 22;16 2 87 43 91;-4 17 -72 95 6]

A =

    12    62    93    -8    22
    16     2    87    43    91
    -4    17   -72    95     6
```

1.11　应用 MATLAB 软件求极限

数值计算与符号计算是计算机科学中的两大门类，各有特点．由于计算机的运算是基于二进制数据，所以数值计算具有速度快的特点．但是由于计算机的字长、存储空间的容量以及运算时间的有限性，使得数值计算很难做到完全精确，任何数值计算都有可能产生误差．相反，符号计算则不同．用符号表示的表达式永远是精确的.

1.11.1　MATLAB 符号数学工具箱

MATLAB 的符号计算由符号数学工具箱承担．这个工具箱的核心是 Maple，工具箱下还有很多 MATLAB 的函数，负责 MATLAB 与 Maple 之间的信息传递．当在 MATLAB 中首次执行符号命令时，MATLAB 在后台启动 Maple 核心，然后通过相关的 M 文件调用该核心进行符号运算.

MATLAB 的符号数学工具箱可以完成几乎所有的符号运算功能．这些功能主要包括：符号表达式的运算，符号表达式的复合、化简，符号矩阵的运算，符号微积分，符号函数画图，符号代数方程求解，符号微分方程求解等．此外，工具箱还支持可变精度运算，既支持符号运算也可以指定的精度返回数值结果.

MATLAB 符号数学工具箱在高等数学中的主要功能如下：
（1）符号微积分；
（2）微分；
（3）积分；
（4）极限；
（5）累加；
（6）泰勒级数.
MATLAB 符号数学工具箱在线性代数中的主要功能如下：
（1）逆矩阵；
（2）行列式；
（3）特征值；
（4）奇异值分解；
（5）约当矩阵.
MATLAB 在解方程中的主要功能如下；
（1）代数方程与微分方程的求解；
（2）各种变换及其逆变换.

1.11.2 MATLAB 基本语句

MATLAB 基本语句介绍如下.

1. 直接赋值语句

直接赋值语句格式：变量 = 赋值表达式.

赋值语句含义：把赋值运算符（=）右边表达式的值赋给左边变量，并返回到 MATLAB 的工作空间.

如：在 MATLAB 命令窗口输入 x = 5，回车后，系统返回：

x =5

2. 符号变量设定语句

要使用 MATLAB 符号数学工具箱，首先需要设定符号变量. 设定符号变量主要有以下两种方法：

sym 函数：构造符号变量和表达式，如 x = sym（‘x’）

syms 语句：构造符号对象，如 syms x y z，建立多个符号变量.

3. 简易二维绘图语句

通过以下 MATLAB 作图命令，方便地画出函数图形.

ezplot(f)　　在默认区间 $-2\pi < x < 2\pi$ 上绘制函数 $f = f(x)$ 的图形.

ezplot(f,[a,b])　　在区间 $-a < x < b$ 上绘制函数 $f = f(x)$ 的图形.

如：y = sym(x^2-2)；ezplot(y)

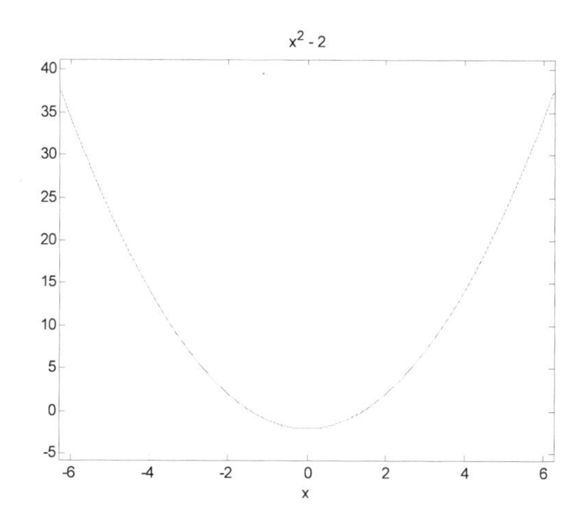

f = sym('x*sin(1/x)');ezplot(f,[-1,1])

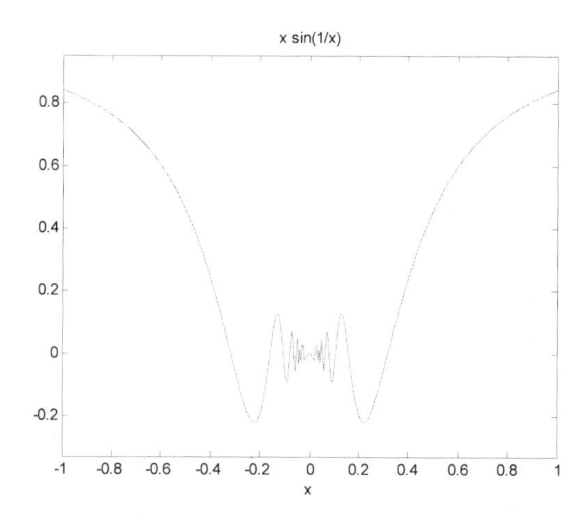

1.11.3 单变量函数的极限

MATLAB 求极限命令列表如下：

数 学 运 算	MATLAB 命令
$\lim\limits_{x\to 0} f(x)$	limit(f)
$\lim\limits_{x\to a} f(x)$	limit(f,x,a)
$\lim\limits_{x\to a^-} f(x)$	limit(f,x,a,'left')
$\lim\limits_{x\to a+} f(x)$	limit(f,x,a,'right')
$\lim\limits_{x\to\infty} f(x)$	limit(f,x,inf)

【例 1.45】 求极限 $\lim_{x\to 0} x\sin\frac{1}{x}$.

解 syms x;f = x*sin(1/x);limit(f,x,0)

结果：ans = 0

【例 1.46】 求极限 $\lim_{x\to\infty}\left(1+\frac{t}{x}\right)^{x}$.

解 syms t x;f = (1 + t/x)^x;a = limit(f,x,inf)

结果：a =exp(t)

【例 1.47】 设函数 $f(x)=\frac{e^{\frac{1}{x}}-1}{e^{\frac{1}{x}}+1}$，则 $x=0$ 是 $f(x)$ 的______点.

解 syms x;

f = (exp(1/x)-1)/(exp(1/x) + 1);

limit(f,x,0, ‘left’)

输出结果：ans = −1

limit(f,x,0, ‘reght’)

输出结果：ans = 1

x = 0 是 f(x)的跳跃间断点.

本 章 小 结

一、知识体系建构

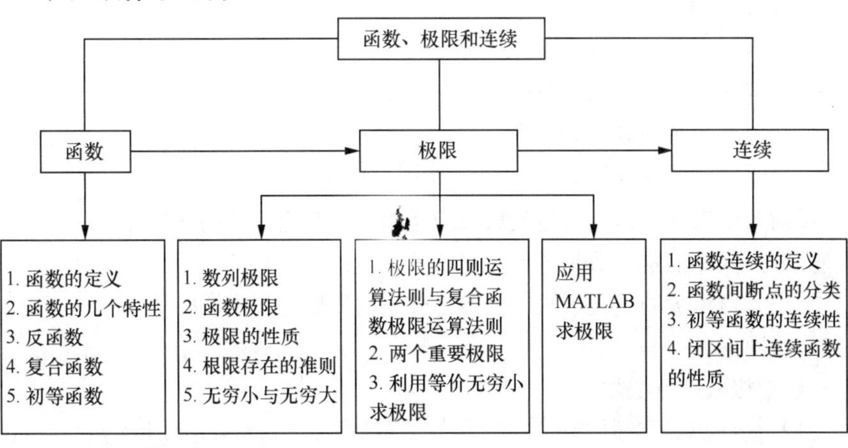

二、基本内容回顾

1．函数

（1）集合：区间，邻域；

（2）函数概念：函数的定义，函数定义域的确定，常函数、绝对值函数、符号函数、取整函数、分段函数；

（3）函数的几个特性：有界性，单调性，奇偶性，周期性；

（4）反函数及复合函数的概念，基本初等函数与初等函数.

2．极限

（1）数列极限的概念，函数极限的概念，左、右极限；

（2）极限性质：唯一性，有界性，保号性；

（3）极限运算法则：四则运算法则，复合函数极限运算法则；

（4）两个重要极限，无穷小的概念与性质，无穷大的概念，无穷小与无穷大的关系，无穷小的比较，利用等价无穷小求极限.

3．函数的连续性

（1）函数在一点处连续的概念，连续函数的和、差、积、商的连续性，连续函数的复合函数的连续性；

（2）函数间断点的概念及分类；

（3）闭区间上连续函数的性质：最大（小）值定理及有界性定理，介值性定理与零点定理.

三、解题方法总结

1．函数定义域的确定

（1）在实际问题中根据问题的实际背景确定；

（2）不考虑实际背景，函数的定义域就是自变量所能取得的使算式有意义的一切实数所组成的集合.

① 在式子中分母不能为零；

② 在偶次根式内函数非负；

③ 在对数函数中真数大于零；

④ 反三角函数 $\arcsin x, \arccos x$，要满足 $|x| \leqslant 1$；

⑤ 两个函数和（差）的定义域，应是两个函数定义域的交集；

⑥ 分段函数的定义域是各段定义域的并集；

⑦ 求复合函数的定义域时，一般是外层向里层逐步求.

2．极限问题

一般求极限的方法如下.

（1）若 $f(x)$ 是基本初等函数，则它在定义域内每个点 x_0 处都有 $\lim\limits_{x \to x_0} f(x) = f(x_0)$.

（2）讨论分段函数在分段点处的极限时，注意结论：函数 $f(x)$ 当 $x \to x_0$ 时极限存在的充要条件是 $f(x)$ 在 x_0 处的左右极限都存在且相等，即

$$\lim_{x\to x_0} f(x)=A \Leftrightarrow \lim_{x\to x_0^+} f(x)=\lim_{x\to x_0^-} f(x)=A$$

而考虑 $x\to\infty$时的函数极限，注意应用结论：函数 $f(x)$当 $x\to\infty$时极限存在的充要条件是 $\lim\limits_{x\to-\infty} f(x)$ 及 $\lim\limits_{x\to+\infty} f(x)$ 都存在且相等，即

$$\lim_{x\to\infty} f(x)=A \Leftrightarrow \lim_{x\to-\infty} f(x)=\lim_{x\to+\infty} f(x)=A .$$

（3）对于分子分母的极限都均为零时，注意首先观察所讨论的函数，是否可作恒等变换，是否可消去公因式，是否需要分子、分母同乘一个因式使其分母的极限不为零；还要注意是否可用等价无穷小作替换，记住基本的代换如：当 $x\to 0$ 时，

$$\sin x\sim x;1-\cos x\sim \frac{1}{2}x^2;\tan x\sim x;\arcsin x\sim x;\arctan x\sim x;e^x-1\sim x;\ln(1+x)\sim x.$$

（4）对于两个重要极限：$\lim\limits_{x\to 0}\dfrac{\sin x}{x}=1$ 及 $\lim\limits_{x\to\infty}\left(1+\dfrac{1}{x}\right)^x=e$ 要注意条件及用它们推出各类极限.

（5）记住无穷小的性质：有限个无穷小的和、差及积是无穷小；局部有界量和无穷小的积是无穷小.

3．函数连续性的判断

判断函数在一点处是否连续，主要看函数在该点是否有定义，是否有极限，该点的极限与函数值是否相同.

注意间断点的分类是以函数在该点处左右极限是否都存在为条件的，左右极限都存在的间断点是第一类的，例如可去间断点和跳跃间断点；否则是第二类的，例如无穷间断点及振荡间断点.

本章测试

一、选择题

1．下列各对函数中，相同的是（　　）.

A．$f(x)=x$ 与 $g(x)=\dfrac{x^2}{x}$　　B．$f(x)=x$ 与 $g(x)=e^{\ln x}$

C．$f(x)=|x|$ 与 $g(x)=\sqrt{x^2}$　　D.$f(x)=x$ 与 $g(x)=\sin(\arcsin x)$

2．下列函数中，不是奇函数的是（　　）.

A．$f(x)=\sin x-\tan x$　　B．$f(x)=e^x+e^{-x}$

C．$f(x)=x^3\cos x$　　D．$f(x)=\dfrac{1}{2}\ln\dfrac{1+x}{1-x}$

3．函数$f(x)$在点x_0有定义是当$x\to x_0$时$f(x)$有极限的（　　）.

A．必要条件　　B．充分条件

C．充要条件　　D．无关条件

4．数列（　　）不存在极限.

A．10,10,10,10, …　　B．$\frac{3}{2},\frac{2}{3},\frac{5}{4},\frac{4}{5},\cdots$　　C．$\frac{1}{2},2,\frac{1}{2},2,\cdots$

D．$y_n=\begin{cases}\frac{n+1}{n}, & n=2k+1\\ 1, & n=2k\end{cases}$　k是整数

5．数列有界是数列收敛的（　　）.

A．充分条件　　B．必要条件

C．充要条件　　D．无关条件

6．设函数$f(x)=\begin{cases}3e^x, x<0\\ x^2+2a, x\geqslant 0\end{cases}$在点$x=0$处连续，则$a=$（　　）.

A．0　　B．1　　C．$-\frac{3}{2}$　　D．$\frac{3}{2}$

7．当$x\to 0^+$时，下列函数中与$\sqrt{x}$等价的无穷小量是（　　）.

A．$1-e^{\sqrt{x}}$　　B．$\ln\frac{1-x}{1-\sqrt{x}}$

C．$\sqrt{1+\sqrt{x}}-1$　　D．$1-\cos\sqrt{x}$

8．函数$f(x)$在点x_0处连续的充要条件是:当$x\to x_0$时（　　）.

A．$f(x)$是无穷小量

B．$f(x)=f(x_0)+\alpha(x)$，$\alpha(x)$是当$x\to x_0$时的无穷小量

C．$f(x)$的左、右极限都存在　　D．$f(x)$的极限存在

9．设函数$f(x)$在闭区间$[a,b]$上连续且无零点，$f(a)>0$，则下列说法正确的是（　　）.

A．$f(b)>0$　　B．$f(b)=0$

C．$f(b)<0$　　D．不能确定$f(b)$的正负号

10．下列极限中，正确的是（　　）.

A．$\lim\limits_{x\to\infty}(1+x)^{\frac{1}{x}}=e$　　B．$\lim\limits_{x\to\infty}(1-\frac{1}{x})^x=e$

C．$\lim\limits_{x\to 0}(1-x)^{\frac{1}{x}}=e$　　D．$\lim\limits_{x\to 0}(1+2x)^{\frac{1}{2x}}=e$

二、填空题

1．函数 $y=\dfrac{2x}{\sqrt{x-3}}+\ln(5-x)$ 的定义域是________.

2．设 $f\left(\dfrac{1}{x}-1\right)=\dfrac{x}{2x-1}$，则 $f(x)$=________.

3．设 $f(x)=\begin{cases}1+x, x<2\\0, x=2\\2^x, x>2\end{cases}$，则 $f\left[\lim\limits_{x\to1}f(x)\right]$=________.

4．$\lim\limits_{x\to0}x\sin\dfrac{1}{x}=$________，$\lim\limits_{x\to\infty}x\sin\dfrac{1}{x}$________，

$\lim\limits_{x\to0}\dfrac{\sin x}{x}=$________，$\lim\limits_{x\to\infty}\dfrac{\sin x}{x}=$________.

5．设 $f(x)=\begin{cases}2\mathrm{e}^x, x<0\\1, x=0\\2x+a, x>0\end{cases}$，若 $\lim\limits_{x\to0}f(x)$ 存在，则 a=________.

6．若 $\lim\limits_{x\to\infty}\left(\dfrac{x^2+1}{x+1}-ax-b\right)=0$，则 a=________，b=________.

7．函数 $f(x)=\dfrac{x^2-4}{x^2+3x+2}$ 的间断点为________，其中________是第一类间断点，________是第二类间断点.

8．当 $x\to0$ 时，ax^2 与 $\tan\dfrac{x^2}{3}$ 是等价无穷小量，则 a=________.

三、解答题

1．求极限 $\lim\limits_{x\to\infty}x(\mathrm{e}^{\frac{2}{x}}-1)$.

2．求极限 $\lim\limits_{x\to+\infty}x[\ln(x+2)-\ln x]$.

3．求极限 $\lim\limits_{n\to\infty}[\dfrac{1}{1\cdot3}+\dfrac{1}{3\cdot5}+\cdots+\dfrac{1}{(2n-1)\cdot(2n+1)}]$.

4．求极限 $\lim\limits_{x\to\infty}\dfrac{x+3}{x^2-x}(\sin x+2)$.

5．求极限 $\lim\limits_{x\to1}\left(\dfrac{3}{1-x^3}-\dfrac{1}{1-x}\right)$.

6．设 $\lim\limits_{x\to\infty}x\sin\dfrac{\mathrm{e}}{x}=\lim\limits_{x\to\infty}\left(1-\dfrac{k}{x}\right)^{x+3}$，求常数 k.

7．求极限 $\lim\limits_{x\to 0}\dfrac{x-\sin 2x}{x+\sin 3x}$

8．讨论函数 $f(x)=\begin{cases}\dfrac{\sqrt{1+x^2}-1}{x^2}, x<0\\ \dfrac{1}{2}, x=0\\ \dfrac{1}{\pi}\arctan\dfrac{1}{x}, x>0\end{cases}$ 的连续性.

9．若函数 $f(x)$在闭区间$[a,b]$上连续，$f(a)<a, f(b)>b$，证明:在 (a,b) 上至少存在一点 c，使得 $f(c)=c$.

数学史话

微积分的创立，不仅是数学发展史上的卓越成就，更是人类文明发展史上的辉煌. 英国著名诗人为赞美微积分的创立，写下了美丽和富有哲理的诗篇——《雪崩》.

一片一片的雪花/ 经过暴风的再三筛选/ 积成巨大的雪团/ 它在阳光的激发下/形成雪崩/思想也是一样/ 一点一滴的积累/ 在不怕上帝的人心中

极限思想在庄子和他的学生惠施（也尊称惠子）共同著《庄子》一书中就有了记载. “一尺之棰，日取其半，万世不竭”这一描述正是同学们已经熟知的无穷递缩等比数列，当项数无限增大时，通项无限接近于 0，

庄子

庄子（公元前 369－公元前 286），姓庄，名周，战国时期思想家、哲学家、文学家，宋国蒙地（今河南商丘民权县）人，道家学说的创始人之一. 庄子祖上系出楚国公族，后因吴起变法楚国发生内乱，先人避夷宗之罪迁至宋国蒙地. 庄子生平只做过地方漆园吏，因崇尚自由而不应同宗楚威王之聘. 老子是他思想的继承和发展者，后世将他与老子并称为“老庄”. 他们的哲学思想体系，被思想学术界尊为“老庄哲学”. 代表作品为《庄子》，名篇有《逍遥游》、《齐物论》等.

刘徽的割圆术. “割之弥细，所失弥少，割之又割，以至于不可割，则与圆周合体，而无所失矣”. 刘徽从圆内接正六边形开始，成倍增加正多边形边数，也就是正十二边形、正二十四边形……这样的分割越细，误差越小，直到不能再分割，正多边形的周长与圆周长合体，而误差几乎为 0.

刘徽

刘徽（约公元 225 年—295 年），汉族，山东邹平县人，魏晋期间伟大的数学家，中国古典数学理论的奠基者之

祖冲之

一. 刘徽是中国数学史上一个非常伟大的数学家，他的杰作《九章算术》和《海岛算经》，是中国最宝贵的数学遗产. 刘徽思想敏捷，方法灵活，既提倡推理又主张直观. 他是中国最早明确主张用逻辑推理的方式来论证数学命题的人. 刘徽的一生是为数学刻苦探求的一生. 他虽然地位低下，但人格高尚. 他不是沽名钓誉的庸人，而是学而不厌的伟人，他给我们中华民族留下了宝贵的财富.

正是这些朴素的极限思想的积淀，才有微积分的完善.

祖氏原理："幂势既同，其积不容异."幂指面积，势指高度，原意为"夹在两个平行平面间的几何体，用平行于这两个平面的任意平面去截，截得的面积总相等，则这两个几何体的体积相等."这也是高中立体几何课本中同学们学习过的体积公理. 祖氏原理在西方文献中称"卡瓦列里原理"，于 1635 年由意大利数学家卡瓦列里独立提出，比祖氏原理的提出晚了一千多年，这一原理对微积分的建立有着重要影响.

祖冲之（公元 429 年 4 月 20 日—公元 500 年）是我国杰出的数学家、科学家. 南北朝时期人，汉族人，字文远. 生于宋文帝元嘉六年，卒于齐昏侯永元二年. 祖籍范阳郡遒县（今河北涞水县）. 为避战乱，祖冲之的祖父祖昌由河北迁至江南. 祖昌曾任刘宋的"大匠卿"，掌管土木工程；祖冲之的父亲也在朝中做官. 祖冲之从小接受家传的科学知识. 青年时进入华林学省，从事学术活动. 一生先后任过南徐州（今镇江市）从事史、公府参军、娄县（今昆山市东北）令、谒者仆射、长水校尉等官职. 其主要贡献在数学、天文历法和机械三方面.

当人造地球卫星发射成功，当宇宙飞船停泊月球，当火星探测器发回火星照片，当航天员在太空漫步，无疑是生活在这个时代的人的最伟大的文明享受. 这些高技术的拥有，正是微积分作为工具才可以达到的. 然而，微积分的创立，却经历了数学史上的一次危机，危机来临时，数学家们用执着和智慧化解了危机，并使分析进一步严格化. 从此，微积分在自然科学领域的应用极为广泛.

第 2 章　导数与微分

导数与微分是微分学的两个基本概念，它们是从数量关系上描述物质运动过程的数学工具. 导数是反映函数相对于自变量的变化快慢的程度，而微分是描述当自变量有微小改变时，函数改变量的近似值. 本章主要讨论导数与微分的概念，同时建立导数与微分的基本公式和运算法则.

重点难点提示：

知识点	重点	难点	要求
导数概念	●	●	掌握
导数的几何意义	●		理解
函数的可导性与连续性之间的关系	●		理解
导数的四则运算法则	●		掌握
复合函数的求导法	●		掌握
隐函数的求导法		●	掌握
参数方程的求导法			理解
反函数的求导法			了解
高阶导数			了解
微分的概念	●	●	掌握

2.1　导　　数

2.1.1　两个实例

【例 2.1】　平面曲线的切线斜率

求曲线 $y=f(x)$ 在点 $M\left(x_0, y_0\right)$ 处的切线斜率.

如图 2.1（a）所示，在曲线 $y=f(x)$ 上任取两点 $M\left(x_0, y_0\right)$ 和 $N\left(x_0+\Delta x, y_0+\Delta y\right)$，作割线 MN，则其斜率为

$$\tan\varphi=\frac{\Delta y}{\Delta x}\text{（}\varphi\text{ 是割线 }MN\text{ 的倾斜角）}$$

当点 N 沿曲线 $y=f(x)$ 移动而趋于点 M，即 $\Delta x\to 0$ 时，则割线 MN 就绕着点 M 转动而无限趋近它的极限位置 MT，如图 2.1（b）所示. 直线 MT 称为曲线 $y=f(x)$ 在

M 点的切线．由于切线 MT 的倾斜角 α 是割线 MN 的倾斜角 φ 的极限，所以切线斜率 $\tan\alpha$ 就是割线 MN 斜率 $\tan\varphi=\dfrac{\Delta y}{\Delta x}$ 的极限，即

$$\tan\alpha=\lim_{\varphi\to\alpha}\tan\varphi=\lim_{\Delta x\to 0}\frac{\Delta y}{\Delta x}=\lim_{\Delta x\to 0}\frac{f(x_0+\Delta x)-f(x_0)}{\Delta x}\left(\alpha\neq\frac{\pi}{2}\right)$$

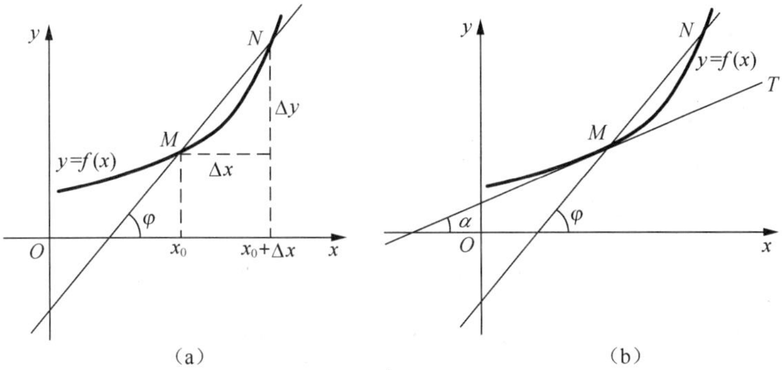

（a）

（b）

图 2.1

【例 2.2】 变速直线运动的瞬时速度

设有一物体从点 O 出发作变速直线运动，其运动方程为 $s=s(t)$．求该物体在 t_0 时刻的瞬时速度．

由物理学知道，物体做匀速直线运动时，它在任何时刻的速度都可用公式 $v=\dfrac{s}{t}$ 来计算．而现在是变速直线运动，首先考虑物体在 t_0 附近很短一段时间内的运动情况．

设物体从 t_0 到 $t_0+\Delta t$ 这段时间内路程从 $s(t_0)$ 变到 $s(t_0+\Delta t)$，如图 2.2 所示，其改变量为

$$\Delta s=s(t_0+\Delta t)-s(t_0)$$

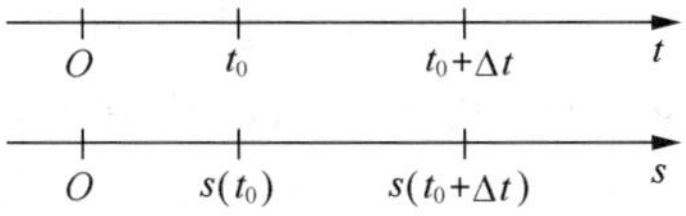

图 2.2

物体在 Δt 这段时间内的平均速度为

$$\overline{v}=\frac{\Delta s}{\Delta t}=\frac{s(t_0+\Delta t)-s(t_0)}{\Delta t}$$

显然，这个平均速度是随着 Δt 的变化而变化的．一般地，当 $|\Delta t|$ 很小时，$\overline{v}$ 可近似看作 $v(t_0)$，且当 $|\Delta t|$ 越小，$\overline{v}$ 与 $v(t_0)$ 就越接近，当 $\Delta t\to 0$ 时，平均速度 $\overline{v}$ 的极限就是物体在 t_0 时刻的瞬时速度 $v(t_0)$，即

$$v(t_0)=\lim_{\Delta t\to 0}\overline{v}=\lim_{\Delta t\to 0}\frac{\Delta s}{\Delta t}=\lim_{\Delta t\to 0}\frac{s(t_0+\Delta t)-s(t_0)}{\Delta t}$$

上面两个实际例子的具体含义虽然不同，但从抽象的数量关系来看，它们的实质是一样的，都归结为计算函数改变量与自变量改变量的比，当自变量改变量趋于零的极限．这种特殊的极限称为函数的导数．

2.1.2 导数的概念

1. 导数的定义

定义 设函数 $y=f(x)$ 在点 x_0 的某一邻域内有定义，当自变量 x 在点 x_0 处有增量 Δx 时（点 $x_0+\Delta x$ 仍在该邻域内），相应的函数也有增量 $\Delta y=f(x_0+\Delta x)-f(x_0)$．若极限 $\lim\limits_{\Delta x\to 0}\dfrac{\Delta y}{\Delta x}$ 存在，则称此极限值为函数 $y=f(x)$ 在点 x_0 的导数，记作

$$y'\big|_{x=x_0}，\ f'(x_0)，\ \frac{\mathrm{d}y}{\mathrm{d}x}\bigg|_{x=x_0}，\text{或}\frac{\mathrm{d}f(x)}{\mathrm{d}x}\bigg|_{x=x_0}．$$

即

$$y'\big|_{x=x_0}=\lim_{\Delta x\to 0}\frac{\Delta y}{\Delta x}=\lim_{\Delta x\to 0}\frac{f(x_0+\Delta x)-f(x_0)}{\Delta x}．$$

函数 $f(x)$ 在点 x_0 处导数存在，又称函数 $f(x)$ 在点 x_0 处可导；若极限不存在，则称函数 $f(x)$ 在点 x_0 处不可导．

令 $x_0+\Delta x=x$，则当 $\Delta x\to 0$ 时，有 $x\to x_0$，所以函数 $f(x)$ 在点 x_0 处的导数 $f'(x_0)$ 也可表示为

$$f'(x_0)=\lim_{x\to x_0}\frac{f(x)-f(x_0)}{x-x_0}．$$

如果函数 $f(x)$ 在区间 (a,b) 内每一点都可导，就称函数 $f(x)$ 在区间 (a,b) 内可导．这时每一个点 $x\in(a,b)$，都有一个导数值与之对应，于是构成一个关于 x 的新函数，我们就称这个函数为原来函数 $y=f(x)$ 的导函数，记作

$$y'，\ f'(x)，\ \frac{\mathrm{d}y}{\mathrm{d}x}，\text{或}\frac{\mathrm{d}f(x)}{\mathrm{d}x}．$$

把 $y'\big|_{x=x_0}=\lim\limits_{\Delta x\to 0}\dfrac{\Delta y}{\Delta x}=\lim\limits_{\Delta x\to 0}\dfrac{f(x_0+\Delta x)-f(x_0)}{\Delta x}$ 中的 x_0 换成 x，即得 $y=f(x)$ 的导函数公式

$$y'=\lim_{\Delta x\to 0}\frac{f(x+\Delta x)-f(x)}{\Delta x}，$$

显然，函数 $y=f(x)$ 在点 x_0 处的导数 $f'(x_0)$ 就是其导函数 $f'(x)$ 在点 x_0 处的函

数值，即

$$f'(x_0)=f'(x)\Big|_{x=x_0}.$$

在不致发生混淆的情况下，导函数也简称为导数.

有了导数概念，前面两个问题可以用导数来表达.

（1）平面曲线 $y=f(x)$ 在点 $M(x_0,\ y_0)$ 处的切线斜率，就是函数 $y=f(x)$ 在点 x_0 的导数，即

$$k=\tan\alpha=\frac{\mathrm{d}y}{\mathrm{d}x}\Big|_{x=x_0}.$$

（2）变速直线运动在 t_0 时刻的瞬时速度，就是路程 $s=s(t)$ 在 t_0 处对时间 t 的导数，即

$$v(t_0)=\frac{\mathrm{d}s}{\mathrm{d}t}\Big|_{t=t_0}.$$

2. 左导数与右导数

极限

$$\lim_{\Delta x\to 0^-}\frac{\Delta y}{\Delta x}=\lim_{\Delta x\to 0^-}\frac{f(x_0+\Delta x)-f(x_0)}{\Delta x},$$

$$\lim_{\Delta x\to 0^+}\frac{\Delta y}{\Delta x}=\lim_{\Delta x\to 0^+}\frac{f(x_0+\Delta x)-f(x_0)}{\Delta x}.$$

分别称为函数 $f(x)$ 在点 x_0 处的左导数和右导数，且分别记为 $f'_-(x_0)$ 和 $f'_+(x_0)$.

由左极限、右极限的性质知，有如下定理.

定理 2.1 函数 $f(x)$ 在点 x_0 处可导的充分必要条件是 $f(x)$ 在点 x_0 处的左导数和右导数都存在且相等.

3. 求导举例

由导数的定义可知，求函数 $y=f(x)$ 的导数 y'，可分为以下三个步骤：

（1）求增量：$\Delta y=f(x+\Delta x)-f(x)$；

（2）求比值：$\dfrac{\Delta y}{\Delta x}=\dfrac{f(x+\Delta x)-f(x)}{\Delta x}$；

（3）取极限：$y'=\lim\limits_{\Delta x\to 0}\dfrac{\Delta y}{\Delta x}$.

下面，利用以上三个步骤求一些基本初等函数的导数.

【例 2.3】 求函数 $y=C$（C 为常数）的导数.

解 （1）求函数的增量：因为 $y=C$，即不论 x 取何值，y 的值总等于 C，所以 $\Delta y=C-C=0$.

（2）求比值：$\dfrac{\Delta y}{\Delta x}=0$.

（3）取极限：$y'=\lim\limits_{\Delta x\to 0}\dfrac{\Delta y}{\Delta x}=\lim\limits_{\Delta x\to 0}0=0$，

即

$$(C)'=0\ .$$

【例 2.4】 求函数 $y=x^2$ 的导数.

解 （1）设 $f(x)=x^2$，则 $f(x+\Delta x)=(x+\Delta x)^2$．于是

$$\Delta y=f(x+\Delta x)-f(x)=2x\Delta x+(\Delta x)^2$$

（2）$\dfrac{\Delta y}{\Delta x}=\dfrac{2x\Delta x+(\Delta x)^2}{\Delta x}=2x+\Delta x$

（3）$y'=\lim\limits_{\Delta x\to 0}\dfrac{\Delta y}{\Delta x}=\lim\limits_{\Delta x\to 0}(2x+\Delta x)=2x$，

即

$$\left(x^2\right)'=2x\ .$$

类似可求得

$$\left(x^3\right)'=3x^2$$

一般地，幂函数 $y=x^\alpha\,(\alpha\in\mathbf{R})$ 有公式

$$\left(x^\alpha\right)'=\alpha x^{\alpha-1}$$

【例 2.5】 求下列函数的导数.

（1）$y=\sqrt{x}$，求 $y'\big|_{x=1}$　　　　（2）$y=\dfrac{1}{x}$，求 $f'(2)$

解 （1）$y=\sqrt{x}=x^{\frac{1}{2}}$，由幂函数的导数公式得

$$y'=(x^{\frac{1}{2}})'=\frac{1}{2}x^{-\frac{1}{2}}=\frac{1}{2\sqrt{x}}$$

于是

$$y'\big|_{x=1}=\left.\frac{1}{2\sqrt{x}}\right|_{x=1}=\frac{1}{2}\ .$$

（2）$f(x)=\dfrac{1}{x}=x^{-1}$，由幂函数的导数公式得

$$f'(x)=\left(x^{-1}\right)'=-x^{-2}=-\frac{1}{x^2}$$

于是

$$f'(2)=-\frac{1}{x^2}\bigg|_{x=2}=-\frac{1}{4}.$$

【例 2.6】 求函数 $y=\sin x$ 的导数.

解 （1）设 $f(x)=\sin x$，则 $f(x+\Delta x)=\sin(x+\Delta x)$.

于是

$$\Delta y=\sin(x+\Delta x)-\sin x=2\cos\left(x+\frac{\Delta x}{2}\right)\sin\frac{\Delta x}{2}$$

（2）$$\frac{\Delta y}{\Delta x}=\frac{2\cos\left(x+\frac{\Delta x}{2}\right)\sin\frac{\Delta x}{2}}{\Delta x}=\cos\left(x+\frac{\Delta x}{2}\right)\frac{\sin\frac{\Delta x}{2}}{\frac{\Delta x}{2}}$$

（3）$$y'=\lim_{\Delta x\to 0}\frac{\Delta y}{\Delta x}=\lim_{\Delta x\to 0}\left[\cos\left(x+\frac{\Delta x}{2}\right)\frac{\sin\frac{\Delta x}{2}}{\frac{\Delta x}{2}}\right]$$

$$=\lim_{\Delta x\to 0}\cos\left(x+\frac{\Delta x}{2}\right)\lim_{\Delta x\to 0}\frac{\sin\frac{\Delta x}{2}}{\frac{\Delta x}{2}}=\cos x$$

即

$$(\sin x)'=\cos x.$$

利用导数的定义，也可以求出下列函数的导数：

$$(\cos x)'=-\sin x$$

$$(\log_a x)'=\frac{1}{x\ln a}$$

特别地

$$(\ln x)'=\frac{1}{x}$$

$$(a^x)'=a^x\ln a$$

$$(\mathrm{e}^x)'=\mathrm{e}^x$$

2.1.3 导数的几何意义

根据例 2.1 的讨论可知，若函数 $y=f(x)$ 在点 x_0 处可导，则 $f'(x_0)$ 就是曲线 $y=f(x)$ 在点 $M(x_0,y_0)$ 处的切线斜率．于是，曲线 $y=f(x)$ 在 $M(x_0,y_0)$ 处的切线

方程为

$$y-y_0=f'(x_0)(x-x_0)$$

法线方程为

$$y-y_0=-\frac{1}{f'(x_0)}(x-x_0) \qquad \left(f'(x_0)\neq 0\right)$$

如果 $f'(x_0)=0$，则切线平行于 x 轴，切线方程为 $y=y_0$.

如果 $f'(x_0)$ 为无穷大，则切线垂直于 x 轴，切线方程为 $x=x_0$.

【例 2.7】 求抛物线 $y=x^2$ 在点（2,4）处的切线方程和法线方程.

解 根据导数的几何意义，所求切线的斜率为

$$k=y'\big|_{x=2}=2x\big|_{x=2}=4$$

所以，抛物线在点 $(2,4)$ 处的切线方程为

$$y-4=4(x-2) \quad 即 \quad 4x-y-4=0$$

法线方程为

$$y-4=-\frac{1}{4}(x-2) \quad 即 \quad x+4y-18=0$$

【例 2.8】 曲线 $y=\ln x$ 上哪一点的切线与直线 $y=3x-1$ 平行？

解 设曲线 $y=\ln x$ 在点 $M(x,y)$ 处的切线与直线 $y=3x-1$ 平行．由导数的几何意义，得所求切线的斜率为

$$y'=(\ln x)'=\frac{1}{x}$$

而直线 $y=3x-1$ 的斜率为 $k=3$，根据两直线平行的条件，有

$$\frac{1}{x}=3 \text{ 即 } x=\frac{1}{3}$$

将其代入曲线方程 $y=\ln x$，得

$$y=\ln\frac{1}{3}=-\ln 3$$

所以曲线 $y=\ln x$ 在点 $M\left(\frac{1}{3},-\ln 3\right)$ 处的切线与直线 $y=3x-1$ 平行.

2.1.4 可导与连续的关系

定理 2.2 若函数 $f(x)$ 在点 x 处可导，则函数 $f(x)$ 在点 x 处一定连续.

证 由已知条件知，$\lim\limits_{\Delta x\to 0}\frac{\Delta y}{\Delta x}=f'(x)$．根据函数的极限与无穷小的关系，

则

$$\frac{\Delta y}{\Delta x}=f'(x)+\alpha$$

其中，α 为当 $\Delta x \to 0$ 时的无穷小量，在上式的两端各乘以 Δx，

$$\Delta y = f'(x)\Delta x + \alpha\Delta x,$$

$$\lim_{\Delta x\to 0}\Delta y=\lim_{\Delta x\to 0}\left(f'(x)\Delta x+\alpha\Delta x\right)=0$$

这就是说，函数 $y=f(x)$ 在点 x 处连续．但反过来不一定成立，即在点 x 处连续的函数未必在点 x 处可导．

例如，函数 $y=f(x)=|x|=\begin{cases}x, & x\geqslant 0\\ -x, & x<0\end{cases}$，显然在 $x=0$ 处连续，但是在该点处不可导．因为

$$\Delta y=f(0+\Delta x)-f(0)=|\Delta x|$$

在 $x=0$ 处的右导数为

$$f'_+(0)=\lim_{\Delta x\to 0^+}\frac{\Delta y}{\Delta x}=\lim_{\Delta x\to 0^+}\frac{|\Delta x|}{\Delta x}\lim_{\Delta x\to 0^+}\frac{\Delta x}{\Delta x}=1$$

在 $x=0$ 处的左导数为

$$f'_-(0)=\lim_{\Delta x\to 0^-}\frac{\Delta y}{\Delta x}=\lim_{\Delta x\to 0^-}\frac{|\Delta x|}{\Delta x}\lim_{\Delta x\to 0^-}\frac{-\Delta x}{\Delta x}=-1$$

得 $f'_+(0)\neq f'_-(0)$，所以 $f(x)$ 在 $x=0$ 处不可导．因此，函数连续是可导的必要条件而不是充分条件．

习题 2-1

1．利用导数定义求下列函数的导数 y' 及其在 $x=1$ 的导数值 $y'|_{x=1}$．

（1）$y=x^3$　　（2）$y=\cos x$　　（3）$y=\ln x$

2．垂直向上抛一物体，其上升高度为 $h(t)=\left(10t-\frac{1}{2}gt^2\right)(\mathrm{m})$，求物体在 $t=1$ 时的瞬时速度．

3．已知抛物线方程 $y=x^2+1$，求:

（1）曲线在 $x=-1$ 处的切线方程和法线方程;

（2）与直线 $y-4x+1=0$ 平行的切线方程．

4．下列各题中均假定 $f'(x_0)$ 存在，按照导数定义求下列极限．

（1）$\lim\limits_{\Delta x\to 0}\dfrac{f(x_0-\Delta x)-f(x_0)}{\Delta x}$　　（2）$\lim\limits_{h\to 0}\dfrac{f(x_0+h)-f(x_0-h)}{h}$

（3）$\lim\limits_{x\to 0}\dfrac{f(x)}{x}$，其中 $f(0)=0$，且 $f'(0)$ 存在.

5．讨论函数 $f(x)=\begin{cases}x(\mathrm{e}^x+1) & x<0\\ x & x\geqslant 0\end{cases}$ 在 $x=0$ 处是否连续，有无导数.

6．证明双曲线 $y=\dfrac{1}{x}$ 上任意点处的切线与两坐标轴所围成的三角形的面积等于 2.

2.2　函数的求导法则

在上一节中介绍了用导数定义求函数导数的方法，但是，如果对每一个函数都直接用导数定义求导数，那将是比较麻烦的，有时甚至是很困难的．在本节中，将介绍一些求导数的基本法则和基本初等函数的求导公式，利用这些法则和公式，就能比较方便地求出常见的初等函数的导数.

2.2.1　函数的和、差、积、商的求导法则

定理 2.3　设函数 $u(x)$ 与 $v(x)$ 在点 x 处可导，则函数 $u(x)\pm v(x)$、$u(x)v(x)$、$\dfrac{u(x)}{v(x)}(v(x)\neq 0)$ 也在点 x 处可导，且有以下法则：

（1）$[u(x)\pm v(x)]'=u'(x)\pm v'(x)$；

（2）$[u(x)v(x)]'=u'(x)v(x)+u(x)v'(x)$；

特别地，$[c\cdot u(x)]'=c\cdot u'(x)$（$c$ 为常数）；

（3）$\left(\dfrac{u(x)}{v(x)}\right)'=\dfrac{u'(x)v(x)-u(x)v'(x)}{v^2(x)}(v(x)\neq 0)$；

特别地，$\left(\dfrac{1}{v(x)}\right)'=-\dfrac{v'(x)}{v^2(x)}(v(x)\neq 0)$.

下面给出法则（2）的证明，法则（1）、（3）的证明从略.

证　设 $y=f(x)=u(x)v(x)$，给 x 以增量 Δx，相应地函数 $u(x)$ 与 $v(x)$ 各有增量 Δu 与 Δv.

（1）求增量：$\Delta y=f(x+\Delta x)-f(x)=u(x+\Delta x)v(x+\Delta x)-u(x)v(x)$

$$=\left[u(x+\Delta x)-u(x)\right]v(x+\Delta x)+u(x)\left[v(x+\Delta x)-v(x)\right]$$

$$=\Delta u v(x+\Delta x)+u(x)\Delta v$$

（2）求比值：$\dfrac{\Delta y}{\Delta x}=\dfrac{\Delta u}{\Delta x}\cdot v(x+\Delta x)+u(x)\cdot\dfrac{\Delta v}{\Delta x}$

（3）取极限：由于 $u(x)$ 与 $v(x)$ 在点 x 处可导，可知 $v(x)$ 在点 x 处连续，所以

$$\lim_{\Delta x\to 0}\frac{\Delta y}{\Delta x}=\lim_{\Delta x\to 0}\left(\frac{\Delta u}{\Delta x}\cdot v(x+\Delta x)+u(x)\cdot\frac{\Delta v}{\Delta x}\right)$$

$$=\lim_{\Delta x\to 0}\frac{\Delta u}{\Delta x}\cdot\lim_{\Delta x\to 0}v(x+\Delta x)+u(x)\cdot\lim_{\Delta x\to 0}\frac{\Delta v}{\Delta x}$$

$$=u'(x)v(x)+u(x)v'(x)$$

这就是说，$y=u(x)v(x)$ 也在点 x 处可导，且有

$$\left[u(x)v(x)\right]'=u'(x)v(x)+u(x)v'(x)$$

利用数学归纳法，可把法则（1）、（2）推广到任意有限多个可导函数的情形，即若 $u_i(x)$ $(i=1,2,\ldots,n)$ 都可导，则

$$(u_1\pm u_2\pm\cdots\pm u_n)'=u_1'\pm u_2'\pm\cdots\pm u_n'$$

$$(u_1u_2\cdots u_n)'=u_1'u_2\cdots u_n+u_1u_2'\cdots u_n+\cdots+u_1u_2\cdots u_n'$$

【例 2.9】 求 $y=x^3\sin x+2\ln x-3\mathrm{e}^x+10$ 的导数.

解 $y'=(x^3\sin x+2\ln x-3\mathrm{e}^x+10)'=(x^3\sin x)'+(2\ln x)'-(3\mathrm{e}^x)'+(10)'$

$$=(x^3)'\sin x+x^3(\sin x)'+2(\ln x)'-3(\mathrm{e}^x)'=3x^2\sin x+x^3\cos x+\frac{2}{x}-3\mathrm{e}^x$$

【例 2.10】 求 $y=\tan x$ 的导数.

解 $y'=(\tan x)'=\left(\dfrac{\sin x}{\cos x}\right)'=\dfrac{(\sin x)'\cos x-\sin x(\cos x)'}{\cos^2 x}$

$$=\frac{\cos^2 x+\sin^2 x}{\cos^2 x}=\frac{1}{\cos^2 x}=\sec^2 x$$

即

$$\left(\tan x\right)'=\frac{1}{\cos^2 x}=\sec^2 x\ .$$

类似地，有 $(\cot x)'=-\dfrac{1}{\sin^2 x}=-\csc^2 x$.

【例 2.11】 求 $y=\sec x$ 的导数.

解 $$y'=(\sec x)'=\left(\frac{1}{\cos x}\right)'=\frac{-(\cos x)'}{\cos^2 x}=\frac{\sin x}{\cos^2 x}=\sec x\tan x$$

即 $$(\sec x)'=\sec x\tan x\ .$$

类似地，有 $(\csc x)'=-\csc x\cot x$.

【例 2.12】 求 $y=\dfrac{x\cos x}{1+\sin x}$ 的导数.

解 $$y'=\left(\frac{x\cos x}{1+\sin x}\right)'=\frac{(x\cos x)'(1+\sin x)-x\cos x(1+\sin x)'}{(1+\sin x)^2}$$

$$=\frac{(\cos x-x\sin x)\cdot(1+\sin x)-x\cos x\cdot\cos x}{(1+\sin x)^2}$$

$$=\frac{\cos x\cdot(1+\sin x)-x\sin x-x\sin^2 x-x\cos^2 x}{(1+\sin x)^2}=\frac{\cos x-x}{1+\sin x}$$

2.2.2 复合函数的求导法则

利用导数的四则运算法则和基本初等函数的求导公式，可求出一些比较复杂的初等函数的导数. 由于初等函数的产生，除了四则运算外，还有函数的复合. 因此，复合函数的求导法则是求初等函数导数的一个重要方法.

关于复合函数的求导法则，有如下的定理.

定理 2.4 如果函数 $u=\varphi(x)$ 在点 x 处可导，而函数 $y=f(u)$ 在点 $u=\varphi(x)$ 处可导，则复合函数 $y=f[\varphi(x)]$ 也在点 x 处可导，且有 $\dfrac{\mathrm{d}y}{\mathrm{d}x}=\dfrac{\mathrm{d}y}{\mathrm{d}u}\cdot\dfrac{\mathrm{d}u}{\mathrm{d}x}$ 或 $[f(\varphi(x))]'=f'(u)\varphi'(x)$.

证 当自变量 x 的增量为 Δx 时，对应的函数 $u=\varphi(x)$ 与 $y=f(u)$ 的增量分别为 Δu 和 Δy .

由于函数 $y=f(u)$ 在点 u 处可导，即有 $\lim\limits_{\Delta u\to 0}\dfrac{\Delta y}{\Delta u}=\dfrac{\mathrm{d}y}{\mathrm{d}u}$ ，利用函数极限与无穷小的关系，有 $\dfrac{\Delta y}{\Delta u}=\dfrac{\mathrm{d}y}{\mathrm{d}u}+\alpha$ ，其中 α 是当 $\Delta u\to 0$ 时的无穷小，于是 $\Delta y=\dfrac{\mathrm{d}y}{\mathrm{d}u}\Delta u+\alpha\Delta u$.

在上式两端同时除以 Δx ，得

$$\frac{\Delta y}{\Delta x}=\frac{\mathrm{d}y}{\mathrm{d}u}\cdot\frac{\Delta u}{\Delta x}+\alpha\frac{\Delta u}{\Delta x}\ .$$

由于$u=\varphi(x)$在点x处可导，可知$u=\varphi(x)$在点x处连续，故有$\lim\limits_{\Delta x\to 0}\frac{\Delta u}{\Delta x}=\frac{\mathrm{d}u}{\mathrm{d}x}$，且当$\Delta x\to 0$时，有$\Delta u\to 0$，从而

$$\lim_{\Delta x\to 0}\frac{\Delta y}{\Delta x}=\lim_{\Delta x\to 0}\left(\frac{\mathrm{d}y}{\mathrm{d}u}\cdot\frac{\Delta u}{\Delta x}+\alpha\cdot\frac{\Delta u}{\Delta x}\right)=\frac{\mathrm{d}y}{\mathrm{d}u}\cdot\lim_{\Delta x\to 0}\frac{\Delta u}{\Delta x}+\lim_{\Delta x\to 0}\alpha\cdot\lim_{\Delta x\to 0}\frac{\Delta u}{\Delta x}$$

$$=\frac{\mathrm{d}y}{\mathrm{d}u}\cdot\frac{\mathrm{d}u}{\mathrm{d}x}+0\cdot\frac{\mathrm{d}u}{\mathrm{d}x}=\frac{\mathrm{d}y}{\mathrm{d}u}\cdot\frac{\mathrm{d}u}{\mathrm{d}x}$$

上式说明，求复合函数$y=f[\varphi(x)]$对x的导数时，可先求出$y=f(u)$对u的导数和$u=\varphi(x)$对x的导数，然后相乘即可.

利用数学归纳法，这个法则可推广到有限多个可导函数的复合.

例如设$y=f(u)$，$u=\varphi(v)$，$v=\psi(x)$都可导，则

$$\frac{\mathrm{d}y}{\mathrm{d}x}=\frac{\mathrm{d}y}{\mathrm{d}u}\cdot\frac{\mathrm{d}u}{\mathrm{d}v}\cdot\frac{\mathrm{d}v}{\mathrm{d}x}，\text{或 }y'=f'(u)\varphi'(v)\psi'(x).$$

【例 2.13】 求函数$y=\mathrm{e}^{2x}$的导数.

解 设$y=\mathrm{e}^u$，$u=2x$. 因为$y'_u=\mathrm{e}^u$，$u'_x=2$，所以

$$y'=y'_u u'_x=\mathrm{e}^{2x}\cdot 2=2\mathrm{e}^{2x}.$$

【例 2.14】 求函数$y=x\sin^2 x-\cos x^2$的导数.

解
$$y'=(x)'\sin^2 x+x(\sin^2 x)'-(\cos x^2)'$$
$$=\sin^2 x+2x\sin x\cos x+2x\sin x^2$$
$$=\sin^2 x+x\sin(2x)+2x\sin x^2$$

【例 2.15】 证明$(x^\alpha)'=\alpha x^{\alpha-1}(x>0,\alpha\in\mathbf{R})$.

证 因为$x^\alpha=\mathrm{e}^{\ln x^\alpha}=\mathrm{e}^{\alpha\ln x}$，所以

$$(x^\alpha)'=(\mathrm{e}^{\alpha\ln x})'=\mathrm{e}^{\alpha\ln x}(\alpha\ln x)'=\mathrm{e}^{\alpha\ln x}\frac{\alpha}{x}=\alpha x^{\alpha-1}.$$

2.2.3 反函数的求导法则

为了解决反三角函数的求导问题，在此先利用复合函数的求导法则来推导一般反函数的求导法则.

定理 2.5 设单调连续函数$x=\varphi(y)$在点y处可导，并有$\varphi'(y)\neq 0$，则它的反函数$y=f(x)$在对应点x处可导，且有$f'(x)=\frac{1}{\varphi'(y)}$或$\frac{\mathrm{d}y}{\mathrm{d}x}=\frac{1}{\frac{\mathrm{d}x}{\mathrm{d}y}}$.

证 因为$x=\varphi(y)$是单调连续的，所以它的反函数$y=f(x)$也是单调连续的，给x以增量$\Delta x\neq 0$，从$y=f(x)$的单调性可知，$\Delta y=f(x+\Delta x)-f(x)\neq 0$，因此恒有

$$\frac{\Delta y}{\Delta x}=\frac{1}{\frac{\Delta x}{\Delta y}}.$$

由 $y=f(x)$ 的连续性，当 $\Delta x\to 0$ 时，必有 $\Delta y\to 0$，又 $x=\varphi(y)$ 在点 y 处可导，得 $\lim\limits_{\Delta y\to 0}\frac{\Delta x}{\Delta y}=\varphi'(y)\neq 0$，所以 $\lim\limits_{\Delta x\to 0}\frac{\Delta y}{\Delta x}=\lim\limits_{\Delta y\to 0}\frac{1}{\frac{\Delta x}{\Delta y}}=\frac{1}{\varphi'(y)}$，这就是说，$y=f(x)$ 在点 x 处可导，且有 $f'(x)=\frac{1}{\varphi'(y)}$.

作为定理 2.5 的应用，下面再导出几个函数的导数公式.

【例 2.16】 求函数 $y=\arcsin x$ 的导数.

解 $y=\arcsin x$ 是 $x=\sin y$ 的反函数，且 $x=\sin y$ 在区间 $\left(-\frac{\pi}{2},\frac{\pi}{2}\right)$ 内单调可导，又 $\frac{\mathrm{d}x}{\mathrm{d}y}=\cos y>0$，所以 $y'=\frac{1}{\frac{\mathrm{d}x}{\mathrm{d}y}}=\frac{1}{\cos y}=\frac{1}{\sqrt{1-\sin^2 y}}=\frac{1}{\sqrt{1-x^2}}$，

即
$$(\arcsin x)'=\frac{1}{\sqrt{1-x^2}}.$$

类似地，有 $(\arccos x)'=-\frac{1}{\sqrt{1-x^2}}$.

【例 2.17】 求函数 $y=\arctan x$ 的导数.

解 $y=\arctan x$ 是 $x=\tan y$ 的反函数，且 $x=\tan y$ 在开区间 $\left(-\frac{\pi}{2},\frac{\pi}{2}\right)$ 内单调可导，又 $\frac{\mathrm{d}x}{\mathrm{d}y}=\sec^2 y>0$，所以 $y'=\frac{1}{\frac{\mathrm{d}x}{\mathrm{d}y}}=\frac{1}{\sec^2 y}=\frac{1}{1+\tan^2 y}=\frac{1}{1+x^2}$，

即
$$(\arctan x)'=\frac{1}{1+x^2}.$$

类似地，有
$$(\operatorname{arccot} x)'=-\frac{1}{1+x^2}.$$

2.2.4 三种常用的求导方法

1. 隐函数求导法

前面所遇到的函数都是 $y=f(x)$ 的形式，即因变量 y 可由含有自变量 x 的数学式子直接表示出来的函数，这类函数称为显函数. 例如，$y=\sin x$，$y=\sqrt{1-x^2}$ 等. 但是有些函数的表达式却不是这样，例如方程 $\mathrm{e}^y-\mathrm{e}^x+xy=0$ 也表示一个函数，因为

自变量 x 在某个定义域内取值时，变量 y 有唯一确定的值与之对应，这样的函数称为**隐函数**.

一般地，如果变量 x，y 之间的函数关系是由某一方程 $F(x,y)=0$ 所确定，那么这种函数称为由方程确定的隐函数.

隐函数的求导法是根据复合函数求导法则去求的，其求导的结果往往同时含有变量 x 和变量 y 的数学表达式．具体的方法如下.

（1）设 $y=f(x)$ 是由方程 $F(x,y)=0$ 所确定的隐函数，代入方程 $F(x,y)=0$，得恒等式为 $F[x,f(x)]\equiv 0$；

（2）将恒等式 $F[x,f(x)]\equiv 0$ 的两端对 x 求导，可得所求的导数，但是在实际计算时，一般来说 y 不能写成 x 的显函数，而是在方程 $F(x,y)=0$ 的两端对 x 求导．因此，在对 x 求导时，要记住 y 是 x 的函数，再利用复合函数求导法则去求导，这样，便可得到所求的导数.

下面举例说明这种方法.

【例 2.18】 求由方程 $e^y+xy-e=0$ 所确定的隐函数的导数 $\frac{dy}{dx}$.

解 将方程中的 y 看成 x 的函数，使方程成为恒等式，恒等式的两边对 x 求导必相等.

即
$$\left(e^y+xy-e\right)_x'=\left(0\right)_x'$$

$$e^y\frac{dy}{dx}+y+x\frac{dy}{dx}=0$$

由上式解出 y'，可得隐函数的导数为

$$\frac{dy}{dx}=-\frac{y}{x+e^y}\quad (x+e^y\neq 0)$$

【例 2.19】 求曲线 $2y^2=x^2(x+1)$ 在点 $(1,1)$ 处的切线方程.

解 把方程 $2y^2=x^2(x+1)$ 的两边同时对 x 求导，有

$$4yy'=3x^2+2x$$

因此得 $y'=\frac{3x^2+2x}{4y}$ $(y\neq 0)$，而 $y'|_{(1,1)}=\frac{5}{4}$，故所求的切线方程为 $y-1=\frac{5}{4}(x-1)$，

即
$$5x-4y-1=0$$

注 隐函数求导数，导数里允许含有变量 y.

2. 对数求导法

利用隐函数求导法，还可以得到一个简化求导运算的方法．它适合于由几个因子通过乘、除、乘方与开方所构成的比较复杂的函数或幂指函数的求导．这个方法

是先取对数，化乘、除为加、减，化乘方、开方为乘积，再利用隐函数求导法求导，所以称为对数求导法.

【例 2.20】 求 $y = x^{\sin 3x} \quad (x > 0)$ 的导数.

解 先在等式两边取对数，得

$$\ln y = \sin 3x \ln x$$

两边同时对 x 求导数，有

$$\frac{1}{y} \cdot y' = 3\cos 3x \ln x + \frac{\sin 3x}{x}$$

所以 $$y' = y\left(3\cos 3x \ln x + \frac{\sin 3x}{x}\right) = x^{\sin 3x}\left(3\cos 3x \ln x + \frac{\sin 3x}{x}\right).$$

【例 2.21】 求 $y = \sqrt{\dfrac{(x-1)(x-2)}{(x-3)(x-4)}} \quad (x > 4)$ 的导数.

解 先在等式两边取对数，得

$$\ln y = \frac{1}{2}\left[\ln(x-1) + \ln(x-2) - \ln(x-3) - \ln(x-4)\right]$$

上式两边对 x 求导，注意 y 是 x 的函数，得

$$\frac{1}{y} y' = \frac{1}{2}\left(\frac{1}{x-1} + \frac{1}{x-2} - \frac{1}{x-3} - \frac{1}{x-4}\right)$$

于是 $$y' = \frac{1}{2}\sqrt{\frac{(x-1)(x-2)}{(x-3)(x-4)}}\left(\frac{1}{x-1} + \frac{1}{x-2} - \frac{1}{x-3} - \frac{1}{x-4}\right).$$

3. 由参数方程所确定的函数求导法

在前面研究的是由 $y = f(x)$ 和 $F(x, y) = 0$ 给出的函数关系的导数问题．但在某些情况下，因变量 y 与自变量 x 的函数关系是通过第三个变量 t（称为参变量）给出的.

一般地，如果参数方程

$$\begin{cases} x = \varphi(t) \\ y = \psi(t) \end{cases} (\alpha \leqslant t \leqslant \beta)$$

确定 y 与 x 之间的函数关系，则称此函数关系所表示的函数为由参数方程所确定的函数.

下面研究由参数方程所确定的函数的求导方法．若函数 $x = \varphi(t)$，$y = \psi(t)$ 都可导，且 $\varphi'(t) \neq 0$，又 $x = \varphi(t)$ 具有单调连续的反函数 $t = \varphi^{-1}(x)$，则参数方程所确定的函数可以看成 $y = \psi(t)$ 与 $t = \varphi^{-1}(x)$ 复合而成，根据复合函数与反函数的求导法则，有

$$\frac{\mathrm{d}y}{\mathrm{d}x}=\frac{\mathrm{d}y}{\mathrm{d}t}\cdot\frac{\mathrm{d}t}{\mathrm{d}x}=\frac{\mathrm{d}y}{\mathrm{d}t}\cdot\frac{1}{\frac{\mathrm{d}x}{\mathrm{d}t}}=\psi'(t)\cdot\frac{1}{\varphi'(t)}=\frac{\psi'(t)}{\varphi'(t)}$$

【例 2.22】 求摆线$\begin{cases}x=a(t-\sin t)\\y=a(1-\cos t)\end{cases}$ $(a>0,0\leqslant t\leqslant 2\pi)$ 在 $t=\dfrac{\pi}{2}$ 处的切线方程.

解 先求摆线在任意点的切线斜率，即求摆线的导数，有

$$\frac{\mathrm{d}y}{\mathrm{d}x}=\frac{[a(1-\cos t)]'}{[a(t-\sin t)]'}=\frac{a\sin t}{a(1-\cos t)}=\cot\frac{t}{2}$$

再求在 $t=\dfrac{\pi}{2}$ 处的导数，当 $t=\dfrac{\pi}{2}$ 时，摆线上的对应点为 $(a\left(\dfrac{\pi}{2}-1\right),a)$，在此点的切线斜率为 $\left.\dfrac{\mathrm{d}y}{\mathrm{d}x}\right|_{t=\frac{\pi}{2}}=\left.\cot\dfrac{t}{2}\right|_{t=\frac{\pi}{2}}=1$，因此，切线方程为 $y-a=x-a\left(\dfrac{\pi}{2}-1\right)$，

即
$$y=x+a\left(2-\frac{\pi}{2}\right).$$

2.2.5 高阶导数

一般来说，函数 $y=f(x)$ 的导数 $f'(x)$ 仍然是 x 的函数，因此可以对 x 再求导数. 把函数 $y=f(x)$ 的导数的导数称为函数 $y=f(x)$ 的二阶导数，记作 y'' 或 $f''(x)$ 或 $\dfrac{\mathrm{d}^2y}{\mathrm{d}x^2}$ 或 $\dfrac{\mathrm{d}^2f}{\mathrm{d}x^2}$，即

$$y''=(y')'，或 f''(x)=[f'(x)]'，或 \frac{\mathrm{d}^2y}{\mathrm{d}x^2}=\frac{\mathrm{d}}{\mathrm{d}x}\left(\frac{\mathrm{d}y}{\mathrm{d}x}\right)，或 \frac{\mathrm{d}^2f}{\mathrm{d}x^2}=\frac{\mathrm{d}}{\mathrm{d}x}\left(\frac{\mathrm{d}f}{\mathrm{d}x}\right).$$

类似地，可定义 $y=f(x)$ 的三阶导数，四阶导数，…，n 阶导数，它们分别记作

y'''，$y^{(4)}$，…，$y^{(n)}$，或 $f'''(x)$，$f^{(4)}(x)$，…，$f^{(n)}(x)$，或 $\dfrac{\mathrm{d}^3y}{\mathrm{d}x^3}$，$\dfrac{\mathrm{d}^4y}{\mathrm{d}x^4}$，…，$\dfrac{\mathrm{d}^ny}{\mathrm{d}x^n}$，或 $\dfrac{\mathrm{d}^2f}{\mathrm{d}x^2},\dfrac{\mathrm{d}^3f}{\mathrm{d}x^3},\cdots,\dfrac{\mathrm{d}^nf}{\mathrm{d}x^n}$.

二阶及二阶以上的导数统称为高阶导数. 相应地，$f'(x)$ 称为一阶导数.

【例 2.23】 求下列函数的二阶导数：

（1）$y=x^3+x^2+x+1$ （2）$y=x\ln x$

解 （1）$y'=3x^2+2x+1$

$y''=6x+2$

（2）$y'=(x)'\ln x+x(\ln x)'=\ln x+1$

$$y''=(\ln x+1)'=\frac{1}{x}$$

【例 2.24】 求指数函数 $y=\mathrm{e}^x$ 的 n 阶导数.

解 因为 $y'=\mathrm{e}^x$， $y''=\mathrm{e}^x$， $y'''=\mathrm{e}^x$， …，

所以
$$y^{(n)}=\mathrm{e}^x,$$

即
$$(\mathrm{e}^x)^{(n)}=\mathrm{e}^x.$$

【例 2.25】 求正弦函数 $y=\sin x$ 的 n 阶导数.

解
$$y'=\cos x=\sin\left(\frac{\pi}{2}+x\right)$$

$$y''=-\sin x=\sin\left(2\cdot\frac{\pi}{2}+x\right)$$

$$y'''=-\cos x=\sin\left(3\cdot\frac{\pi}{2}+x\right)$$

$$y^{(4)}=\sin x=\sin\left(4\cdot\frac{\pi}{2}+x\right)$$

$$\vdots$$

$$y^{(n)}=\sin\left(n\cdot\frac{\pi}{2}+x\right)$$

类似地，有 $(\cos x)^{(n)}=\cos\left(\dfrac{n\pi}{2}+x\right)$

【例 2.26】 求对数函数 $y=\ln x$ 的 n 阶导数.

解
$$y'=\frac{1}{x}=x^{-1}$$

$$y''=(-1)x^{-2}$$

$$y'''=(-1)(-2)x^{-3}$$

$$y^{(4)}=(-1)(-2)(-3)x^{-4}$$

$$\vdots$$

$$y^{(n)}=(-1)(-2)\cdots[-(n-1)]x^{-n}$$

$$=(-1)^{n-1}\cdot1\cdot2\cdot3\cdot4\cdots(n-1)\frac{1}{x^n}$$

$$=(-1)^{n-1}\frac{(n-1)!}{x^n}$$

2.2.6 求导公式和法则汇总

前面推出了所有基本初等函数的导数公式，以及求导数的各种运算法则和方法．这些是初等函数求导运算的基础，必须熟练掌握．为了便于查阅，把这些导数公式和求导法则及方法归纳如下．

1. 基本初等函数的导数公式

（1）$(C)'=0$

（2）$(x)'=1$，$(x^{\alpha})'=\alpha x^{\alpha-1}$

（3）$(\mathrm{e}^x)'=\mathrm{e}^x$，$(a^x)'=a^x\ln a$

（4）$(\ln x)'=\dfrac{1}{x}$，$(\log_a x)'=\dfrac{1}{x\ln a}$

（5）$(\sin x)'=\cos x$，$(\cos x)'=-\sin x$

$(\tan x)'=\sec^2 x$，$(\cot x)'=-\csc^2 x$

$(\sec x)'=\sec x\tan x$，$(\csc x)'=-\csc x\cot x$

（6）$(\arcsin x)'=\dfrac{1}{\sqrt{1-x^2}}$，$(\arccos x)'=-\dfrac{1}{\sqrt{1-x^2}}$

$(\arctan x)'=\dfrac{1}{1+x^2}$，$(\operatorname{arc}\cot x)'=-\dfrac{1}{1+x^2}$

2. 导数的四则运算法则

（1）$(u\pm v)'=u'\pm v'$

（2）$(uv)'=u'v+uv'$，$(Cu)'=Cu'$（C 为常数）

（3）$\left(\dfrac{u}{v}\right)'=\dfrac{u'v-uv'}{v^2}\quad(v\neq 0)$，$\left(\dfrac{C}{v}\right)'=-\dfrac{Cv'}{v^2}$（$C$ 为常数）

3. 复合函数的求导法则

设 $y=f(u)$，$u=\varphi(x)$，则复合函数 $y=f[\varphi(x)]$ 的导数为

$$\frac{\mathrm{d}y}{\mathrm{d}x}=\frac{\mathrm{d}y}{\mathrm{d}u}\frac{\mathrm{d}u}{\mathrm{d}x}，\text{或 } y'_x=y'_u u'_x$$

4. 反函数的求导法则

设单调连续函数 $x=\varphi(y)$ 在点 y 处可导，且 $\varphi'(y)\neq 0$，则其反函数 $y=f(x)$ 在对应点 x 处的导数为

$$f'(x)=\frac{1}{\varphi'(y)}，\text{或 } \frac{\mathrm{d}y}{\mathrm{d}x}=\frac{1}{\dfrac{\mathrm{d}x}{\mathrm{d}y}}$$

5. 隐函数的求导法则

根据复合函数的求导法则，将方程 $F(x, y)=0$ 两边对 x 求导，再从中解出 y'_x．

6. 对数求导法则

对数求导法是利用对数的性质来简化求导运算的一种方法．此法适用于幂指函数和外层运算包含多个函数的积、商、幂或方根的函数的求导问题．其方法为：对等式两边先取自然对数，而后用隐函数求导法求导，最后解出 y' 并变成显函数．

7. 参数式函数的导数

设函数的参数方程为 $\begin{cases} x=\varphi(t) \\ y=\psi(t) \end{cases}$

则

$$\frac{\mathrm{d}y}{\mathrm{d}x}=\frac{\frac{\mathrm{d}y}{\mathrm{d}t}}{\frac{\mathrm{d}x}{\mathrm{d}t}}，或\ y'_x=\frac{y'_t}{x'_t}$$

习题 2-2

1．求下列函数的导数．

（1）$y=2\sqrt{x}-\dfrac{3}{x}+12$ （2）$y=5x^3-2^x+3\mathrm{e}^x$ （3）$y=\mathrm{e}^x(\sin x+\cos x)$ （4）$y=\dfrac{\ln x}{x}$

（5）$y=x^2\ln x$ （6）$y=(1+x^2)\arctan x$ （7）$y=\dfrac{\mathrm{e}^x}{x^2}+\ln 3$ （8）$s=\dfrac{1+\sin t}{1+\cos t}$

2．求下列函数的导数．

（1）$y=(3x-2)^{10}$ （2）$y=\ln\sin x$ （3）$y=\mathrm{e}^{x^2}$ （4）$y=\arcsin\sqrt{x}$ （5）$y=\tan x^2$

（6）$y=\sin(2x)+\cos^2 x$ （7）$y=\mathrm{e}^{-x}(x^2-3x+1)$ （8）$y=\sqrt{x^2-4x+5}$

（9）$y=\sin^2(1+3x)$

3．求下列方程所确定的隐函数的导数 $\dfrac{\mathrm{d}y}{\mathrm{d}x}$．

（1）$y=x+\ln y$ （2）$x^2-y^2+2xy=3$ （3）$y=1+x\mathrm{e}^y$

4．求下列参数方程所确定的函数的导数 $\dfrac{\mathrm{d}y}{\mathrm{d}x}$．

（1）$\begin{cases} x=\ln(1+t^2) \\ y=\arctan t \end{cases}$ （2）$\begin{cases} x=\mathrm{e}^{-t} \\ y=t\mathrm{e}^{2t} \end{cases}$ （3）$\begin{cases} x=\cos\theta+\theta\sin\theta \\ y=\sin\theta-\theta\cos\theta \end{cases}$

5．利用对数求导法求下列函数的导数．

（1）$y=x\sqrt{\dfrac{x-1}{1+x}}\ (x>1)$ （2）$y=x^x$ （3）$x^y=y^x$

6．已知椭圆的参数方程为$\begin{cases} x = a\cos t \\ y = b\sin t \end{cases}$，求椭圆在$t = \dfrac{\pi}{4}$处的切线方程.

7．求下列函数的二阶导数.

（1）$y = x^4 + 2x^3 + x + 1$ （2）$y = \mathrm{e}^{2x-1}$ （3）$y = x\cos 2x$ （4）$y = (1+x^2)\arctan x$

8．求下列函数在$x = 0$处的一阶导数值$y'|_{x=0}$及二阶导数值$y''|_{x=0}$.

（1） $y = x\mathrm{e}^{-x}$ （2） $y = \sin^2 x + x^2$

9．求下列函数的n阶导数.

（1） $y = \ln(1+x)$ （2） $y = a^x$ （3） $y = x\mathrm{e}^x$

2.3 函数的微分

2.3.1 微分的概念

【例 2.27】 一块正方形的金属薄片，当受热膨胀后，边长由x_0变到$x_0 + \Delta x$．问此薄片的面积A增加了多少？

由于正方形的面积A是边长x_0的函数，且$A = x_0^2$，则由题意得

$$\Delta A = (x_0 + \Delta x)^2 - x_0^2 = 2x_0\Delta x + (\Delta x)^2$$

由上式可以看到，所求面积A的增量ΔA是由两项的和构成的．第一项$2x_0\Delta x$是关于Δx的一次式（或称线性式），且Δx的系数$2x_0$恰好是面积A在x_0处的导数；第二项是Δx的二次式．显然，当Δx很小时，ΔA的主要部分是第一项$2x_0\Delta x$，如图 2.3 所示．因此，面积A的增量ΔA可近似表示为

$$\Delta A \approx 2x_0\Delta x\text{，或 }\Delta A \approx A'(x_0)\Delta x$$

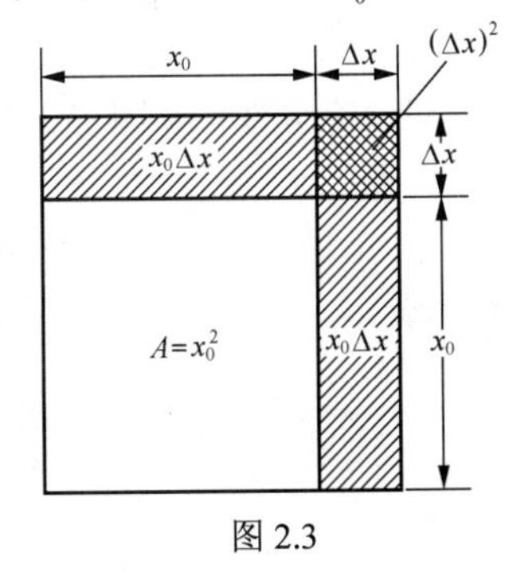

图 2.3

一般地，对于函数$y = f(x)$，当自变量由x_0变到$x_0 + \Delta x$时，函数增量$\Delta y = f(x_0 + \Delta x) - f(x_0)$的具体表达式往往比较复杂，是否仍可用$\Delta x$的线性式去近似表达呢？下面就可导函数$y = f(x)$来进行研究.

由函数极限与无穷小量的关系可知

$$\frac{\Delta y}{\Delta x} = f'(x_0) + \alpha \quad（当\Delta x \to 0时，\alpha \to 0）$$

于是

$$\Delta y = f'(x_0)\Delta x + \alpha\Delta x$$

可见，Δy 是由两项之和构成的．第一项为 $f'(x_0)\Delta x$，其中 $f'(x_0)$ 为定值；第二项为 $\alpha\Delta x$，其中 α 为当 $\Delta x \to 0$ 时的无穷小量．由于

$$\frac{\alpha\Delta x}{f'(x_0)\Delta x} \to 0 \text{（当 } \Delta x \to 0 \text{ 且 } f'(x_0) \neq 0 \text{ 时）}$$

故第二项与第一项比较是微不足道的．因此，当 $|\Delta x|$ 很小且 $f'(x_0) \neq 0$ 时，可用 $f'(x_0)\Delta x$ 作为 Δy 的近似值，即

$$\Delta y \approx f'(x_0)\Delta x$$

称 Δx 的线性式 $f'(x_0)\Delta x$ 为 Δy 的线性主部．

1. 微分的定义

定义 设函数 $y = f(x)$ 在某区间内有定义，x_0 及 $x_0 + \Delta x$ 在这区间内，如果增量

$$\Delta y = f(x_0 + \Delta x) - f(x_0)$$

可表示为

$$\Delta y = A\Delta x + o(\Delta x)$$

其中 A 是不依赖于 Δx 的常数，那么称函数 $y = f(x)$ 在点 x_0 处是可微的，而 $A\Delta x$ 称为 $y = f(x)$ 在点 x_0 处的微分．记作 $\mathrm{d}y|_{x=x_0}$，即

$$\mathrm{d}y|_{x=x_0} = A\Delta x$$

通常把自变量的增量 Δx 称为自变量的微分，记作 $\mathrm{d}x$，则函数在点 x_0 处的微分可写成

$$\mathrm{d}y|_{x=x_0} = A\mathrm{d}x$$

2. 可微与可导的关系

函数 $y = f(x)$ 在点 x_0 可微与可导有如下关系．

定理 2.6 函数 $y = f(x)$ 在点 x_0 可微的充要条件是函数 $f(x)$ 在该点可导，且 $f'(x_0) = A$．

证 充分性 因 $f(x)$ 在点 x_0 可导，即有

$$\lim_{\Delta x \to 0} \frac{\Delta y}{\Delta x} = f'(x_0)$$

从而有

$$\frac{\Delta y}{\Delta x} = f'(x_0) + \alpha \quad \text{其中} \lim_{\Delta x \to 0} \alpha = 0$$

即

$$\Delta y = f'(x_0) \cdot \Delta x + \alpha \cdot \Delta x$$

亦即

$$\Delta y = f'(x_0) \cdot \Delta x + o(\Delta x)$$

所以函数 $y=f(x)$ 在点 x_0 可微，且 $A=f'(x_0)$.

必要性　因 $y=f(x)$ 在点 x_0 可微，故有

$$\Delta y=A\cdot\Delta x+o(\Delta x)$$

等式两边除以 Δx 且取极限，便得

$$\lim_{\Delta x\to 0}\frac{\Delta y}{\Delta x}=A+\lim_{\Delta x\to 0}\frac{o(\Delta x)}{\Delta x}=A$$

所以，函数 $f(x)$ 在点 x_0 可导，且 $f'(x_0)=A$.

此定理说明，函数 $y=f(x)$ 在点 x_0 可导与可微是等价的，且函数 $y=f(x)$ 在点 x_0 的微分 $\mathrm{d}y\big|_{x=x_0}=f'(x_0)\cdot\mathrm{d}x$.

一般地，函数 $y=f(x)$ 在区间 (a,b) 内任意点 x 的微分称为函数的微分，记作 $\mathrm{d}y$，即

$$\mathrm{d}y=f'(x)\mathrm{d}x$$

例如　求 $y=x^3$ 的微分 $\mathrm{d}y$，$\mathrm{d}y=(x^3)'\mathrm{d}x=3x^2\mathrm{d}x$.

由上式可知，求出函数的导数 $f'(x)$ 后，再乘以 $\mathrm{d}x$，就得到函数的微分 $\mathrm{d}y$. 若以 $\mathrm{d}x$ 除上式的两端，就得到

$$\frac{\mathrm{d}y}{\mathrm{d}x}=f'(x)$$

这就是说，函数的微分与自变量的微分之商等于该函数的导数，因此导数也称"微商".

3. 微分的几何意义

如图 2.4 所示，$P(x_0,y_0)$ 和 $Q(x_0+\Delta x, y_0+\Delta y)$ 是曲线 $y=f(x)$ 上邻近的两点．PT 为曲线在点 P 处的切线，其倾斜角为 α．容易得到

$$\overline{RT}=\overline{PR}\tan\alpha=f'(x_0)\Delta x=\mathrm{d}y$$

这就是说，函数 $y=f(x)$ 在点 x_0 处的微分在几何上表示曲线 $y=f(x)$ 在点 $P(x_0,y_0)$ 处切线 PT 的纵坐标的增量.

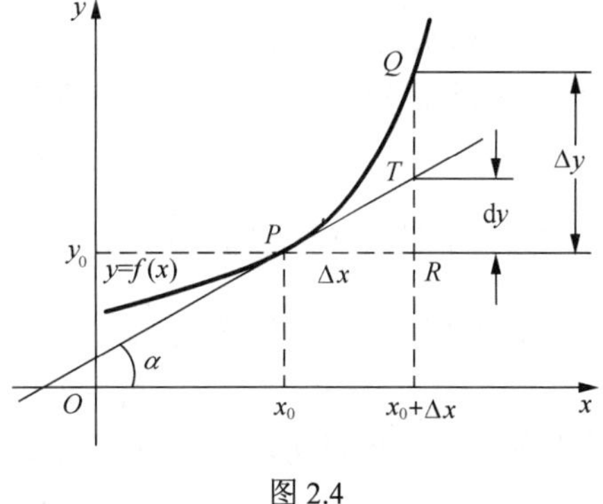

图 2.4

在图 2.4 中，$\overline{TQ}=\overline{RQ}-\overline{RT}$ 表示 Δy 与 $\mathrm{d}y$ 之差，当 $|\Delta x|$ 很小时，$\overline{TQ}$ 与 $\overline{RT}$ 相比是微不足道的，因此，可用 $\overline{RT}$ 近似代替 $\overline{RQ}$．这就是说，当 $|\Delta x|$ 很小时，有 $\Delta y\approx\mathrm{d}y$.

2.3.2　微分的运算

根据函数微分的定义 $\mathrm{d}y=f'(x)\mathrm{d}x$ 及导数的基本公式和运算法则，可直接推出

微分的基本公式和运算法则.

1. 微分的基本公式

（1） $d(C)=0$

（2） $d(x^{\alpha})=\alpha x^{\alpha-1}dx$

（3） $d(a^{x})=a^{x}\ln a dx$， $d(e^{x})=e^{x}dx$

（4） $d(\log_{a}x)=\frac{1}{x\ln a}dx$， $d(\ln x)=\frac{1}{x}dx$

（5） $d(\sin x)=\cos x dx$， $d(\cos x)=-\sin x dx$

$d(\tan x)=\sec^{2}x dx$， $d(\cot x)=-\csc^{2}x dx$

$d(\sec x)=\sec x\tan x dx$， $d(\csc x)=-\csc x\cot x dx$

（6） $d(\arcsin x)=\frac{1}{\sqrt{1-x^{2}}}dx$， $d(\arccos x)=-\frac{1}{\sqrt{1-x^{2}}}dx$

$d(\arctan x)=\frac{1}{1+x^{2}}dx$， $d(\operatorname{arc}\cot x)=-\frac{1}{1+x^{2}}dx$

2. 微分的四则运算法则

设 u 、 v 都是 x 的可微函数， C 为常数，则

（1） $d(u\pm v)=du\pm dv$

（2） $d(uv)=udv+vdu$, $dCv=Cdv$

（3） $d\left(\frac{u}{v}\right)=\frac{vdu-udv}{v^{2}}(v\neq 0)$

3. 微分形式的不变性

由微分的定义知，当 u 是自变量时，函数 $y=f(u)$ 的微分是

$$dy=f'(u)du$$

如果 u 不是自变量而是 x 的可微函数 $u=\varphi(x)$ ，那么对于复合函数 $y=f[\varphi(x)]$ ，根据微分的定义和复合函数的求导法则，有

$$dy=y'_{x}dx=f'(u)\varphi'(x)dx$$

其中 $\varphi'(x)dx=du$ ，所以上式仍可写成

$$dy=f'(u)du$$

由此可见，不论 u 是自变量还是中间变量，函数 $y=f(u)$ 的微分总是同一个形式，此性质称为微分形式的不变性.

根据以上性质，前面微分基本公式中 x 都可以换成可微函数 u . 例如， $y=\ln u$ ， u 是 x 的可微函数，则 $dy=d(\ln u)=\frac{1}{u}du$. 因此，求复合函数的微分时，也可利用微分形式的不变性来计算.

【例 2.28】 设 $y=\arctan 2x$，求 dy .

解 利用微分形式不变，有

$$dy=\frac{1}{1+(2x)^2}d(2x)=\frac{2}{1+4x^2}dx$$

【例 2.29】 设 $y=e^{-3x}\cos 2x$，求 dy .

解 $dy=d\left(e^{-3x}\cos 2x\right)=e^{-3x}d\cos 2x+\cos 2x de^{-3x}$

$$=-e^{-3x}\sin 2xd(2x)+\cos 2xe^{-3x}d(-3x)$$
$$=-2e^{-3x}\sin 2xdx-3e^{-3x}\cos 2xdx$$
$$=-e^{-3x}\left(2\sin 2x+3\cos 2x\right)dx$$

【例 2.30】 设 $y=x\ln x-x$，求 dy .

解 $dy=d\left(x\ln x-x\right)=d\left(x\ln x\right)-dx$

$$=\ln xdx+xd\ln x-dx$$
$$=\ln xdx+x\cdot\frac{1}{x}dx-dx$$
$$=\ln xdx$$

【例 2.31】 设 $y=\frac{\sin 2x}{x^2}$，求 dy .

解 $dy=d\left(\frac{\sin 2x}{x^2}\right)=\frac{x^2d\sin 2x-\sin 2xd(x^2)}{x^4}$

$$=\frac{2x^2\cos 2xdx-2x\sin 2xdx}{x^4}$$
$$=\frac{2(x\cos 2x-\sin 2x)}{x^3}dx$$

习题 2-3

1．将适当的函数填入下列括号内，使等式成立.

（1）$d(\quad)=adx$ （2）$d(\quad)=xdx$ （3）$d(\quad)=\cos xdx$

（4）$d(\quad)=x^2dx$ （5）$d(\quad)=\sin xdx$ （6）$d(\quad)=\frac{1}{\sqrt{x}}dx$

（7）$d(\quad)=\frac{1}{x}dx$ （8）$d(\quad)=\frac{1}{x^2}dx$ （9）$d(\quad)=\frac{1}{1+x}dx$

（10）$d(\quad)=e^{ax}dx$ （11）$d(\quad)=\frac{x}{\sqrt{1+x^2}}dx$

2．对指定的 x 和 $\mathrm{d}x$，求 $\mathrm{d}y$．

（1） $y=\cos x$，$x=\dfrac{\pi}{6}$，$\mathrm{d}x=0.05$　　（2） $y=(x^2+5)^3$，$x=1$，$\mathrm{d}x=-0.01$

3．求下列函数的微分．

（1）$y=\dfrac{1}{x}+2\sqrt{x}$　（2）$y=\dfrac{\ln 2x}{x}$　（3）$y=\arctan(x^2)$　（4）$y=\ln^2(1-2x)$

（5） $y=x^2\mathrm{e}^{2x}$　（6） $y=x\sin^2 x+\arcsin(2x)$

2.4　应用 MATLAB 计算导数

如果函数和自变量都已知，且均为符号变量，则可以用 diff（）函数解出给定函数各阶导数．其具体形式为：

求一阶导数：y = diff(f,x)

求高阶导数：y = diff(f,x,n)

其中，f 为给定函数，x 为自变量，n 为导数的阶数

变量替换函数：subs（）

格式：f1 = subs(f,x,t)　将函数 f 中的自变量 x 用 t 替代.

格式：f2 = subs（f,{x1,x2,…,xn}，{t1,t2,…,tn}）. 表示将函数中的{ x1,x2,…,xn }同时用{t1,t2,…,tn}代换.

【例 2.32】　求函数 $f(x)=x^3+\cos x+\ln 2$ 的一阶导数.

解　输入下列语句

syms　x; f = x^3 + cos(x) + log(2);f1 = diff(f,x)

得到结果：f1 = 3*x^2-sin(x).

【例 2.33】　求 $f(x)=x^2$ 在 $x=1$ 处的导数.

解　先计算一阶导数 ：

syms　x;　f = x^2;f1 = diff(f,x)，得到 f1 = 2*x.

求一阶导数在 x = 1 处的值：f1_val = subs(f1,x,1)，得到：f1_val = 2.

【例 2.34】　求函数 $y=\mathrm{e}^{-x}\cos x$ 的二阶及三阶导数.

解　输入：syms　x；f = exp(-x)*cos(x)；f2 = diff(f,x,2)，f3 = diff(f,x,3)

得到结果：

f2 =(2*sin(x))/exp(x)

f3 =(2*cos(x))/exp(x) - (2*sin(x))/exp(x).

【例 2.35】 求函数 $y=\dfrac{\sin x}{x^2+3x+2}$ 的一阶导数，并将其导数图与原函数图作比较.

解 输入：syms x；y = sin(x)/(x^2 + 3*x + 2)；y1 = diff(y,x).

得 y1 =cos(x)/(x^2 + 3*x + 2) - (sin(x)*(2*x + 3))/(x^2 + 3*x + 2)^2

作图：

Ezplot(y,[0,5]) %先画出原函数在区间（0,5）的图像

Hold on %锁定原图，后一画图函数在同一张图上套图

Ezplot(y1,[0,5]) %画出导数在区间（0,5）上的导数图

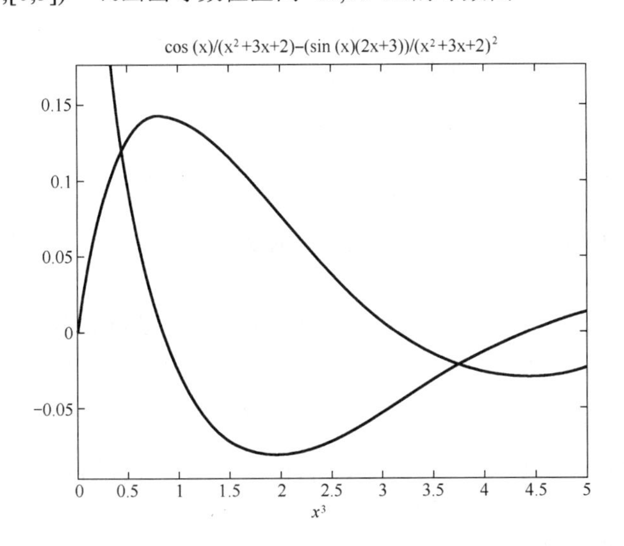

本 章 小 结

一、知识体系

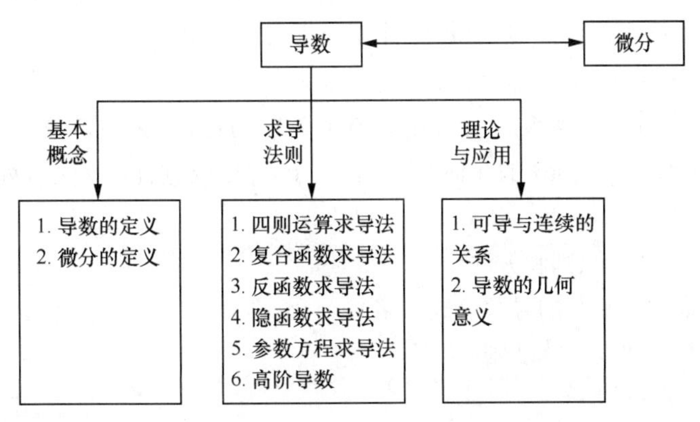

二、主要内容

1．导数与微分的概念

（1）导数的概念

① 导数的定义：

$$f'(x_0)=\lim_{\Delta x\to 0}\frac{\Delta y}{\Delta x}=\lim_{\Delta x\to 0}\frac{f(x_0+\Delta x)-f(x_0)}{\Delta x}=\lim_{x\to x_0}\frac{f(x)-f(x_0)}{x-x_0}$$

左导数：$f'_-(x_0)=\lim\limits_{\Delta x\to 0^-}\dfrac{f(x_0+\Delta x)-f(x_0)}{\Delta x}$

右导数：$f'_+(x_0)=\lim\limits_{\Delta x\to 0^+}\dfrac{f(x_0+\Delta x)-f(x_0)}{\Delta x}$

② 可导的充要条件：$f'(x_0)$存在$\Leftrightarrow$ $f'_-(x_0)$与$f'_+(x_0)$存在且相等.

③ 导数$f'(x_0)$的几何意义：曲线$y=f(x)$在点$(x_0,f(x_0))$处的切线斜率.

切线方程：$y-f(x_0)=f'(x_0)(x-x_0)$

法线方程：$y-f(x_0)=-\dfrac{1}{f'(x_0)}(x-x_0)\ \left(f'\left(x_0\right)\neq 0\right)$

④ 导数的物理意义：设变速直线运动的规律为$s=s(t)$，$v_0=s'(t_0)$为物体在t_0时刻的瞬时速度.

⑤ 函数在x_0点连续与可导的关系：可导必连续，连续未必可导，但不连续必不可导.

（2）高阶导数

$$f''(x)=[f'(x)]'，\ f'''(x)=[f''(x)]'，\ \cdots，\ f^{(n)}(x)=[f^{(n-1)}(x)]'$$

（3）微分的概念

① 微分的定义：设函数$y=f(x)$在某区间内有定义，x_0及$x_0+\Delta x$在这区间内，如果增量$\Delta y=f(x_0+\Delta x)-f(x_0)$可表示为$\Delta y=A\Delta x+o(\Delta x)$

其中A是不依赖于Δx的常数，那么称函数$y=f(x)$在点x_0处是可微的，而$A\Delta x$称为$y=f(x)$在点x_0处的微分．记作$\mathrm{d}y|_{x=x_0}$，即$\mathrm{d}y|_{x=x_0}=A\Delta x$.

$f(x)$在任意点x处的微分：$\mathrm{d}y=f'(x)\mathrm{d}x$.

② 微分与导数的关系：$f(x)$在x_0点可微$\Leftrightarrow$ $f(x)$在x_0点可导.

③ 微分$\mathrm{d}y=f'(x_0)\mathrm{d}x$的几何意义：曲线$y=f(x)$在点$(x_0,f(x_0))$处切线的纵坐标的增量.

2．求导公式、法则和方法

（1）基本初等函数的导数公式（略）.

（2）导数的四则运算法则：

① $(u\pm v)'=u'\pm v'$

② $(uv)'=u'v+uv'$　　$(Cv)'=Cv'$

③ $\left(\dfrac{u}{v}\right)' = \dfrac{u'v - uv'}{v^2}\ (v \neq 0)$

（3）复合函数的求导法则：

设 $y = f(u)$，$u = \varphi(x)$ 复合成 $y = f[\varphi(x)]$，则 $\dfrac{\mathrm{d}y}{\mathrm{d}x} = \dfrac{\mathrm{d}y}{\mathrm{d}u}\dfrac{\mathrm{d}u}{\mathrm{d}x} = f'(u)\varphi'(x)$

此链式法则可用于多层复合情况.

（4）隐函数的求导法：根据复合函数的求导法则，将方程 $F(x,y) = 0$ 两边对 x 求导，再从中解出 y'_x.

（5）对数求导法：此法适用于幂指函数和外层运算包含多个函数的积、商、幂或方根的函数的求导问题. 其方法是对等式两边先取自然对数，而后用隐函数求导法求导，最后解出 y' 并变成显函数.

（6）由参数方程所确定的函数的求导法则：

设 $\begin{cases} x = \varphi(t) \\ y = \psi(t) \end{cases}$，则 $\dfrac{\mathrm{d}y}{\mathrm{d}x} = \dfrac{\psi'(t)}{\varphi'(t)}\ (\varphi'(t) \neq 0)$.

3. 微分公式和法则

（1）微分的基本公式（略）.

（2）微分四则运算法则：

① $\mathrm{d}(u \pm v) = \mathrm{d}u \pm \mathrm{d}v$

② $\mathrm{d}(uv) = u\mathrm{d}v + v\mathrm{d}u \qquad \mathrm{d}(Cv) = C\mathrm{d}v$

③ $\mathrm{d}\left(\dfrac{u}{v}\right) = \dfrac{v\mathrm{d}u - u\mathrm{d}v}{v^2}\ (v \neq 0)$

（3）微分形式的不变性：设 $y = f(u)$，不论 u 为自变量还是中间变量，微分的形式不变，都有 $\mathrm{d}y = f'(u)\mathrm{d}u$.

本 章 测 试

一、填空题

1. $f(x) = (x-1)(x-2)(x-3)$，则 $f'(1) =$ ________________.

2. 设 $f(x)$ 是可导函数且 $f(0) = 0$，则 $\lim\limits_{x \to 0} \dfrac{f(x)}{x} =$ ________________.

3. 曲线 $y = \sqrt{x}$ 在点（4, 2）处的切线方程是________________.

4. 设 $y = \mathrm{e}^{2x}$，求 $y''|_{x=0} =$ ________________.

5. $\mathrm{d}(\arcsin 2x) =$ ______________.

6. 设由方程 $\mathrm{e}^y - \mathrm{e}^x + xy = 0$ 可确定 y 是 x 的隐函数，则 $\dfrac{\mathrm{d}y}{\mathrm{d}x}|_{x=0} =$ ______________.

7. 设函数 $f(x)=\begin{cases}\ln(1+2x), & -\frac{1}{2}<x\leqslant 0\\ ax+b, & x>0\end{cases}$，则 $a=$________，$b=$__________时，$f(x)$ 在 $x=0$ 处可导.

二、选择题

1. 设函数 $f(x)=\begin{cases}x^2+1 & 0\leqslant x<1\\ 3x-1 & 1\leqslant x\end{cases}$ 在点 $x=1$ 处（　　）.

A. 可导　　B. 连续

C. 可微　　D. 不连续

2. 函数 $f(x)$ 在点 x_0 处连续是在该点处可导的（　　）.

A. 必要但不充分条件　　B. 充分但不必要条件

C. 充要条件　　D. 无关条件

3. 下列函数中（　　）的导数不等于 $\frac{1}{2}\sin 2x$.

A. $\frac{1}{2}\sin^2 x$　　B. $\frac{1}{4}\cos 2x$

C. $-\frac{1}{2}\cos^2 x$　　D. $1-\frac{1}{4}\cos 2x$

4. 已知 $y=\frac{1}{4}x^4$，则 $y''=$（　　）.

A. x^3　　B. $3x^2$　　C. $6x$　　D. 6

5. 若函数 $f(x)$在点 x_0 处可导，则（　　）是错误的.

A. 函数 $f(x)$在点 x_0 处有定义　　B. $\lim\limits_{x\to x_0} f(x)=A$，但 $A\neq f(x_0)$

C. 函数 $f(x)$在点 x_0 处连续　　D. 函数 $f(x)$在点 x_0 处可微

6. 若函数 $f(x)$在点 x_0 处可导，则 $\lim\limits_{h\to 0}\frac{f(x_0-2h)-f(x_0)}{2h}=$（　　）.

A. $f'(x_0)$　　B. $2f'(x_0)$

C. $-f'(x_0)$　　D. $-2f'(x_0)$

三、计算题

1. $y=x^2\ln 2x$，求 y'.

2. $f(x)=\arcsin\sqrt{1-x}$，求 $\mathrm{d}f(x)$.

3. 求由方程 $y=x\ln y$ 所确定的隐函数 $y=f(x)$ 的导数.

4. 已知$\begin{cases} x = \mathrm{e}^{-t} \\ y = t\mathrm{e}^{2t} \end{cases}$，求 $\dfrac{\mathrm{d}y}{\mathrm{d}x}$.

数学史话

第一次数学危机——无理数的发现

在古希腊数学时期：毕达哥拉斯学派发现直角三角形三边的关系，即两条直角边的平方和等于斜边的平方，我们称为勾股定理. 毕氏学派认为，边长为1的正方形的对角线不可公度，也就是说不能用有单位长度的线段去量取这个对角线（当然，我们知道对角线长度是$\sqrt{2}$，它是无理数，的确不能量取）. 毕达哥拉斯学派认为宇宙万物皆依赖于整数的信条，由于不可公度量的发现而受到了动摇：据柏拉图记载，后来又发现了除$\sqrt{2}$以外的其他一些无理数，这些怪物深深困惑着古希腊数学家. 古希腊数学中出现的这一逻辑困难，被称为“第一次数学危机”.

毕达哥拉斯

毕达哥拉斯（Pythagoras，公元前572—公元前497）古希腊数学家、哲学家. 无论是解说外在物质世界，还是描写内在精神世界，都不能没有数学！最早悟出万事万物背后都有数的法则在起作用的，是生活在距今2500年前的毕达哥拉斯. 毕达哥拉斯出生在爱琴海中的萨摩斯岛（今希腊东部小岛），自幼聪明好学，曾在名师门下学习几何学、自然科学和哲学. 以后因为向往东方的智慧，经过万水千山来到巴比伦、印度和埃及，吸收了阿拉伯文明和印度文明（公元前480年）.

第 3 章　微分中值定理与导数的应用

在第 2 章已介绍导数与微分的概念及其计算方法，从而可以解决求瞬时速度、曲线的切线与法线等问题．本章将进一步介绍利用导数来揭示函数的某些特性，并运用这些特性解决一些实际问题．导数在理论上和实践上有广泛的应用．为此，首先介绍微分学的几个中值定理，它们是导数应用的理论基础．

重点难点提示

知识点	重点	难点	要求
罗尔（Rolle）定理			理解
拉格朗日（Lagrange）定理	●	●	理解
柯西（Cauchy）定理			了解
泰勒（Taylor）公式			了解
罗必塔（L' Hospilal）法则	●		掌握
函数的单调性	●		掌握
函数极值	●		掌握
函数最值	●		掌握
函数图形的凹凸性及拐点			理解
函数图形的渐近线			理解
方程近似解			了解

3.1　中值定理及其应用

本节将介绍的三个定理都是微分学的基本定理．运用它们，就能通过导数研究函数的一些问题，因此，它们在微积分的理论和应用中均占重要地位，其中拉格朗日中值定理尤为重要．对于微分中值定理，可以借助于几何图形的帮助来理解定理的条件、结论及其思想．

3.1.1　罗尔定理

为了证明罗尔定理，首先介绍费马（Fermat）引理．

费马（Fermat）引理　设函数 $f(x)$ 在点 x_0 的某邻域 $U(x_0)$ 内有定义，并且在 x_0 处可导，如果对任意的 $x \in U(x_0)$，有

$$f(x) \leqslant f(x_0) \qquad (\text{或} f(x) \geqslant f(x_0))$$

那么 $f'(x_0)=0$.

证明略.

费马引理的几何意义：若函数 $f(x)$ 在 x_0 处可导，且满足上述条件，那么在该点的切线平行于 x 轴，如图 3.1 所示.

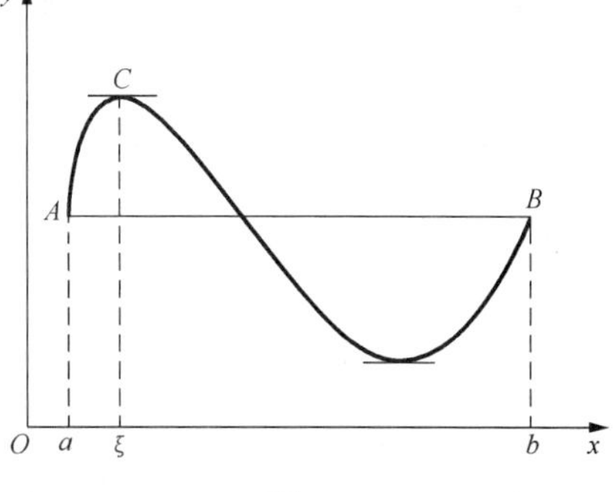

图 3.1

定理 3.1 （罗尔（Rolle）定理）如果函数 $y=f(x)$ 满足下列三个条件：

（1）在闭区间 $[a,b]$ 上连续；

（2）在开区间 (a,b) 内可导；

（3） $f(a)=f(b)$，

则至少存在一点 $\xi\in(a,b)$，使得 $f'(\xi)=0$.

证 因为 $f(x)$ 在 $[a,b]$ 上连续，所以有最大值 M 与最小值 m，现分两种情况讨论.

（1）若 $m=M$，则 $f(x)$ 在 $[a,b]$ 上必为常数，从而结论显然成立.

（2）若 $m<M$，则因 $f(a)=f(b)$，使得最大值 M 与最小值 m 至少有一个在 (a,b) 内某点 ξ 处取得，不妨设 $f(\xi)=M$，因此，$\forall x\in[a,b]$，有 $f(x)\leqslant f(\xi)$，故由费马引理可知 $f'(\xi)=0$. 定理证毕.

罗尔定理的几何意义：如果连续曲线 $y=f(x)$ 除端点外，处处有不垂直于 x 轴的切线，且曲线两端点的纵坐标相等，那么在这曲线上至少存在一点，使曲线在该点的切线与 x 轴平行，如图 3.1 所示.

值得注意的是，该定理中要求函数 $y=f(x)$ 应同时满足三个条件：在闭区间 $[a,b]$ 上连续，在开区间 (a,b) 内可导，且 $f(a)=f(b)$. 若 $y=f(x)$ 不能同时满足这三个条件，则结论就可能不成立. 图 3.2 直观地说明了，当其中有一个条件不能满足时，结论就不成立.

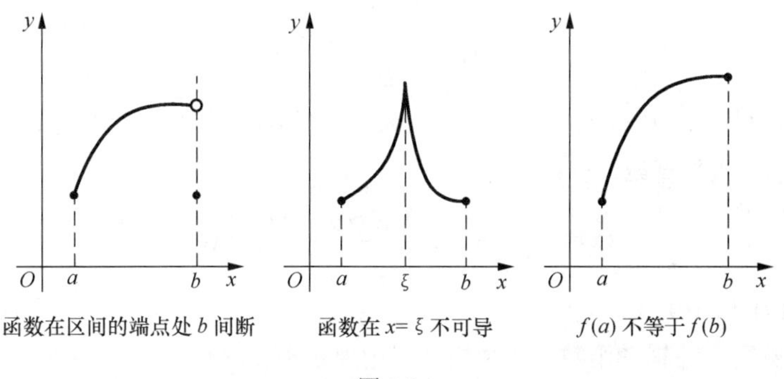

图 3.2

【例 3.1】 下列函数在给定区间上是否满足罗尔定理的条件，如果满足条件，试求出对应的ξ值.

（1）$f(x)=|x|$，在$[-1,1]$上；

（2）$f(x)=x\sqrt{6-x}$，在$[0,6]$上.

解 （1）$f(x)$在$[-1,1]$上连续，但在$x=0$处不可导，所以不满足罗尔定理的条件.

（2）$f(x)=x\sqrt{6-x}$在$[0,6]$上连续，且$f'(x)=\sqrt{6-x}-\dfrac{x}{2\sqrt{6-x}}=\dfrac{12-3x}{2\sqrt{6-x}}$在$(0,6)$内有意义，$f(0)=f(6)=0$，满足罗尔定理的三个条件.

令 $f'(x)=\dfrac{12-3x}{2\sqrt{6-x}}=0$

得 $x=4$，取$\xi=4\in(0,6)$，它满足$f'(\xi)=0$.

注：求符合罗尔定理相应的ξ，实质上是求方程$f'(x)=0$在区间(a,b)内的解.

3.1.2 拉格朗日中值定理

定理 3.2 （拉格朗日（Lagrange）中值定理）如果函数$y=f(x)$满足下列两个条件：

（1）在闭区间$[a,b]$上连续；

（2）在开区间(a,b)内可导，

则至少存在一点$\xi\in(a,b)$，使得$f'(\xi)=\dfrac{f(b)-f(a)}{b-a}$或

$$f(b)-f(a)=f'(\xi)\,(b-a).$$

不难看出，当$f(a)=f(b)$时，拉格朗日中值定理就成了罗尔定理，即罗尔定理是拉格朗日中值定理的特殊情况. 显然，这两个定理存在着某种联系，即能否用罗尔定理来证明拉格朗日中值定理呢？这就需要构造一个辅助函数$F(x)$，只要能使$F(x)$满足罗尔定理的第三个条件即可，即将过两点A与B的直线“拉成”水平直线（见图3.3）.

由解析几何可知，通过两点$A(a,f(a))$与$B(b,f(b))$的直线方程为：

$$y=f(a)+\frac{f(b)-f(a)}{b-a}(x-a)$$

设辅助函数$F(x)$是曲线$y=f(x)$的纵坐标与直线AB的纵坐标之差，即将直线AB“拉成”水平直线，有：

$$F(x)=f(x)-f(a)-\left[\frac{f(b)-f(a)}{b-a}(x-a)\right]$$

显然有$F(a)=F(b)=0$.

下面就用上述辅助函数证明拉格朗日中值定理.

证 作辅助函数$F(x)=f(x)-f(a)-\left[\dfrac{f(b)-f(a)}{b-a}(x-a)\right]$.

容易验证 $F(x)$ 满足罗尔定理的三个条件，则至少存在一点 $\xi \in (a,b)$，使得 $F'(\xi)=0$，即：

$$f'(\xi)=\frac{f(b)-f(a)}{b-a}，或 f(b)-f(a)=f'(\xi)(b-a).$$

定理证毕.

拉格朗日中值定理的几何意义：如果连续曲线 $y=f(x)$ 除端点外处处有不垂直于 x 轴的切线，那么在这曲线上至少存在一点，使曲线在该点的切线与弦 AB 平行，如图 3.3 所示.

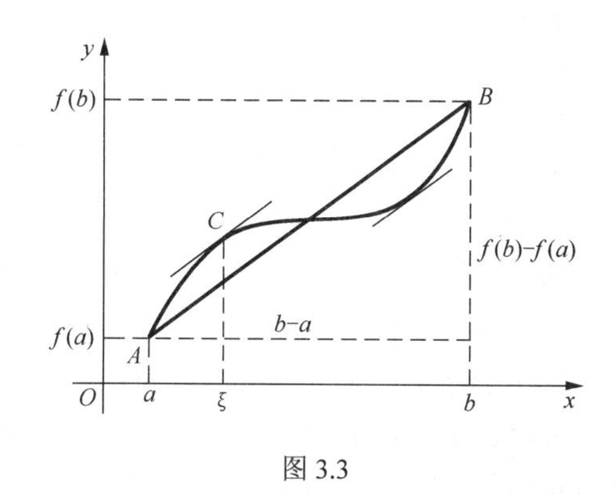

图 3.3

拉格朗日中值定理是微分学的一个基本定理，在理论上和应用上都有很重要的价值. 上式表明，它建立了函数在某区间上的增量与函数在这区间内某点处的导数之间的联系，从而有可能用导数去研究函数在区间上的性态.

【例 3.2】 对函数 $y=x^2$，在 $[0,1]$ 上验证拉格朗日中值定理的正确性.

解 由于函数 $y=x^2$ 在 $[0,1]$ 上连续且可导，满足拉格朗日中值定理的条件. 应用定理得

$$1^2-0^2=2\xi(1-0),$$

解得

$$\xi=\frac{1}{2}.$$

即在 $(0,1)$ 内确能找到 $\xi=\frac{1}{2}$，使得定理成立. 就是说，曲线 $y=x^2$ 在点 $\left(\frac{1}{2},\frac{1}{4}\right)$ 处的切线平行于弦 OA，如图 3.4 所示.

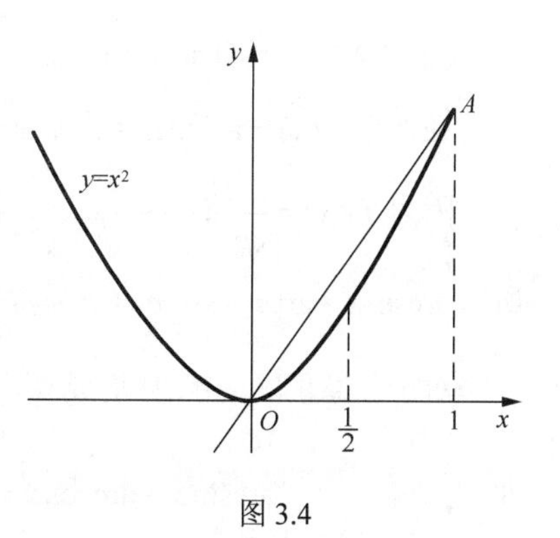

图 3.4

【例 3.3】 证明不等式 $x>\ln(1+x)\ (x>0)$.

证 令 $f(x)=x-\ln(1+x)$，因为 $f(x)$ 是初等函数，所以在其定义域 $(-1,+\infty)$ 上连续，因而在 $[0,+\infty)$ 上连续，由 $f'(x)=1-\dfrac{1}{1+x}$ 可知，$f(x)$ 在 $(0,+\infty)$ 内可导.

对于任意 $x\in(0,+\infty)$，则 $f(x)$ 在区间 $[0,x]$ 上满足拉格朗日中值定理条件，所以至少存在一点 $\xi(0<\xi<x)$，使得

$$f(x)-f(0)=f'(\xi)(x-0).$$

而
$$f'(\xi)=1-\frac{1}{1+\xi}=\frac{\xi}{1+\xi}>0,$$

又 $f(0)=0$，所以 $f(x)>0$.
于是，有 $x-\ln(1+x)>0$，即 $x>\ln(1+x)$.

作为拉格朗日中值定理的一个应用，推导出在微积分学中两个重要的推论.

推论 1 如果函数 $f(x)$ 在区间 (a,b) 内可导，且 $f'(x)\equiv 0$，则在 (a,b) 内 $f(x)=C$（C 为常数）.

证 设 x_1，x_2 是 (a,b) 内任意两点，设 $x_1<x_2$，那么在区间 $[x_1,x_2]$ 上，函数 $f(x)$ 满足拉格朗日中值定理的条件，故有：

$$f(x_2)-f(x_1)=f'(\xi)(x_2-x_1)\ (x_1<\xi<x_2)$$

由于 $f'(\xi)=0$，所以 $f(x_2)-f(x_1)=0$，即 $f(x_2)=f(x_1)$. 因为 x_1，x_2 是 (a,b) 内任意两点，则表明 $f(x)$ 在 (a,b) 内任意两点的值总是相等的，即 $f(x)$ 在 (a,b) 内是一个常数.

推论 2 设函数 $f(x)$ 和 $g(x)$ 在区间 (a,b) 内可导，如果对 (a,b) 内任意一点 x，都有 $f'(x)=g'(x)$，那么在 (a,b) 内 $f(x)$ 与 $g(x)$ 之间只差一个常数，即 $f(x)=g(x)+C$.

证 设 $F(x)=f(x)-g(x)$，则 $F'(x)=0$. 由推论 1 知，$F(x)$ 在 (a,b) 内是一个常数 C，即 $f(x)-g(x)=C$，$x\in(a,b)$.

【例 3.4】 证明 $\arcsin x+\arccos x=\dfrac{\pi}{2}$，$x\in(-1,1)$.

证 令 $f(x)=\arcsin x+\arccos x$

因为 $f'(x)=\dfrac{1}{\sqrt{1-x^2}}-\dfrac{1}{\sqrt{1-x^2}}\equiv 0$

所以 $\arcsin x+\arccos x=c$（c 为常数）.

对于任意的 $x\in(-1,1)$ 均成立，不妨取 $x=0$，于是得 $c=\dfrac{\pi}{2}$.

即
$$\arcsin x+\arccos x=\frac{\pi}{2}.$$

3.1.3 柯西中值定理

参数方程$\begin{cases}X=g(x)\\Y=f(x)\end{cases}$ $a\leqslant x\leqslant b$．表示XOY平面内的一条曲线，如图3.5所示．弦AB的斜率$k=\dfrac{f(b)-f(a)}{g(b)-g(a)}$．若图中曲线光滑，由拉格朗日中值定理知，曲线上存在平行于弦AB的切线，即存在$\xi\in(a,b)$使得$\left.\dfrac{\mathrm{d}Y}{\mathrm{d}X}\right|_{x=\xi}=\dfrac{f'(\xi)}{g'(\xi)}=\dfrac{f(b)-f(a)}{g(b)-g(a)}$．这就是下面的柯西定理．

定理3.3 （柯西（Cauchy）定理）如果函数$f(x)$与$g(x)$满足下列两个条件：

（1）在闭区间$[a,b]$上连续；

（2）在开区间(a,b)内可导，且$g'(x)\neq 0$，$x\in(a,b)$，

则在(a,b)内至少存在一点ξ，使得

$$\frac{f(b)-f(a)}{g(b)-g(a)}=\frac{f'(\xi)}{g'(\xi)}$$

证明略．

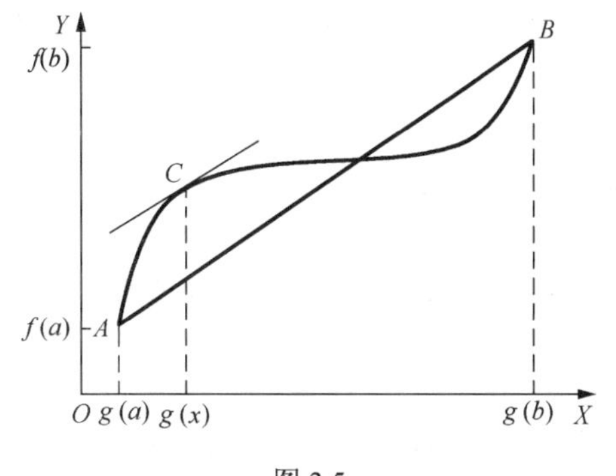

图3.5

在柯西中值定理中，当$g(x)=x$时，就得到拉格朗日中值定理．

上述三个定理指出，在一定条件下，必有点ξ存在，而且可能不只一个，尽管定理并没有指出点ξ在(a,b)内具体位置，但ξ客观存在的这个事实，在理论上已经具有重要意义．故这些定理统称为微分中值定理．

3.1.4 泰勒公式

如果$y=f(x)$在点x_0处可导，由第2章微分的几何意义可知，当$|x-x_0|$很小时，有近似公式$f(x)\approx f(x_0)+f'(x_0)(x-x_0)$．但此近似公式有两点不足之处：其一是用它作为近似计算时无法估计误差；其二是精度往往不能满足实际需要．故希望有一个能弥补上述两点不足之处的方法．众所周知，多项式是比较简单的函数，因此希望能用多项式

$$p_n(x)=a_0+a_1(x-x_0)+a_2(x-x_0)^2+\cdots+a_n(x-x_0)^n$$

来近似表达函数$f(x)$，并当$x\to x_0$时，$f(x)-p_n(x)$为比$(x-x_0)^n$高阶的无穷小，并能写出$f(x)-p_n(x)$的表达式，以便能估计误差．

下面来讨论这个问题．设$f(x)$在点x_0处有n阶导数，并且$p_n(x)$在x_0处的函数值及其直到n阶导数值依次与$f(x_0),f'(x_0),\cdots,f^{(n)}(x_0)$相等，即满足

$$p_n(x_0)=f(x_0), p_n'(x_0)=f'(x_0), \cdots, p_n^{(n)}(x_0)=f^{(n)}(x_0)$$

由此来确定多项式 $p_n(x)$ 的系数，因此对 $p_n(x)$ 求各阶导数代入以上各等式得

$a_0=f(x_0), a_1=f'(x_0), a_2=\dfrac{1}{2!}f''(x_0), \cdots, a_n=\dfrac{1}{n!}f^{(n)}(x_0)$，从而得到由 $f(x)$ 构造的 n 次多项式

$$p_n(x)=f(x_0)+f'(x_0)(x-x_0)+\frac{1}{2!}f''(x_0)(x-x_0)^2+\cdots+\frac{1}{n!}f^{(n)}(x_0)(x-x_0)^n$$

若用上述多项式来近似 $f(x)$，可证明（此处略去）下列两个结论：

（1）余项 $r_n(x)=f(x)-p_n(x)$ 是关于 $(x-x_0)^n$ 的高阶无穷小，即 $r_n(x)=o\left((x-x_0)^n\right)$.

（2）如果 $f(x)$ 在 (a,b) 内有直至 $n+1$ 阶导数，则 $r_n(x)$ 可表示为

$$r_n(x)=\frac{f^{(n+1)}(\xi)}{(n+1)!}(x-x_0)^{n+1}$$

其中 ξ 在 x_0 与 x 之间.

综上所述，可描述为：

泰勒（Taylor）公式 I 设函数 $f(x)$ 在 x_0 有直至 n 阶导数，则当 $x\in U(x_0;\delta)$ 时有

$$f(x)=f(x_0)+f'(x_0)(x-x_0)+\frac{1}{2!}f''(x_0)(x-x_0)^2+\cdots+\frac{1}{n!}f^{(n)}(x_0)(x-x_0)^n+o\left((x-x_0)^n\right)$$

常称 $r_n(x)=o\left((x-x_0)^n\right)$ 为泰勒展开式的佩亚诺（peano）余项.

泰勒公式 II 设函数 $f(x)$ 在含 x_0 的某区间（a,b）内有直至 $n+1$ 阶导数，则当 $x\in(a,b)$ 时，有

$$f(x)=f(x_0)+f'(x_0)(x-x_0)+\frac{1}{2!}f''(x_0)(x-x_0)^2+\cdots+\frac{1}{n!}f^{(n)}(x_0)(x-x_0)^n+r_n(x)$$

其中 $r_n(x)=\dfrac{f^{(n+1)}(\xi)}{(n+1)!}(x-x_0)^{n+1}$，$\xi$ 在 x_0 与 x 之间，常称 $r_n(x)$ 为泰勒展开式的拉格朗日型余项.

通常称

$$p_n(x)=f(x_0)+f'(x_0)(x-x_0)+\frac{1}{2!}f''(x_0)(x-x_0)^2+\cdots+\frac{1}{n!}f^{(n)}(x_0)(x-x_0)^n$$

为 $f(x)$ 在 x_0 处的 n 次泰勒多项式.

以上展开式也称为 $f(x)$ 的 n 阶泰勒公式.

若在泰勒公式中令 $x_0=0$，则得到麦克劳林（Maclaurin）公式

$$f(x)=f(0)+f'(0)x+\frac{1}{2!}f''(0)x^2+\cdots+\frac{1}{n!}f^{(n)}(0)x^n+o(x^n)$$

$$f(x)=f(0)+f'(0)x+\frac{1}{2!}f''(0)x^2+\cdots+\frac{1}{n!}f^{(n)}(0)x^n+\frac{f^{(n+1)}(\xi)}{(n+1)!}x^{n+1}$$

其中ξ在 0 与x之间.

【例 3.5】 写出函数$f(x)=\mathrm{e}^x$的带有拉格朗日型余项的n阶麦克劳林公式.

解 因为$f'(x)=f''(x)=\cdots=f^{(n+1)}(x)=\mathrm{e}^x$，故$f'(0)=f''(0)=\cdots=f^{(n)}(0)=1$，$f^{(n+1)}(\xi)=\mathrm{e}^{\xi}$，所以有

$$\mathrm{e}^x=1+x+\frac{x^2}{2!}+\cdots+\frac{x^n}{n!}+\frac{\mathrm{e}^{\xi}}{(n+1)!}x^{n+1}\qquad（\xi在0与x之间）.$$

习题 3-1

1. 判断下列函数在给定区间上是否满足罗尔定理的条件，如满足，请求出定理中的数值ξ.

（1）$f(x)=2x^2-x-3\quad [1,\frac{3}{2}]$　　（2）$f(x)=\frac{1}{\sqrt{(x-1)^2}}\quad [0,2]$

（3）$f(x)=x\sqrt{3-x}\quad [0,3]$

2. 判断下列函数在给定区间上是否满足拉格朗日中值定理的条件，如满足，请求出定理中的数值ξ.

（1）$f(x)=x^3\quad [0,a]\ (a>0)$　　（2）$f(x)=\ln x\quad [1,2]$

（3）$f(x)=x-\frac{3}{2}x^{\frac{1}{3}}\quad [-1,1]$

3. 不求导数，判断函数$f(x)=(x-1)(x-2)(x-3)$的导数有几个实根，以及其所在范围.

4. 证明下列不等式.

（1）$|\arctan a-\arctan b|\leqslant|a-b|$

（2）$\ln(1+x)-\ln x>\frac{1}{1+x}\quad (x>0)$

（3）若$a>b>0,n>1$，证明$nb^{n-1}(a-b)<a^n-b^n<na^{n-1}(a-b)$

5. 求函数$f(x)=\sin x$的带有拉格朗日型余项的n阶麦克劳林公式.

3.2 洛必达法则

如果当$x\to x_0$（或$x\to\infty$）时，函数$f(x)$和$\varphi(x)$都趋向于零或都趋向于无穷大，那么极限$\lim\limits_{\substack{x\to x_0\\(x\to\infty)}}\frac{f(x)}{\varphi(x)}$可能存在，也可能不存在，通常把这种极限称为$\frac{0}{0}$型或$\frac{\infty}{\infty}$型的未定式. 例如，$\lim\limits_{x\to 0}\frac{\sin x}{x}$是$\frac{0}{0}$型未定式，$\lim\limits_{x\to+\infty}\frac{\ln x}{x}$是$\frac{\infty}{\infty}$型未定式. 对于上述两类未定式，不能直接用商的极限运算法则求极限.

下面介绍用导数来求这两类极限的一种简便而重要的方法——洛必达法则.

3.2.1 $\frac{0}{0}$型未定式

定理 3.4 设函数 $f(x)$ 和 $\varphi(x)$ 在点 x_0 的左右近旁（除去点 x_0）可导，且 $\varphi'(x)\neq 0$，又满足条件：

（1）$\lim\limits_{x\to x_0} f(x)=0$，$\lim\limits_{x\to x_0}\varphi(x)=0$；

（2）$\lim\limits_{x\to x_0}\frac{f'(x)}{\varphi'(x)}$存在（或为无穷大），

则

$$\lim_{x\to x_0}\frac{f(x)}{\varphi(x)}=\lim_{x\to x_0}\frac{f'(x)}{\varphi'(x)}$$

证明略.

该定理表明，在符合定理的条件下，当 $\lim\limits_{x\to x_0}\frac{f'(x)}{\varphi'(x)}$存在时，$\lim\limits_{x\to x_0}\frac{f(x)}{\varphi(x)}$也存在且等于 $\lim\limits_{x\to x_0}\frac{f'(x)}{\varphi'(x)}$的值；当 $\lim\limits_{x\to x_0}\frac{f'(x)}{\varphi'(x)}$为无穷大时，$\lim\limits_{x\to x_0}\frac{f(x)}{\varphi(x)}$也为无穷大.

这种通过分子与分母分别求导来确定未定式极限的方法是法国数学家洛必达（L' Hospital）首先得到的，故称洛必达法则.

【例 3.6】 求 $\lim\limits_{x\to 0}\frac{1-\cos x}{x^2}$.

解 这是$\frac{0}{0}$型未定式，所以

$$\lim_{x\to 0}\frac{1-\cos x}{x^2}=\lim_{x\to 0}\frac{\sin x}{2x}=\frac{1}{2}\lim_{x\to 0}\frac{\sin x}{x}=\frac{1}{2}$$

【例 3.7】 求 $\lim\limits_{x\to 0}\frac{\ln(1-2x)}{x^2}$.

解 $\lim\limits_{x\to 0}\frac{\ln(1-2x)}{x^2}$ （为$\frac{0}{0}$）

$$=\lim_{x\to 0}\frac{\frac{-2}{1-2x}}{2x}=\lim_{x\to 0}\frac{-2}{2x(1-2x)}=\infty$$

如果应用洛必达法则后得到的极限仍是未定式且满足洛必达法则的条件，则可继续用洛必达法则进行计算. 特别注意的是，用一次法则后要检查一次，如果所求极限已不满足洛必达法则的条件，就不能再用，否则会导致错误的结果.

【例 3.8】 求 $\lim\limits_{x\to 0}\dfrac{x-\sin x}{x^3}$.

解 $\lim\limits_{x\to 0}\dfrac{x-\sin x}{x^3}$ (为$\dfrac{0}{0}$)

$=\lim\limits_{x\to 0}\dfrac{1-\cos x}{3x^2}$ (为$\dfrac{0}{0}$)

$=\lim\limits_{x\to 0}\dfrac{\sin x}{6x}=\dfrac{1}{6}\lim\limits_{x\to 0}\dfrac{\sin x}{x}=\dfrac{1}{6}$

3.2.2 $\dfrac{\infty}{\infty}$型未定式

定理 3.5 设函数 $f(x)$ 和 $\varphi(x)$ 在点 x_0 的左右近旁（除去点 x_0）可导，且 $\varphi'(x)\neq 0$，又满足条件：

（1）$\lim\limits_{x\to x_0} f(x)=\infty$，$\lim\limits_{x\to x_0}\varphi(x)=\infty$；

（2）$\lim\limits_{x\to x_0}\dfrac{f'(x)}{\varphi'(x)}$存在（或为无穷大），

则

$$\lim_{x\to x_0}\frac{f(x)}{\varphi(x)}=\lim_{x\to x_0}\frac{f'(x)}{\varphi'(x)}$$

注 将定理 3.4 和定理 3.5 中的极限过程改为 $x\to x_0^-$，$x\to x_0^+$ 或 $x\to\infty$，$x\to-\infty$，$x\to+\infty$，只要相应改动条件，结论仍然成立.

【例 3.9】 求 $\lim\limits_{x\to 0^+}\dfrac{\ln(\cot x)}{\ln x}$.

解 $\lim\limits_{x\to 0^+}\dfrac{\ln(\cot x)}{\ln x}$ (为$\dfrac{\infty}{\infty}$)

$=\lim\limits_{x\to 0^+}\dfrac{-\dfrac{\csc^2 x}{\cot x}}{\dfrac{1}{x}}=\lim\limits_{x\to 0^+}\left(-\dfrac{1}{\cos x}\cdot\dfrac{x}{\sin x}\right)=-1$

【例 3.10】 求 $\lim\limits_{x\to+\infty}\dfrac{\ln x}{x^n}$ $(n\in\mathbf{N})$.

解 $\lim\limits_{x\to+\infty}\dfrac{\ln x}{x^n}$ $\left(为\dfrac{\infty}{\infty}\right)$

$=\lim\limits_{x\to+\infty}\dfrac{\dfrac{1}{x}}{nx^{n-1}}=\lim\limits_{x\to+\infty}\dfrac{1}{nx^n}=0$

【例 3.11】 求 $\lim\limits_{x\to+\infty}\dfrac{x^n}{e^x}\ (n\in\mathbf{N})$.

解 $\lim\limits_{x\to+\infty}\dfrac{x^n}{e^x}\quad\left(为\dfrac{\infty}{\infty}\right)$

$=\lim\limits_{x\to+\infty}\dfrac{nx^{n-1}}{e^x}\left(为\dfrac{\infty}{\infty}\right)$

$=\lim\limits_{x\to+\infty}\dfrac{n(n-1)x^{n-2}}{e^x}=\cdots=\lim\limits_{x\to+\infty}\dfrac{n!}{e^x}=0$

应该注意，有些极限虽是未定式，但不能用洛必达法则求出极限值，此时可考虑用其他方法求其极限.

【例 3.12】 求 $\lim\limits_{x\to0}\dfrac{x^2\sin\dfrac{1}{x}}{\sin x}$.

解 此极限属于 $\dfrac{0}{0}$ 型未定式，但因为

$$\left(x^2\sin\frac{1}{x}\right)'=2x\sin\frac{1}{x}+x^2\cos\frac{1}{x}\left(-\frac{1}{x^2}\right)=2x\sin\frac{1}{x}-\cos\frac{1}{x}$$

其中 $\lim\limits_{x\to0}2x\sin\dfrac{1}{x}=0$，但 $\lim\limits_{x\to0}\cos\dfrac{1}{x}$ 不存在，所以不能用洛必达法则计算. 事实上

$$\lim_{x\to0}\frac{x^2\sin\dfrac{1}{x}}{\sin x}=\lim_{x\to0}\left(\frac{x}{\sin x}\cdot x\sin\frac{1}{x}\right)=1\times0=0$$

【例 3.13】 求 $\lim\limits_{x\to+\infty}\dfrac{\sqrt{1+x^2}}{x}$.

解 $\lim\limits_{x\to+\infty}\dfrac{\sqrt{1+x^2}}{x}\quad\left(为\dfrac{\infty}{\infty}\right)$

$=\lim\limits_{x\to+\infty}\dfrac{\dfrac{2x}{2\sqrt{1+x^2}}}{1}=\lim\limits_{x\to+\infty}\dfrac{x}{\sqrt{1+x^2}}\left(为\dfrac{\infty}{\infty}\right)$

$=\lim\limits_{x\to+\infty}\dfrac{1}{\dfrac{2x}{2\sqrt{1+x^2}}}=\lim\limits_{x\to+\infty}\dfrac{\sqrt{1+x^2}}{x}$

用两次洛必达法则后，又还原为原来的问题，形成了循环，则洛必达法则失效. 事实上

$$\lim_{x\to+\infty}\frac{\sqrt{1+x^2}}{x}=\lim_{x\to+\infty}\sqrt{\frac{1}{x^2}+1}=1$$

3.2.3 其他类型未定式

未定式除$\frac{0}{0}$型和$\frac{\infty}{\infty}$型外，还有$0\cdot\infty$，$\infty-\infty$，0^0，∞^0，1^∞等类型．可通过适当变形先将这些类型的未定式化为$\frac{0}{0}$型或$\frac{\infty}{\infty}$型未定式，然后再用洛必达法则来计算．

【例 3.14】 求$\lim\limits_{x\to0^+}x^\alpha\ln x\quad(\alpha>0)$．

解 $\lim\limits_{x\to0^+}x^\alpha\ln x\qquad$（为$0\cdot\infty$）

$$=\lim_{x\to0^+}\frac{\ln x}{\frac{1}{x^\alpha}}\qquad\left(为\frac{\infty}{\infty}\right)$$

$$=\lim_{x\to0^+}\frac{\frac{1}{x}}{-\alpha x^{-\alpha-1}}=\lim_{x\to0^+}\left(-\frac{x^\alpha}{\alpha}\right)=0$$

$0\cdot\infty$型未定式既可以化为$\frac{0}{0}$型未定式，也可以化为$\frac{\infty}{\infty}$型未定式，究竟如何转化应根据变形以后分子、分母的导数及其比值的极限是否容易计算而定．

【例 3.15】 求$\lim\limits_{x\to\frac{\pi}{2}}(\sec x-\tan x)$．

解 $\lim\limits_{x\to\frac{\pi}{2}}(\sec x-\tan x)\qquad$（为$\infty-\infty$）

$$=\lim_{x\to\frac{\pi}{2}}\left(\frac{1}{\cos x}-\frac{\sin x}{\cos x}\right)=\lim_{x\to\frac{\pi}{2}}\frac{1-\sin x}{\cos x}\left(为\frac{0}{0}\right)$$

$$=\lim_{x\to\frac{\pi}{2}}\frac{-\cos x}{-\sin x}=0$$

【例 3.16】 求$\lim\limits_{x\to0^+}x^x$．

解 $\lim\limits_{x\to0^+}x^x\qquad$（为$0^0$）

$$=\lim_{x\to0^+}e^{x\ln x}=e^{\lim\limits_{x\to0^+}x\ln x}=e^0=1$$

在上式中，由例 3.14 知$\lim\limits_{x\to0^+}x\ln x=0$．

【例 3.17】 求 $\lim\limits_{x\to 0^+}\left(\dfrac{1}{x}\right)^{\tan x}$

解 $\lim\limits_{x\to 0^+}\left(\dfrac{1}{x}\right)^{\tan x}$（为$\infty^0$）

$$=\lim_{x\to 0^+}e^{\ln\left(\frac{1}{x}\right)^{\tan x}}=\lim_{x\to 0^+}e^{\tan x\cdot\ln\frac{1}{x}}$$

因为

$$\lim_{x\to 0^+}\tan x\cdot\ln\frac{1}{x}$$

$$=-\lim_{x\to 0^+}\tan x\cdot\ln x \qquad (为0\cdot\infty)$$

$$=-\lim_{x\to 0^+}\frac{\ln x}{\cot x} \qquad \left(为\frac{\infty}{\infty}\right)$$

$$=-\lim_{x\to 0^+}\frac{\frac{1}{x}}{-\csc^2 x}$$

$$=\lim_{x\to 0^+}\frac{\sin^2 x}{x} \qquad \left(为\frac{0}{0}\right)$$

$$=\lim_{x\to 0^+}\frac{2\sin x\cos x}{1}=0$$

所以

$$\lim_{x\to 0^+}\left(\frac{1}{x}\right)^{\tan x}=\lim_{x\to 0^+}e^{\tan x\cdot\ln\frac{1}{x}}=e^0=1$$

【例 3.18】 求 $\lim\limits_{x\to 0}(1-x)^{\frac{1}{x}}$.

解 这是未定式1^∞．令 $y=(1-x)^{\frac{1}{x}}$，

$$\ln y=\ln(1-x)^{\frac{1}{x}}=\frac{\ln(1-x)}{x}$$

而 $$\lim_{x\to 0}\ln y=\lim_{x\to 0}\frac{\ln(1-x)}{x}=\lim_{x\to 0}\frac{\frac{-1}{1-x}}{1}=-1$$

所以 $$\lim_{x\to 0}(1-x)^{\frac{1}{x}}=e^{-1}=\frac{1}{e}$$

在使用洛必达法则时，应注意以下几点：

（1）每次使用洛必达法则时，必须检验极限是否属于$\dfrac{0}{0}$型或$\dfrac{\infty}{\infty}$型未定式，如

果不是这两种未定式，就不能使用该法则；

（2）如果使用洛必达法则之后，其极限值还是属于$\frac{0}{0}$型或$\frac{\infty}{\infty}$型未定式，可继续使用洛必达法则，直至其极限变为不是未定式，便可求得极限；

（3）如果有可约因子，或有非零极限值的乘积因子，则可先约去或提出，然后再利用洛必达法则，以简化演算步骤；

（4）如果极限属于$0\cdot\infty$，$\infty-\infty$，1^{∞}，0^{0}，∞^{0}等类型未定式，计算这些类型的极限时，可利用适当变换将它们化为$\frac{0}{0}$型或$\frac{\infty}{\infty}$型未定式，再利用洛必达法则求极限；

（5）当$\lim\frac{f'(x)}{g'(x)}$不存在时，并不能判定$\lim\frac{f(x)}{g(x)}$不存在，此时应使用其他方法求极限.

习题 3-2

1．利用洛必达法则求极限.

（1）$\lim\limits_{x\to 0}\frac{\sin 3x}{2x}$　（2）$\lim\limits_{x\to 0}\frac{e^{x}-e^{-x}}{x}$　（3）$\lim\limits_{x\to 0}\frac{\ln(1+x)}{x}$　（4）$\lim\limits_{x\to a}\frac{\sin x-\sin a}{x-a}$

（5）$\lim\limits_{x\to\frac{\pi}{2}^{+}}\frac{\ln\left(x-\frac{\pi}{2}\right)}{\tan x}$　（6）$\lim\limits_{x\to 0}\left(\frac{1}{x}-\frac{1}{e^{x}-1}\right)$　（7）$\lim\limits_{x\to 1}\left(\frac{x}{x-1}-\frac{1}{\ln x}\right)$　（8）$\lim\limits_{x\to 0}x\cot 2x$

（9）$\lim\limits_{x\to 0}x^{2}e^{\frac{1}{x^{2}}}$　（10）$\lim\limits_{x\to 0^{+}}x^{\sin x}$　（11）$\lim\limits_{x\to\infty}\left(1+\frac{a}{x}\right)^{x}$　（12）$\lim\limits_{x\to 0^{+}}\left(\frac{1}{x}\right)^{\sin x}$

2．验证极限$\lim\limits_{x\to\infty}\frac{\sin x+x}{x}$存在，但不能用洛必达法则得出.

3.3　函数的单调性、极值与最值

3.3.1　函数单调性的判定法

在第1章已给出函数在某一区间上单调性的定义，但是根据定义判别函数的单调性是比较困难的，故本节将利用导数的概念研究函数的单调性.

定理 3.6　设函数$y=f(x)$在$[a,b]$上连续，在(a,b)内可导，那么

（1）若在(a,b)内，$f'(x)>0$，则函数$f(x)$在$[a,b]$内严格单调增加；

（2）若在(a,b)内，$f'(x)<0$，则函数$f(x)$在$[a,b]$内严格单调减少.

上述结论告诉我们，可以把导数的符号与函数的升降联系起来，若函数在某区间内导数恒大于零，则说明函数在该区间内是上升的；若恒小于零，则函数在该区间内是下降的. 如果把这个判定法中的闭区间换成其他各种区间（包括无穷区间），那么结论也成立.

【例 3.19】 判定函数 $y = x^3 - 3x^2 - 9x + 14$ 的单调区间.

解 $y' = 3x^2 - 6x - 9 = 3(x^2 - 2x - 3) = 3(x+1)(x-3)$

故 $x_1 = -1$，$x_2 = 3$ 使 $y' = 0$，用这两点把定义域 $(-\infty, +\infty)$ 分成区间 $(-\infty, -1)$，$(-1, 3)$ 及 $(3, +\infty)$，其讨论结果列表如下：

区 间	$(-\infty, -1)$	$(-1, 3)$	$(3, +\infty)$
y'	+	−	+
y	↗	↘	↗

所以，函数在 $(-\infty, -1)$ 和 $(3, +\infty)$ 内严格单调增加，在 $(-1, 3)$ 内严格单调减少.

【例 3.20】 判定函数 $y = \dfrac{x^3}{3 - x^2}$ 的单调区间.

解 $y = \dfrac{x^3}{3 - x^2}$ 的定义域为 $\left(-\infty, -\sqrt{3}\right)$，$\left(-\sqrt{3}, \sqrt{3}\right)$ 和 $\left(\sqrt{3}, +\infty\right)$，这里 $\pm\sqrt{3}$ 是函数的间断点.

$$y' = \frac{3x^2(3 - x^2) - x^3(-2x)}{\left(3 - x^2\right)^2} = \frac{9x^2 - x^4}{\left(3 - x^2\right)^2}$$

$$= \frac{x^2(3 + x)(3 - x)}{\left(3 - x^2\right)^2}$$

故 $x_1 = 3$，$x_2 = 0$，$x_3 = -3$，使 $y' = 0$.

用这三点把定义域分成区间，其讨论结果列表如下：

区间	$(-\infty, -3)$	$(-3, -\sqrt{3})$	$(-\sqrt{3}, 0)$	$(0, \sqrt{3})$	$(\sqrt{3}, 3)$	$(3, +\infty)$
y'	−	+	+	+	+	−
y	↘	↗	↗	↗	↗	↘

所以，函数在 $(-\infty, -3)$、$(3, +\infty)$ 内严格单调减少；函数在 $\left(-3, -\sqrt{3}\right)$、$\left(-\sqrt{3}, 0\right)$、$\left(0, \sqrt{3}\right)$、$\left(\sqrt{3}, 3\right)$ 内严格单调增加.

由这些例子可以看到，函数 $f(x)$ 单调区间可能的分界点是使 $f'(x) = 0$ 的点，以

及 $f(x)$ 的间断点．此外，$f'(x)$ 不存在的点也可能是单调区间的分界点．

综上所述，求函数 $y=f(x)$ 单调区间的步骤如下：

（1）确定函数的定义域；

（2）找出导数为零的点及导数不存在的点，用这些点将函数定义域划分为若干个子区间；

（3）判定在每个子区间内导数 $f'(x)$ 的符号，由定理 3.6 确定函数在各个子区间上的单调性．

利用函数的单调性还可以证明一些不等式．

【例 3.21】 试证明当 $x>0$ 时，有 $e^x>1+x$．

证 令 $f(x)=e^x-(1+x)$，$f(x)$ 在 $[0,+\infty)$ 上连续，在 $(0,+\infty)$ 内有 $f'(x)=e^x-1>0$，因此，$f(x)$ 在 $[0,+\infty)$ 上严格递增．

故，当 $x>0$ 时，$f(x)>f(0)=0$，

即
$$e^x-(1+x)>0$$

从而，当 $x>0$ 时，有 $e^x>1+x$．

3.3.2 函数的极值

定义 设函数 $f(x)$ 在点 x_0 的某个邻域内有定义，且

（1）若对邻域内任何点 x 恒有 $f(x)\leqslant f(x_0)$，则称 $f(x_0)$ 为函数的一个极大值，而 x_0 为极大值点．

（2）若对邻域内任何点 x 恒有 $f(x)\geqslant f(x_0)$，则称 $f(x_0)$ 为函数的一个极小值，而 x_0 为极小值点．

极大值和极小值统称为**极值**，极大值点和极小值点统称为**极值点**．

由定义可知，函数在某点达到极大值或极小值是指在局部范围内（即在该点的邻域内）该点的函数值为极大或极小，而不一定是函数在整个考查范围内的极大值或极小值，因此定义在区间 $[a,b]$ 上的一个函数，它在 $[a,b]$ 上可以有许多极大值和极小值，但其中的极大值并不一定都是大于每一个极小值的．

例如图 3.6 所示，函数 $f(x)$ 在 x_1 取得的极小值 $f(x_1)$ 比在 x_2 取得的极大值 $f(x_2)$ 要大．在几何上极大值对应于函数曲线的顶峰，极小值对应于函数曲线的谷底．

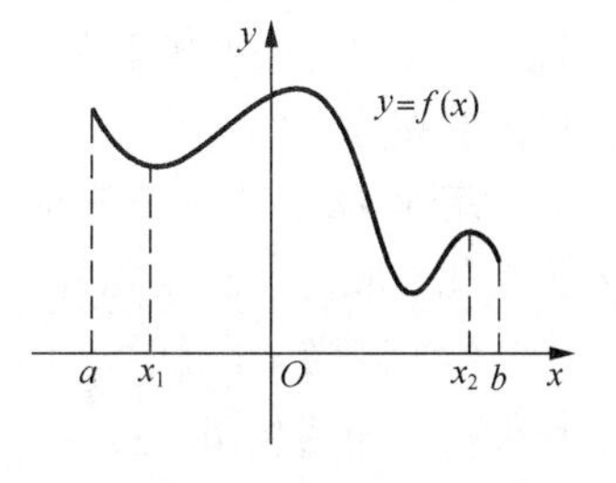

图 3.6

另外由定义可知，函数定义区间的端点一定不是极值点．因为作为一个极值，就要同它左右两侧的函数值进行比较．这就是说，函数如果有极值，则一定在定义区间的内部到达．

定理 3.7 （极值存在的必要条件）设函数 $f(x)$ 在 x_0 点有导数，且在 x_0 处 $f(x)$

取得极值（极大或极小），则函数在 x_0 处的导数 $f'(x_0)=0$.

由定理 3.7 可知，一个可导函数在某一点的导数为零，是函数在该点取得极值的必要条件，这就是说，对于可导函数的极值点必须在使它的导数等于零的点中去寻找. 如果可导函数在某一点导数不为零，则它在这一点就肯定不能取得极值. 反过来，导数为零的点，是否一定是极值点呢？结论是不一定的. 例如 $f(x)=x^3$，$f'(x)=3x^2$，于是在点 $x=0$ 有 $f'(0)=0$，但是，$x=0$ 却不是该函数的极值点. 因为事实上该函数是严格递增的，所以点 $x=0$ 就不可能是它的极值点，如图 3.7 所示. 因此，上述定理的条件并不是充分的. 今后，称使一阶导数 $f'(x)=0$ 的点为函数的驻点. 驻点是函数的可能极值点.

此外，定理 3.7 只讨论了可导函数如何求极值点，对于不可导函数就不能用此定理. 然而，有的函数在导数不存在的点处却可能取得极值. 例如，$f(x)=x^{\frac{2}{3}}$（见图 3.8）及 $f(x)=|x|$，它们在 $x=0$ 处均取得极小值，但这两个函数在点 $x=0$ 都不可导. 当然也要注意，函数在它的不可导点，也并不一定取得极值. 例如 $f(x)=x^{\frac{1}{3}}$，在 $x=0$ 不可导，但它在这一点没有取得极值（见图 3.9）.

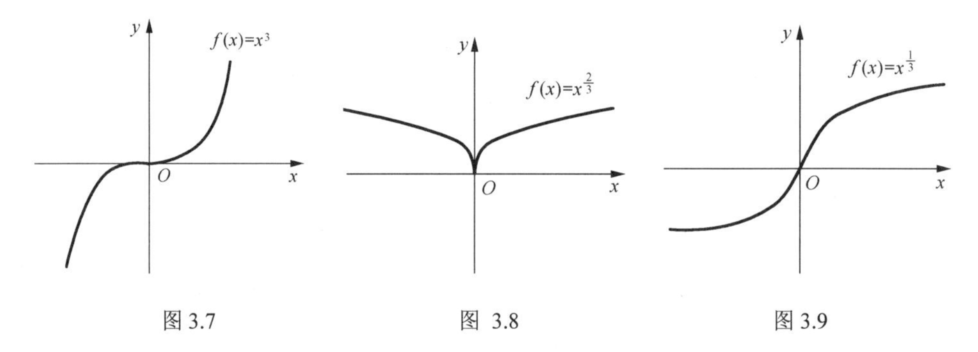

图 3.7　　图 3.8　　图 3.9

综上所述，找函数的极值点，应从导数等于零的点和导数不存在的点中去寻找. 只要把这些点找出来，然后逐个加以判别是否是极值点. 下面给出两个判别极值点的充分条件.

定理 3.8 （极值存在的第一充分条件）设函数 $f(x)$ 在点 x_0 的一个邻域内连续，且在此邻域内（x_0 可除外）可导，那么

（1）若当 $x<x_0$ 时，$f'(x)>0$，而当 $x>x_0$ 时，$f'(x)<0$，则 $f(x)$ 在点 x_0 取得极大值，如图 3.10（a）所示.

（2）若当 $x<x_0$ 时，$f'(x)<0$，而当 $x>x_0$ 时，$f'(x)>0$，则 $f(x)$ 在点 x_0 取得极小值，如图 3.10（b）所示.

（3）若当 $x\neq x_0$ 时，$f'(x)>0$，或当 $x\neq x_0$ 时，$f'(x)<0$，则 x_0 不是 $f(x)$ 极值点，如图 3.10（c），（d）所示.

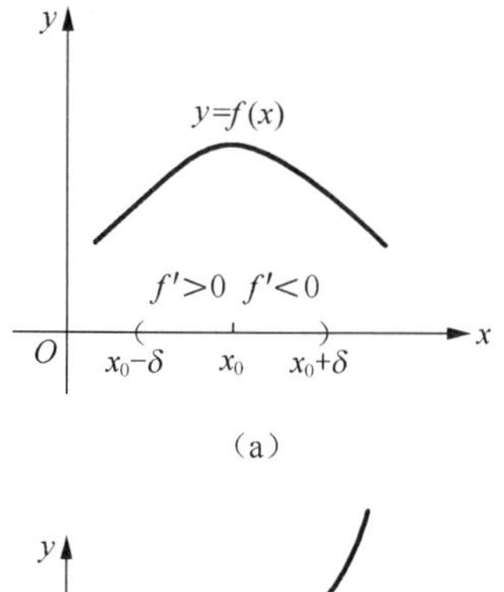

（a）

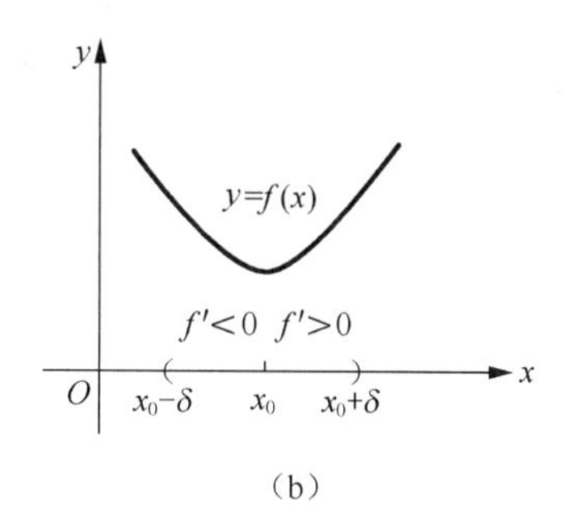

（b）

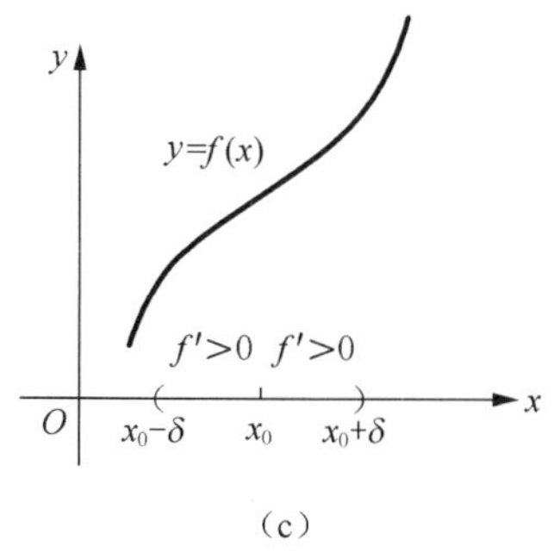

（c）

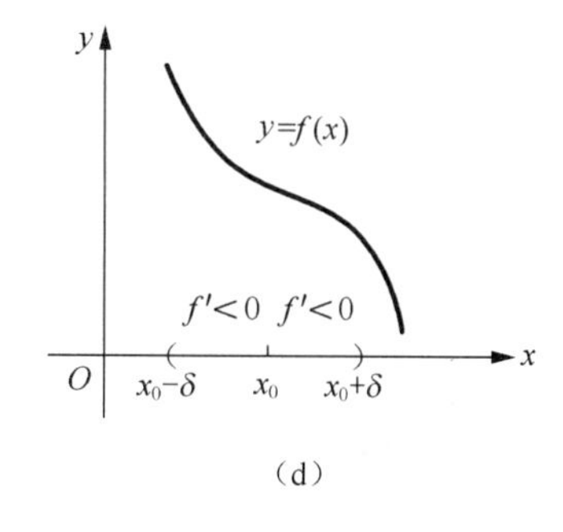

（d）

图 3.10

综上所述，求函数的极值点可按以下步骤进行.

（1）求出函数 $f(x)$ 的一阶导数等于零的点，和导数不存在的点，它们可能都是极值点；

（2）考查 $f'(x)$ 在可能极值点处两旁的符号，再根据极值存在的第一充分条件，确定是否为极值点，以及是极大值点还是极小值点；

（3）求出各极值点处的函数值，从而求得函数 $f(x)$ 的全部极值点和相应的极值.

【例 3.22】 求函数 $f(x)=x^3-3x^2-9x+5$ 的极值.

解 $f'(x)=3x^2-6x-9=3(x+1)(x-3)$，令 $f'(x)=0$，求得驻点 $x_1=-1$，$x_2=3$.

由 $f'(x)=3(x+1)(x-3)$ 来确定 $f'(x)$ 的符号：

当 x 在−1 的左侧邻近时，$x+1<0$，$x-3<0$，所以 $f'(x)>0$；

当 x 在−1 的右侧邻近时，$x+1>0$，$x-3<0$，所以 $f'(x)<0$.

于是按定理 3.8，函数在 $x=-1$ 处取得极大值. 类似地，讨论可得，函数在 $x=3$ 处取得极小值.

由此得到函数的极大值 $f(-1)=10$，极小值 $f(3)=-22$.

当函数 $f(x)$ 在驻点处的二阶导数存在且不为零时，也可用下列定理来判断

$f(x)$ 在驻点处取得极大值还是极小值.

定理 3.9 （极值存在的第二充分条件） 设函数在驻点 x_0 处具有二阶导数且不为零，那么

（1）当 $f''(x_0)<0$ 时，函数 $f(x)$ 在点 x_0 处取得极大值；

（2）当 $f''(x_0)>0$ 时，函数 $f(x)$ 在点 x_0 处取得极小值.

需要注意的是，当 $f''(x_0)=0$ 时，则 $f(x_0)$ 是否为极值尚待进一步判定，此时，函数 $f(x)$ 在 x_0 点可能有极大值，也可能有极小值，也可能没有极值. 例如函数 $f(x)=x^3$， $p(x)=x^4$， $q(x)=-x^4$，它们在 $x=0$ 点的一阶导数和二阶导数均为零，但容易用定义验证 $f(x)=x^3$ 在 $x=0$ 点不取极值， $p(x)=x^4$ 在 $x=0$ 点达极小值， $q(x)=-x^4$ 在 $x=0$ 点达极大值.

【例 3.23】 求函数 $f(x)=(x^2-1)^3+1$ 的极值.

解 $f'(x)=6x(x^2-1)^2$

令 $f'(x)=0$，求得驻点 $x_1=-1$， $x_2=0$， $x_3=1$.

又 $f''(x)=6(x^2-1)(5x^2-1)$，

因为 $f''(0)=6>0$

所以 $f(x)$ 在 $x=0$ 处取得极小值，极小值为 $f(0)=0$.

由于 $f''(-1)=f''(1)=0$，因此用定理 3.9 无法判断. 下面列表考查一阶导数 $f'(x)$ 在驻点 $x_1=-1$ 及 $x_3=1$ 左右邻近的符号：

x 的符号	$(-\infty,-1)$	$(-1,0)$	$(0,1)$	$(1,+\infty)$
$f'(x)$ 的符号	−	−	+	+

由此表可知， $f(x)$ 在 $x_1=-1$、 $x_3=1$ 处均没有极值，如图 3.11 所示.

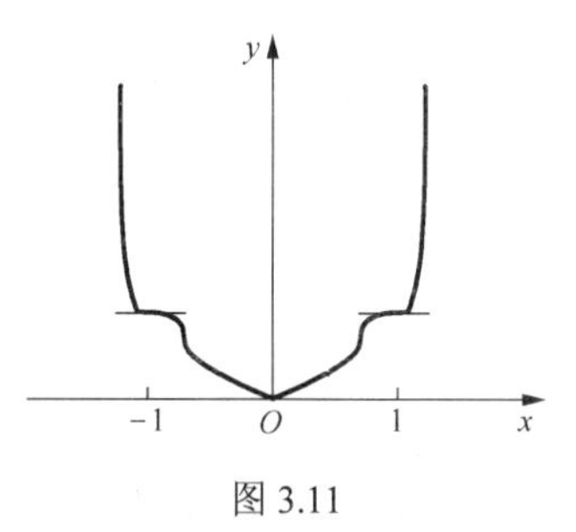

图 3.11

定理 3.7 表明，可导函数的极值点一定是驻点，因此要求可导函数的极值点，只需求出全部驻点后，再逐一考查各个驻点是否为极值点就可以了. 但如果函数在个别点处不可导，那么函数在所讨论区间内可导的条件就不满足，这时便不能肯定极值点一定是驻点了. 事实上，在导数不存在的点处，函数也可能取得极值，下面的例 3.24 便是这样的例子.

【例 3.24】 求函数 $f(x)=1-(x-2)^{\frac{2}{3}}$ 的极值.

解 $f(x)$ 在 $(-\infty,+\infty)$ 内连续. 当 $x\neq 2$ 时,

$$f'(x)=-\frac{2}{3\sqrt[3]{x-2}}$$

当 $x=2$ 时，用导数定义可以推知 $f'(x)$ 不存在.

在 $(-\infty,2)$ 内，$f'(x)>0$，函数 $f(x)$ 在 $(-\infty,2)$ 上单调增加；在 $(2,+\infty)$ 内，$f'(x)<0$，函数 $f(x)$ 在 $(2,+\infty)$ 上单调减少. 因此 $f(2)=1$ 是函数 $f(x)$ 的极大值，如图 3.12 所示.

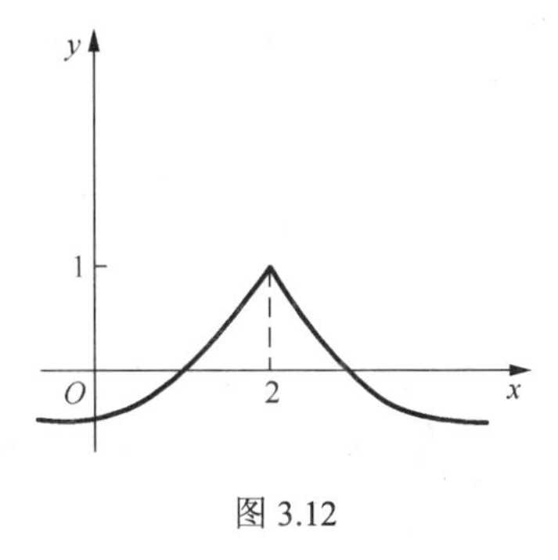

图 3.12

3.3.3 函数的最值

在许多数学、工程技术、经济等领域，总会遇到函数的最大值与最小值问题，研究此内容具有很强的应用价值与实际意义.

由第 1 章闭区间上连续函数的性质可知，若函数 $f(x)$ 在闭区间 $[a,b]$ 上连续，则函数在该区间内能够取到最大值与最小值. 显然，如果其最大值与最小值在开区间内取得，则对可微函数而言必定在其驻点处取得最大值与最小值，但最值也可能在端点处取得，对于不可导的函数，最值也可能在不可导的点处取到，因此求闭区间 $[a,b]$ 上连续函数 $f(x)$ 的最值，需求出函数 $f(x)$ 在 (a,b) 内的全部驻点和不可导的点，并求出在这些点处的函数值及端点处的函数值 $f(a)$和$f(b)$，将其比较即可，最大值即为函数 $f(x)$ 在闭区间 $[a,b]$ 上的最大值，最小值即为函数 $f(x)$ 在闭区间 $[a,b]$ 上的最小值.

【例 3.25】 试求函数 $f(x)=x^3-3x^2-9x+1$ 在区间$[-2,1]$上的最大值和和最小值.

解 （1）先求出 $f(x)$ 在闭区间上的所有驻点及不可导的点.

$$f'(x)=(x^3-3x^2-9x+1)'=3x^2-6x-9=3(x-3)(x+1)$$

令 $f'(x)=0$ 得驻点 $x=-1,x=3$,当 $x=3$ 时不属于$[-2,1]$，故舍去.

（2）求出函数在所有驻点和所求区间内的不可导的点处的函数值及两端点处的函数值.

$$f(-1)=6, f(-2)=-1, f(1)=-10 .$$

（3）将其上的函数值加以比较，最大值即为函数 $f(x)$ 在闭区间上的最大值，最小值即为函数 $f(x)$ 在闭区间上的最小值.

故在区间$[-2,1]$上 $f(x)$ 的最大值为 $f(-1)=6$，最小值为 $f(1)=-10$.

在解决实际问题时，需注意下述结论，这样会使我们的讨论简单方便.

（1）若函数 $f(x)$ 在某区间内仅有一个可能的极值点 x_0 ，则当 x_0 为极大（小）值时， $f(x_0)$ 就是该函数在此区间上的最大（小）值；

（2）在实际问题中，若由分析得知，确实存在最大值或最小值，所讨论的区间内仅有一个可能的极值点，那么这个点处的函数值一定是最大值或最小值.

【例 3.26】 欲围一个面积为 150 平方米的矩形场地，所用材料的造价其正面是每平方米 6 元，其余三面是每平方米 3 元，且四面墙的高度相同，都为 h 米，问场地的长、宽各为多少时，才能使所用材料费最省?

解 设所围矩形场地正面长为 x 米，另一边长为 y 米，

由题意知 $xy=150$ ，故 $y=\dfrac{150}{x}$

所以所用材料的费用为

$$f(x)=6xh+3xh+3(2yh)=9h\left(x+\frac{100}{x}\right),$$

$$f'(x)=9h\left(1-\frac{100}{x^2}\right)$$

令 $f'(x)=0$ 可得驻点 $x_1=10, x_2=-10$ （舍去）.

由于驻点唯一，由实际意义可知，当正面长为 10 米，侧边长为 15 米时，所用材料费最省.

习题 3-3

1．判断函数 $f(x)=x+\cos x(0\leqslant x\leqslant 2\pi)$ 的单调性.

2．求下列函数的单调区间.

（1） $y=2x^3-6x^2-18x-7$ （2） $y=\dfrac{2x}{1+x^2}$ （3） $y=x+2\sqrt{1-x}$

（4） $y=2x^2-\ln x$ （5） $y=x-\mathrm{e}^x$

3．证明下列不等式.

（1）当 $x>0$ 时，$1+\dfrac{x}{2}>\sqrt{1+x}$ （2）当 $x>1$ 时，$2\sqrt{x}>3-\dfrac{1}{x}$ （3） 当 $x>0$ 时， $\arctan x<x$ （4）当 $0<x_1<x_2<2$ 时， $\dfrac{\mathrm{e}^{x_1}}{x_1^{\ 2}}>\dfrac{\mathrm{e}^{x_2}}{x_2^{\ 2}}$

4．求下列函数的极值.

（1） $y=2x^3-6x^2-18x+7$ （2） $y=2x-\ln(4x)^2$ （3） $y=\dfrac{1}{2}x+\cos x$

（4） $y=2\mathrm{e}^x+\mathrm{e}^{-x}$

5．求下列函数的最值．

（1）$y=2x^3-3x^2$，　$-1\leqslant x\leqslant 4$　　（2）$y=x+\sqrt{1-x}$，　$-5\leqslant x\leqslant 1$

6．一个圆柱形大桶，已规定体积为 V，要使其表面积为最小，问圆柱的底半径及高应是多少？

7．某车间靠墙壁盖一间长方形小屋，现有存砖只够砌 20 米长的墙壁，问应围成怎样的长方形才能使这间小屋的面积最大？

8．某厂每批生产 A 商品 x 台的费用为 $C(x)=5x+200$（万元），得到的收入为 $R(x)=10x-0.01x^2$（万元），问每批生产多少台才能使企业获得最大利润？

3.4　曲线的凹凸性和函数的绘图

3.4.1　曲线的凹凸性与拐点

在上一节中，我们研究了函数的单调性．函数的单调性反映在图形上，即为曲线的上升或下降．但是在上升或下降的过程中，还有一个弯曲方向的问题．例如图 3.13 中有两条曲线弧 ACB 和 ADB，虽然它们都是上升的，但在上升过程中，它们的弯曲方向却不一样，因而图形显著不同．图形的弯曲方向，在几何上是用曲线的“凹凸性”来描述的．下面我们就来研究曲线的凹凸性及其判别法．

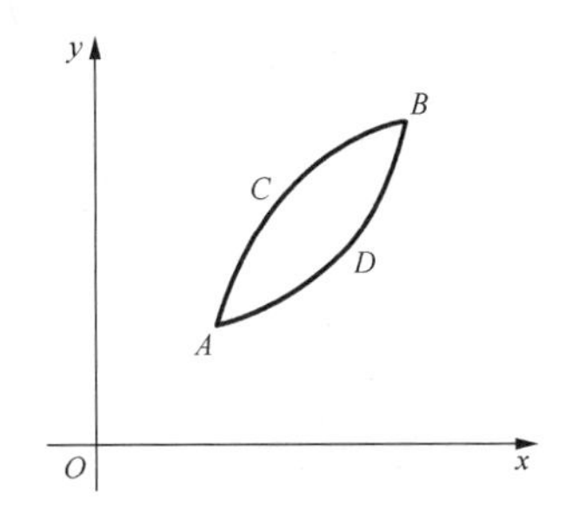

图 3.13

连续曲线弧 $\overset{\frown}{AB}$ 的方程为 $y=f(x)$，$a\leqslant x\leqslant b$．$\overset{\frown}{AB}$ 上除端点外每一点处的切线都存在，如果曲线弧总是位于任一切线的上方，则称曲线弧 $\overset{\frown}{AB}$ 是（向上）凹的，或称凹弧，如图 3.14（a）所示；如果曲线弧总是位于任一切线的下方，则称曲线弧 $\overset{\frown}{AB}$ 是（向上）凸的，或称凸弧，如图 3.14（b）所示．

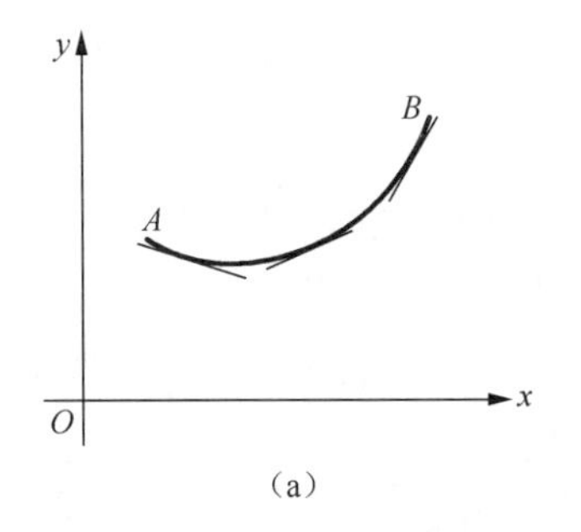

（a）

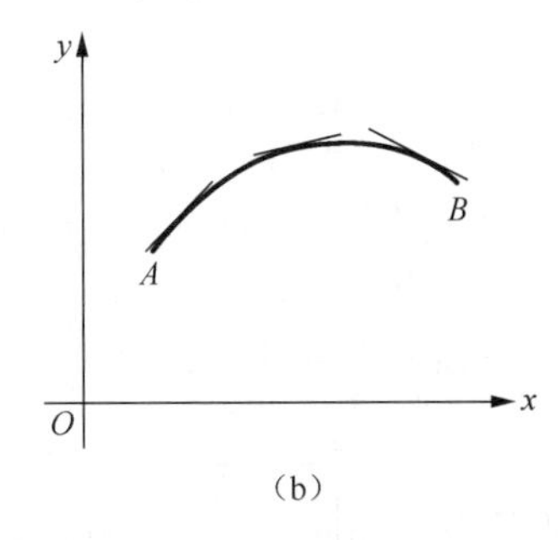

（b）

图 3.14

从图 3.14 可以看出，在凹弧上各点的切线斜率是随着 x 的增加而增加的，这说明 $f'(x)$ 为单调增函数；而凸弧上各点处的切线斜率却随着 x 的增加而减少，这说

明 $f'(x)$ 为单调减函数．这就启发我们通过二阶导数的符号来判定曲线弧的凹凸性．

定理 3.10　设 $f(x)$ 在 $[a,b]$ 上连续，在 (a,b) 内具有二阶导数，那么

（1）若在 (a,b) 内，$f''(x)>0$，则曲线弧 $y=f(x)$ 在 $[a,b]$ 上是凹的；

（2）若在 (a,b) 内，$f''(x)<0$，则曲线弧 $y=f(x)$ 在 $[a,b]$ 上是凸的．

证明略．

【例 3.27】　判定曲线 $y=x^3$ 的凹凸性．

解　因为 $y'=3x^2$，$y''=6x$，当 $x<0$ 时，$y''<0$，所以曲线在 $(-\infty,0)$ 上是凸的；当 $x>0$ 时，$y''>0$，所以曲线在 $(0,+\infty)$ 上是凹的．点 $(0,0)$ 是曲线由凸变凹的分界点．

连续曲线上凸弧与凹弧的分界点称为曲线的**拐点**．例如，$(0,0)$ 是曲线 $y=x^3$ 的拐点．

综上所述，求曲线 $y=f(x)$ 拐点的步骤如下：

（1）求 $f''(x)$；

（2）令 $f''(x)=0$，解出这方程在区间 (a,b) 内的实根，并求出 $f''(x)$ 不存在的点；

（3）对于步骤（2）中解出的每一个点 x_0，考查 $f''(x)$ 在 x_0 的左、右两侧邻近的符号．

当 $f''(x)$ 在 x_0 的左右两侧邻近的符号相反时，点 $(x_0,f(x_0))$ 是拐点；当两侧邻近的符号相同时，点 $(x_0,f(x_0))$ 不是拐点．

【例 3.28】　求曲线 $y=3x^4-4x^3+1$ 的拐点及凹、凸区间．

解　函数 $y=3x^4-4x^3+1$ 的定义区间为 $(-\infty,+\infty)$，

则

$$y'=12x^3-12x^2$$

$$y''=36x^2-24x=36x\left(x-\frac{2}{3}\right)$$

解方程 $y''=0$，得 $x_1=0$，$x_2=\frac{2}{3}$．

$x_1=0$ 及 $x_2=\frac{2}{3}$ 把函数的定义区间 $(-\infty,+\infty)$ 分成三个部分区间 $(-\infty,0]$、$\left[0,\frac{2}{3}\right]$、$\left[\frac{2}{3},+\infty\right)$．下面列表考查 y'' 的符号：

x 的范围	$(-\infty,0)$	$\left(0,\frac{2}{3}\right)$	$\left(\frac{2}{3},+\infty\right)$
$f''(x)$ 的符号	+	−	+

因此，曲线 $y=f(x)$ 在 $(-\infty,0]$、$\left[\frac{2}{3},+\infty\right)$ 上是凹的，在 $\left[0,\frac{2}{3}\right]$ 上是凸的.

$x=0$ 时，$y=1$；$x=\frac{2}{3}$ 时，$y=\frac{11}{27}$，点 $(0,1)$、$\left(\frac{2}{3},\frac{11}{27}\right)$ 均是此曲线的拐点.

3.4.2 曲线的渐近线

定义 如果曲线上的点沿曲线趋近于无穷远时，此点与某一直线的距离趋于零，则称此直线是曲线的渐近线.

渐近线有垂直渐近线、水平渐近线和斜渐近线.

1. 垂直渐近线

若曲线 $y=f(x)$ 在点 c 处间断，且 $\lim\limits_{x\to c^+}f(x)=\infty$ 或 $\lim\limits_{x\to c^-}f(x)=\infty$，则直线 $x=c$ 称为曲线 $y=f(x)$ 的垂直渐近线.

【例 3.29】 求曲线 $y=\frac{1}{x-1}$ 的垂直渐近线.

解 因为 $\lim\limits_{x\to 1}\frac{1}{x-1}=\infty$，

所以，直线 $x=1$ 是曲线 $y=\frac{1}{x-1}$ 的一条垂直渐近线（见图 3.15）.

2. 水平渐近线

若曲线 $y=f(x)$ 的定义域为无限区间，且有 $\lim\limits_{x\to+\infty}f(x)=c$ 或 $\lim\limits_{x\to-\infty}f(x)=c$，则直线 $y=c$ 是曲线 $y=f(x)$ 的水平渐近线.

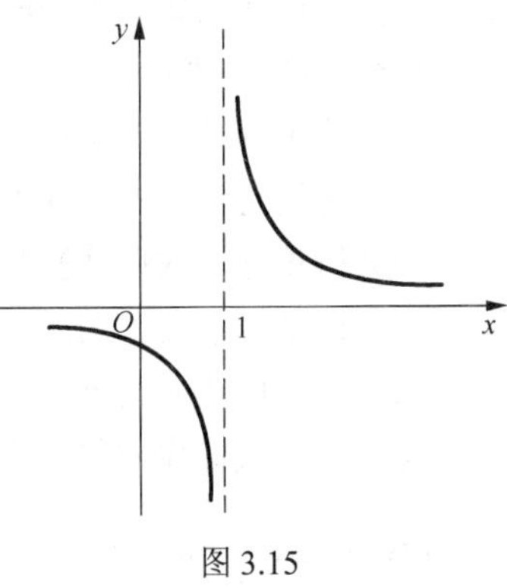

图 3.15

【例 3.30】 求曲线 $y=\frac{1}{x-1}$ 的水平渐近线.

解 因为 $\lim\limits_{x\to\infty}\frac{1}{x-1}=0$，

所以，直线 $y=0$ 是曲线 $y=\frac{1}{x-1}$ 的水平渐近线（如图 3.15 所示）.

3. 斜渐近线

若曲线 $f(x)$ 定义在无穷区间，且 $\lim\limits_{x\to\infty}\frac{f(x)}{x}=a$，$\lim\limits_{x\to\infty}(f(x)-ax)=b$，则直线 $y=ax+b$ 称为曲线 $y=f(x)$ 的斜渐近线.

【例 3.31】 求曲线 $y=x+\arctan x$ 的渐近线.

解 由于

$$\lim_{x\to\infty}\frac{f(x)}{x}=\lim_{x\to\infty}\left(1+\frac{1}{x}\arctan x\right)=1+0=1$$

而 $f(x)-ax=x+\arctan x-x=\arctan x$，所以 $\lim\limits_{x\to+\infty}\arctan x=\dfrac{\pi}{2}$，即 $b=\dfrac{\pi}{2}$；$\lim\limits_{x\to-\infty}\arctan x=-\dfrac{\pi}{2}$，即 $b=-\dfrac{\pi}{2}$，因此曲线 $y=x+\arctan\ x$ 有两条斜渐近线，它们分别是：

当 $x\to+\infty$时，斜渐近线为 $y=x+\dfrac{\pi}{2}$；

当 $x\to-\infty$时，斜渐近线 $y=x-\dfrac{\pi}{2}$，如图 3.16 所示.

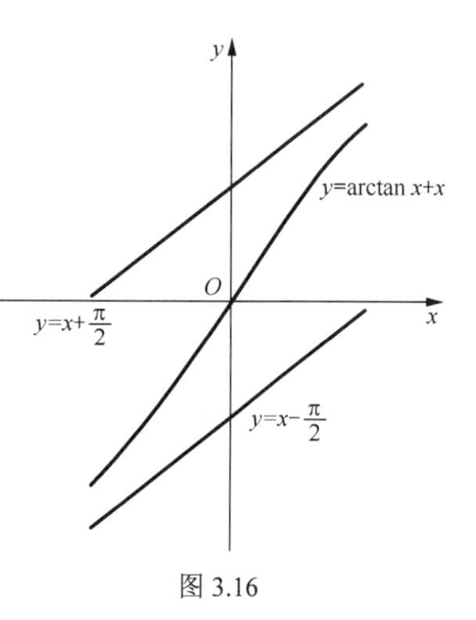

图 3.16

3.4.3 函数图形的作法

上述一系列的讨论说明导数对于函数作图有很大的帮助. 利用一阶导数可以判断函数的单调性，求出函数的极值点；利用二阶导数可以判定曲线的凹凸性和拐点. 此外，我们还建立了寻找渐近线的方法，从而对函数曲线的变化轮廓有了全面的了解，可以作出比较正确的函数图形.

函数作图步骤如下：

（1）确定函数的定义域；

（2）讨论对称性及周期性；

（3）讨论函数的单调性和极值；

（4）讨论函数曲线的凹凸性和拐点；

（5）讨论曲线的渐近线；

（6）由函数曲线方程计算出一些点的坐标，特别是曲线与坐标轴交点坐标.

【例 3.32】 作出函数 $f(x)=\dfrac{x}{1+x^2}$ 的图形.

解 （1）定义域为（$-\infty,+\infty$）.

（2）对称性与周期性：$f(-x)=-f(x)$，故 $f(x)$是奇函数，图形关于原点对称；无周期性.

（3）单调性、极值、凹凸性及拐点：

$$f'(x)=\frac{(1+x^2)-x\cdot 2x}{(1+x^2)^2}=\frac{1-x^2}{(1+x^2)^2},$$

$$f''(x)=\frac{-2x(1+x^2)^2-(1-x^2)\cdot 2(1+x^2)\cdot 2x}{(1+x^2)^4}$$

$$=\frac{-2x-2x^3-4x+4x^3}{(1+x^2)^3}=\frac{2x^3-6x}{(1+x^2)^3}=\frac{2x(x^2-3)}{(1+x^2)^3}$$

令 $f'(x)=0$，解得 $x=\pm 1$；令 $f''(x)=0$，解得 $x=0$，$\pm\sqrt{3}$．

把定义域分成区间，其讨论的结果列表如下：

x	0	(0,1)	1	$(1,\sqrt{3})$	$\sqrt{3}$	$(\sqrt{3},+\infty)$
$f'(x)$	+	+	0	−	−	−
$f''(x)$	0	−	−	−	0	+
$y=f(x)$	(0，0) 拐点	↗ 凸	$\frac{1}{2}$ 极大值	↘ 凸	$(\sqrt{3},\frac{\sqrt{3}}{4})$ 拐点	↘ 凹

故 $f(x)$在（$-\infty,+\infty$）拐点为$\left(-\sqrt{3},-\frac{\sqrt{3}}{4}\right)$、(0,0)、$\left(\sqrt{3},\frac{\sqrt{3}}{4}\right)$；它在 $x=-1$，取得极小值为$-\frac{1}{2}$，在 $x=1$，取得极大值为$\frac{1}{2}$．

（4）渐近线

由 $\lim\limits_{x\to\pm\infty}f(x)=\lim\limits_{x\to\pm\infty}\frac{x}{1+x^2}=\lim\limits_{x\to\pm\infty}\frac{1}{2x}=0$，得 $y=0$ 是水平渐近线．

（5）求出一些辅助点，先作出（$0,+\infty$）内的图形，再利用关于原点对称性作出区间（$-\infty,0$）内的图形，如图 3.17 所示．

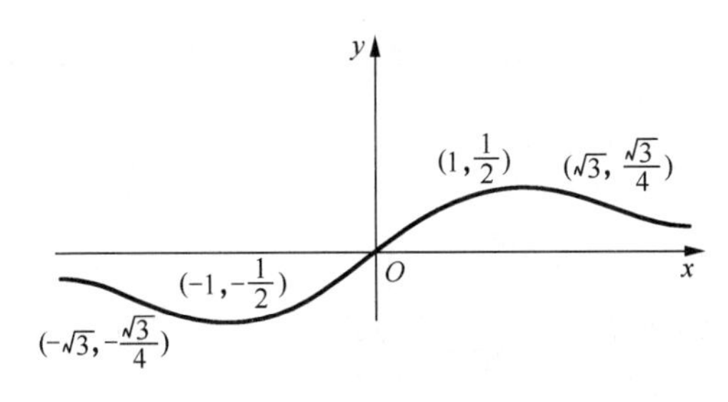

图 3.17

习题 3-4

1．判断曲线 $y=x+\frac{1}{x}(x>0)$ 的凸凹性．

2．求下列函数的拐点及凸凹区间．

（1）$y=x^2-x^3$　　（2）$y=\ln(1+x^2)$　　（3）$y=xe^x$　　（4）$y=x^{\frac{1}{3}}$

3．求下列曲线的渐近线.

（1）$y=\ln x$　（2）$y=\dfrac{1}{x^2-x-2}$　（3）$y=e^{-\frac{1}{x}}$　（4）$y=\dfrac{x^2}{x+1}$

4．作出下列函数的图形.

（1）$y=3x-x^3$　（2）$y=\dfrac{1}{1+x^2}$　（3）$y=x\sqrt{3-x}$（4）$y=xe^{-x}$

3.5　方程的近似解

在很多数学问题及实际应用问题中，我们经常会遇到求解高次代数方程或其他类型的方程的问题，要求得这些方程的精确解，往往比较困难，因此就要寻求方程的近似解．本节介绍求解方程近似解的两种常用方法——二分法和切线法.

3.5.1　二分法

由第 1 章闭区间连续函数的性质可知，函数 $f(x)$在闭区间$[a,b]$上连续，且满足$f(a)\cdot f(b)<0$，则方程$f(x)=0$ 在(a,b)内有根存在，我们进一步假设方程$f(x)=0$ 在(a,b)内仅有一个实根ξ.

取$[a,b]$的中点$\xi_1=\dfrac{a+b}{2}$，

若$f(\xi_1)=0$，则$\xi=\xi_1$；

若$f(\xi_1)\neq 0$，则必与$f(a)$或$f(b)$同号，如果$f(\xi_1)$与$f(a)$同号，那么取$a_1=\xi_1$，$b_1=b$，由已知条件可知$f(a_1)\cdot F(b_1)<0$，故由零点定理可得$a_1<\xi<b_1$，且$b_1-a_1=\dfrac{b-a}{2}$；同理可讨论$f(\xi_1)$与$f(b)$同号的情况（此处略去）.

总之，当$\xi\neq\xi_1$时，可求得$a_1<\xi<b_1$，且$b_1-a_1=\dfrac{b-a}{2}$.

重复上述做法，当$\xi\neq\xi_2=\dfrac{a_1+b_1}{2}$时，可求得$a_2<\xi<b_2$，且$b_2-a_2=\dfrac{b_1-a_1}{2}=\dfrac{b-a}{2^2}$.

如此重复 n 次，可求得$a_n<\xi<b_n$，且$b_n-a_n=\dfrac{b-a}{2^n}$，如果将a_n或b_n作为ξ的近似值，则其误差小于$\dfrac{b-a}{2^n}$.

上述求方程近似解的方法就叫做二分法.

【例 3.33】　用二分法求方程$x^3+1.1x^2+0.9x-1.4=0$ 的实根的近似值，使误差不超过 0.001.

解　令$f(x)=x^3+1.1x^2+0.9x-1.4$，显然$f(x)$在 **R** 内连续.

容易判断$f'(x)=3x^2+2.2x+0.9>0$，故$f(x)$在 **R** 内单调增加，所以$f(x)=0$ 至

多有一个实根.

由$f(0)=-1.4<0, f(1)=1.6>0$，可知$f(x)=0$的唯一实根在[0,1]内，
取$\xi_1=0.5$，$f(\xi_1)=-0.55<0$，故$a_1=0.5, b_1=1$；
取$\xi_2=0.75$，$f(\xi_2)=0.32>0$，故$a_2=0.5, b_2=0.75$；
依次重复上述过程，通过计算可得取到$a_{10}=0.670, b_{10}=0.671$时，$0.670<\xi<0.671$，
其误差小于$\dfrac{0.671-0670}{2}=0.0005$，满足题意.

于是取$\xi=0.670$，称为方程$f(x)=0$的不足近似值，取$\xi=0.671$，称为方程$f(x)=0$的过剩近似值，其误差都小于0.001.

3.5.2 切线法

设有方程$f(x)=0$，其中函数$f(x)$满足下列条件:

(1) $f(x)$在$[a,b]$上具有一阶、二阶导数，且$f'(x)$、$f''(x)$保持符号不变，即曲线在$[a,b]$上严格单调，且保持凸凹性不变；

(2) $f(a)\cdot f(b)<0$，即$f(x)=0$在(a,b)内有实根.

则方程$f(x)=0$在(a,b)内有唯一的实根ξ.

不妨设$f(a)<0, f(b)>0, f'(x)>0, f''(x)<0$ （如图3.18所示）.

将$x_0=a$作为方程$f(x)=0$的根ξ的零次近似值（初值），为求一次近似值x_1，过点$(x_0, f(x_0))$作曲线$y=f(x)$的切线，该切线方程为$y-f(x_0)=f'(x)(x-x_0)$，它与x轴的交点$x_1=x_0-\dfrac{f(x_0)}{f'(x_0)}$作为方程$f(x)=0$的根的一次近似值，它比$x_0$更接近方程的根.

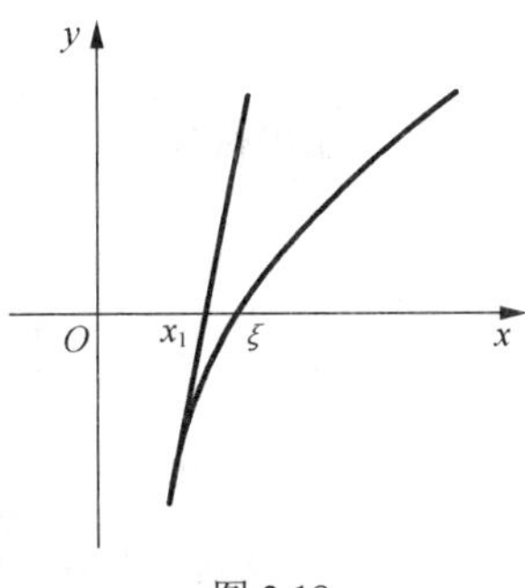

图 3.18

再在点$(x_1, f(x_1))$处作切线，可得根的二次近似值x_2，重复上述步骤，方程$f(x)=0$的$n+1$次近似值x_{n+1}的迭代计算公式为

$$x_{n+1}=x_n-\frac{f(x_n)}{f'(x_n)},\ n=1,2,3\cdots$$

以上的方程是采取作切线的方法，一次一次地求得近似值，故我们把这一方法叫做切线法，又称牛顿法.

注 取初值时，一般取$f(a)$或$f(b)$与$f''(x)$同号的点，这样可以保证所求得的近似值一次比一次更接近精确值.

其他情况同上，讨论类似，在此略去.

【例3.34】 用切线法求方程$\cos x-x=0$的根.

解 令$f(x)=\cos x-x$，则$f(0)=1>0, f(1)=\cos 1-1<0$，故方程的根$\xi\in(0,1)$，

又因为在（0,1）内 $f'(x)=-\sin x-1<0, f''(x)=-\cos x<0$，即 $f'(x), f''(x)$不变号.

则 $x_{n+1}=x_n-\dfrac{\cos x_n-x_n}{-\sin x_n-1}=\dfrac{x_n\sin x_n+\cos x_n}{1+\sin x_n}, n=1,2,3\cdots$

选初值为 $x_0=1$，迭代结果为

$$x_0=1.000000000\cdots$$
$$x_1=0.750363868\cdots$$
$$x_2=0.739112891\cdots$$
$$x_3=0.739085133\cdots$$
$$x_4=0.739085133\cdots$$

因此方程 $\cos x-x=0$ 的根为 $\xi=0.739085133\cdots$.

习题 3-5

1．试证明方程 $x^3-3x^2+6x-1=0$ 在区间（0,1）内有唯一的实根，并用二分法求这个根的近似值，使其误差不超过 0.01.

2．用切线法求方程 $x^3+1.1x^2+0.9x-1.4=0$ 的实根的近似值，使其误差不超过 0.001.

3．求方程 $x\lg x=1$ 的近似根，使其误差不超过 0.01.

本 章 小 结

一、知识体系

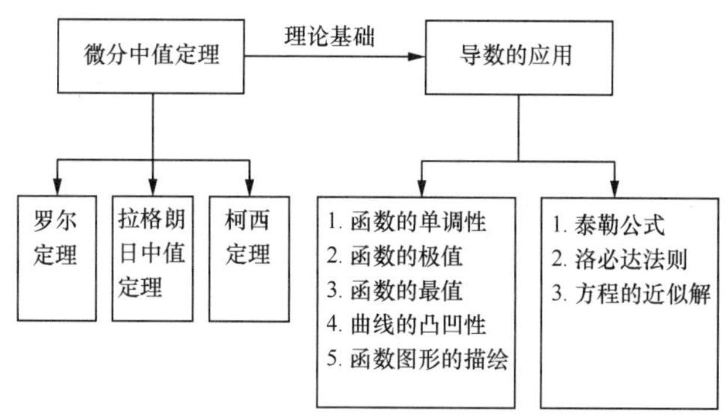

二、主要内容

1．拉格朗日中值定理

如果函数 $f(x)$满足：

（1）在$[a,b]$上连续，

（2）在（a,b）内可导；

则在（a,b）内至少存在一点 ξ，使得

$$f(b)-f(a)=f'(\xi)(b-a).$$

2．泰勒公式

（1）泰勒公式Ⅰ　设函数$f(x)$在x_0有直至n阶导数，则当$x\in U(x_0,\delta)$时有

$$f(x)=f(x_0)+f'(x_0)(x-x_0)+\frac{1}{2!}f''(x_0)(x-x_0)^2+\cdots+\frac{1}{n!}f^{(n)}(x_0)(x-x_0)^n+o\left((x-x_0)^n\right)$$

（2）泰勒公式Ⅱ　设函数$f(x)$在含x_0的某区间（a，b）内有直至$n+1$阶导数，则当$x\in(a,b)$有

$$f(x)=f(x_0)+f'(x_0)(x-x_0)+\frac{1}{2!}f''(x_0)(x-x_0)^2+\cdots$$
$$+\frac{1}{n!}f^{(n)}(x_0)(x-x_0)^n+\frac{f^{(n+1)}(\xi)}{(n+1)!}(x-x_0)^{n+1}$$

（3）麦克劳林公式

$$f(x)=f(0)+f'(0)x+\frac{1}{2!}f''(0)x^2+\cdots+\frac{1}{n!}f^{(n)}(0)x^n+o(x^n)$$

$$f(x)=f(0)+f'(0)x+\frac{1}{2!}f''(0)x^2+\cdots+\frac{1}{n!}f^{(n)}(0)x^n+\frac{f^{(n+1)}(\xi)}{(n+1)!}x^{n+1}$$

3．洛必达法则（$\frac{0}{0}$型未定式）

如果函数$f(x)$和$\varphi(x)$在点x_0的左右近旁（除去点x_0）（或$|x|$相当大时）可导，且$\varphi'(x)\neq0$，又满足条件：

（1）$\lim\limits_{\substack{x\to x_0\\(x\to\infty)}}f(x)=0$，$\lim\limits_{\substack{x\to x_0\\(x\to\infty)}}\varphi(x)=0$；

（2）$\lim\limits_{\substack{x\to x_0\\(x\to\infty)}}\frac{f'(x)}{\varphi'(x)}$存在（或为无穷大）.

则

$$\lim_{\substack{x\to x_0\\(x\to\infty)}}\frac{f(x)}{\varphi(x)}=\lim_{\substack{x\to x_0\\(x\to\infty)}}\frac{f'(x)}{\varphi'(x)}.$$

对于$\frac{\infty}{\infty}$型未定式亦有类似的洛必达法则，此略.

4．函数单调性的判定法

设$f(x)$在$[a,b]$上连续，在（a,b）内可导，且$f'(x)>0$($f'(x)<0$)，则$f(x)$在$[a,b]$上是单调增加（单调减少）的.

5．函数的极值及其判定法

（1）定义

① 极值与极值点：设函数$f(x)$在点x_0的某个邻域内有定义，且

（i）若对邻域内任何点 x 恒有 $f(x)\leqslant f(x_0)$，则称 $f(x_0)$为函数的一个极大值，而 x_0 为极大值点.

（ii）若对邻域内任何点 x 恒有 $f(x)\geqslant f(x_0)$，则称 $f(x_0)$为函数的一个极小值，而 x_0 为极小值点.

极大值和极小值统称为极值，极大值点和极小值点统称为极值点.

② 驻点：导数为零的点（即方程 $f'(x)=0$ 的实根）称为函数 $f(x)$的驻点.

（2）判定法

① 极值存在的必要条件：设 $f(x)$在 x_0 可导，且在 x_0 取得极值，则 $f'(x_0)=0$.

② 极值的判定定理 1：设 $f(x)$在 x_0 近旁可导，且 $f'(x)=0$（或 $f'(x)$不存在），那么

（i）如果在 x_0 左右近旁，$f'(x)$由正变负，则 $f(x_0)$是函数的极大值；

（ii）如果在 x_0 左右近旁，$f'(x)$由负变正，则 $f(x_0)$是函数的极小值；

（iii）如果在 x_0 左右近旁，$f'(x)$不变号，则 $f(x_0)$不是函数的极值.

③ 极值的判定定理 2：设函数 $y=f(x)$在点 x_0 处存在二阶导数，且 $f'(x_0)=0$，$f''(x_0)\neq 0$，那么

（i）如果 $f''(x_0)>0$，则 $f(x_0)$是函数的极小值；

（ii）如果 $f''(x_0)<0$，则 $f(x_0)$是函数的极大值.

注意 如果 $f''(x_0)=0$，仍需用判定定理 1.

6．函数的最值及其应用

（1）闭区间$[a,b]$上连续函数 $f(x)$最值的求法：求出 $f(x)$在区间(a,b)上的所有驻点及不可导点处的函数值及两端点函数值，比较大小，最大者为 $f(x)$在$[a,b]$上的最大值，最小者为 $f(x)$在$[a,b]$上的最小值.

（2）最值的应用:往往根据实际情况，在所求区间上只有一个可能的极值点，即为所求值.

7．曲线的凹凸性、拐点及判定法

（1）定义

① 凹凸性：设 $f(x)$在(a,b)内连续，若在区间(a,b)内曲线位于其任一点切线的上方（下方），则称曲线 $y=f(x)$在（a,b）内是凹（凸）的，也称凹（凸）弧.

② 拐点：连续曲线上凹弧与凸弧的分界点称为曲线的拐点.

（2）判定法

① 凹凸性的判定法：设 $f(x)$在$[a,b]$上连续，在区间（a,b）内二阶可导．如果在（a,b）内 $f''(x)>0(f''(x)<0)$，则曲线 $y=f(x)$在（a,b）内是凹（凸）的.

② 拐点的判定法：设 $f(x)$在 x_0 左右近旁二阶可导，且 $f''(x_0)=0$（或 $f''(x)$不存在）．若在 x_0 两侧 $f''(x)$变号，则点（$x_0,f(x_0)$）是曲线 $y=f(x)$的拐点.

8．曲线的渐近线

（1）若 $\lim\limits_{\substack{x\to\infty \\ \left(\substack{x\to-\infty \\ x\to+\infty}\right)}} f(x)=b$，则直线 $y=b$ 为曲线 $y=f(x)$的水平渐近线.

（2）若 $\lim\limits_{\substack{x\to x_0 \\ \left(\substack{x\to x_0^- \\ x\to x_0^+}\right)}} f(x)=\infty$，则直线 $x=x_0$ 为曲线 $y=f(x)$的垂直渐近线.

9．微分法作图

微分法作图的一般步骤如下：

（1）确定函数 $y=f(x)$的定义域，考查函数的奇偶性；

（2）求出函数的一阶导数 $f'(x)$和二阶导数 $f''(x)$，解出方程 $f'(x)=0$ 和 $f''(x)=0$ 在函数的定义域内的全部实根，把函数的定义域分成几个部分区间；

（3）列表考查在各个部分区间内 $f'(x)$和 $f''(x)$的符号，并由此确定函数的单调性和极值，曲线的凹凸性和拐点；

（4）确定曲线的水平渐近线和垂直渐近线；

（5）找辅助点（如与坐标轴的交点等）；

（6）先描出上述关键性点（极值点、拐点、辅助点），然后结合步骤（3）、（4）中讨论的结果，把它们连成光滑的曲线，从而得到函数 $y=f(x)$的图形.

10．方程的近似解

（1）二分法：方程 $f(x)=0$ 在(a,b)内仅有一个实根 ξ，令 $a_0=a,b_0=b$，取$[a_{n-1},b_{n-1}]$的中点 $\xi n=\dfrac{a_{n-1}+b_{n-1}}{2}$，可求得$[a_n,b_n]$，实根 ξ 满足 $a_n<\xi<b_n$,且 $b_n-a_n=\dfrac{b-a}{2^n}$，如果将 a_n 或 b_n 作为 ξ 的近似值，则其误差小于 $\dfrac{b-a}{2^n}$.

（2）切线法：采取作切线的方法，即：当 $f(a)<0, f(b)>0, f'(x)>0, f''(x)<0$ 时，取 $x_0=a$ 作为方程 $f(x)=0$ 的根 ξ 的零次近似值（初值），过点$(x_0,f(x_0))$作曲线 $y=f(x)$ 的切线，与 x 轴的交点 $x_1=x_0-\dfrac{f(x_0)}{f'(x_0)}$ 作为方程 $f(x)=0$ 的根的一次近似值，再在$(x_1,f(x_1))$处作切线，可得根的二次近似值 x_2，重复上述步骤，方程 $f(x)=0$ 的根的 $n+1$ 次近似值 x_{n+1} 的迭代计算公式为 $x_{n+1}=x_n-\dfrac{f(x_n)}{f'(x_n)}$，$n=1,2,3,\cdots$.

本章测试

一、填空题

1．函数 $y=x^3-x^2-x+3$ 在区间$[0,1]$上满足拉格朗日中值定理的 $\xi=$____________.

2．函数 $y=3(x-1)^2$ 的驻点是________________.

3．函数 $y=x-\frac{3}{2}x^{\frac{2}{3}}$ 的极小值为______________.

4．$\lim\limits_{x\to\infty}\frac{x+\cos x}{x}=$______________.

5．函数 $y=\mathrm{e}^{-x^2}$ 的拐点是________________.

6．曲线 $y=\frac{4(x-1)}{x^2}-3$ 的水平渐近线为__________________，垂直渐近线为______________.

二、选择题

1．下列函数在给定区间上不满足拉格朗日定理的有（　　）.

A．$y=|x|$　　$[-1,2]$　　B．$y=4x^3-5x^2+x-1$　　$[0,1]$

C．$y=\ln\left(1+x^2\right)$　　$[0,3]$　　D．$y=\frac{2x}{1+x^2}$　　$[-1,1]$

2．函数 $y=\frac{x^3}{3}-x$ 单调增加区间是（　　）.

A．$(-\infty，-1)$　　B．$(-1，1)$

C．$(1，+\infty)$　　D．$(-\infty,-1)$ 和 $(1，+\infty)$

3．如果函数 $y=2+x-x^2$ 的极大值点是 $x=\frac{1}{2}$，则函数 $y=\sqrt{2+x-x^2}$ 的极大值是（　　）.

A．$\frac{1}{\sqrt{2}}$　　B．$\frac{9}{4}$　　C．$\frac{81}{16}$　　D．$\frac{3}{2}$

4．$(x_0,f(x_0))$ 是曲线 $y=f(x)$的拐点，则必有（　　）.

A．$x=x_0$ 是 $f(x)$的极值点　　B．$f''(x_0)=0$

C．$f''(x_0)=0$ 或 $f''(x_0)$不存在　　D．$f''(x_0)$不存在

5．下列结论中正确的有（　　）.

A．如果点 x_0 是函数 $f(x)$的极值点，则有 $f'(x_0)=0$

B．如果 $f'(x_0)=0$，则点 x_0 必是函数 $f(x)$的极值点

C．如果点 x_0 是函数 $f(x)$的极值点，且 $f'(x_0)$存在，则必有 $f'(x_0)=0$

D．函数 $f(x)$在区间 (a,b) 内的极大值一定大于极小值

三、计算题

1．求 $\lim\limits_{x\to0}\left(\frac{1}{x}-\frac{1}{\sin x}\right)$.

2．求函数 $y=x+\frac{1}{x}$ 的单调区间和极值.

3．求函数 $y=x^4-2x^3+1$ 的凸凹区间及拐点.

4．求函数 $f(x)=x^4-8x^2+2$ 在闭区间$[-1,3]$上的最值．

四、应用题

某地区防空洞的截面积拟建成矩形加半圆．截面的面积为 5 平方米，问底宽 x 为多少时才能使截面的周长最小？

五、证明题

当 $x>1$ 时，$e^x>e\cdot x$．

数学史话

第二次数学危机——无穷小量的创设

运算的完整性和应用范围的广泛性，使微积分成为解决问题的重要工具．同时关于微积分基础的问题也越来越严重．以求速度为例，瞬时速度是 $\frac{\Delta s}{\Delta t}$，当 Δt 趋向于 0 时的值．Δt 是 0、是很小的量，还是什么东西，这个无穷小量究竟是不是 0，这引起了极大的争论，从而引发了第二次数学危机．18 世纪的数学家成功地用微积分解决了许多实际问题，因此有些人就对这些基础问题的讨论不感兴趣．如达朗贝尔就说，现在是把“房子盖得更高些，而不是把基础打得更加牢固”．更有许多人认为所谓的严密化就是烦琐．但也因此，微积分的基础问题一直受到一些人的批判和攻击，其中最有名的是贝克莱主教在 1734 年的攻击．18 世纪的数学思想的确是不严密的、直观的、强调形式的计算，而不管基础的问题可靠与否，其中特别是：没有清楚的无穷小概念，因此导数、微分、积分等概念不清楚；对无穷大的概念也不清楚；发散级数求和的任意性；符号使用的不严格性；不考虑连续性就进行微分，不考虑导数及积分的存在性以及可否展成幂级数等．

第二次数学危机的解决：一直到 19 世纪 20 年代，一些数学家才开始比较关注于微积分的严格化基础．他们从波尔查诺、阿贝尔、柯西、狄里克莱等人的工作开始，最终由维尔斯特拉斯、戴德金和康托尔彻底完成，中间经历了半个多世纪，基本上解决了矛盾，为数学分析奠定了一个严格的基础．波尔查诺不承认无穷小数和无穷大数的存在，而且给出了连续性的正确定义．柯西在 1821 年的《代数分析方程》中从定义变量开始，认识到函数不一定要有解析表达式．他抓住了极限的概念，指出无穷小量和无穷大量都不是固定的量而是变量，并定义了导数和微分；阿贝尔指出要严格限制滥用级数展开及求和；狄里克莱给出了函数的现代定义．在这些数学工作的基础上，维尔斯特拉斯消除了其中不确切的地方，给出数集的上、下极限，极限点和连续函数等严格定义，并把导数、积分等概念都严格地建立在极限的基础上，从而克服了危机和矛盾．

牛顿

艾萨克·牛顿爵士是人类历史上出现过的最伟大、最有影响的科学家，同时也是物理学家、数学家和哲学家，晚年醉心于炼金术和神学．他在1687年7月5日发表的不朽著作《自然哲学的数学原理》里用数学方法阐明了宇宙中最基本的法则——万有引力定律和三大运动定律．这四条定律构成了一个统一的体系，被认为是“人类智慧史上最伟大的一个成就”，由此奠定了之后三个世纪中物理界的科学观点，并成为现代工程学的基础．牛顿为人类建立起“理性主义”的旗帜，开启工业革命的大门．牛顿逝世后被安葬于威斯敏斯特大教堂，成为在此长眠的第一个科学家．

第4章　不 定 积 分

众所周知，为解决物体运动速度、曲线的切线和极值等问题产生了导数和微分，构成了微积分学的一元函数微分学部分；实际上，几乎在同时，为解决变速运动的路程、已知切线的曲线以及平面面积与立体体积等问题，产生了不定积分和定积分，构成了微积分学的一元函数积分学部分.

不定积分是一元函数微积分的重要内容之一，不定积分运算是微分运算的逆运算，即从已知某函数的导数 $f'(x)$ 出发，求其函数 $f(x)$ 本身．本章内容是整个积分学，特别是定积分的基础，本章将介绍不定积分的概念及性质，讨论计算不定积分的换元积分法和分部积分法，最后介绍简单有理函数的不定积分.

重点难点提示

知识点	重点	难点	要求
不定积分概念	●		理解
不定积分性质	●		理解
不定积分基本公式	●		掌握
不定积分换元积分法	●	●	掌握
不定积分分部积分法	●	●	掌握
简单有理函数积分	●		了解

前面我们研究了已知一个可导函数 $F(x)$，求它导数 $F'(x)=f(x)$，但实际问题中，常会遇到与此相反的问题，即已知某函数的导数 $F'(x)=f(x)$，求函数 $F(x)$．这就是我们要学习的积分学基本问题.

4.1　不定积分概念及性质

4.1.1　原函数与不定积分的概念

定义 4.1　设 $f(x)$ 在区间 I 上有定义，若对 $\forall x\in I$，都有 $F'(x)=f(x)$ 或 $\mathrm{d}F(x)=f(x)\mathrm{d}x$，则称函数 $F(x)$ 为 $f(x)$ 在区间 I 上的一个原函数.

例如：当 $x\neq 0$ 时，$(\ln|x|)'=\dfrac{1}{x}$，故函数 $\ln|x|$ 是 $\dfrac{1}{x}$ 在 $(-\infty,0)\cup(0,+\infty)$ 上的一个原函数.

而什么样的函数存在原函数？若原函数存在，原函数有多少？又如何表示呢？

定理 4.1 （原函数存在定理）区间 I 上的连续函数一定有原函数.

例如：初等函数在定义区间上连续，所以初等函数在定义区间上一定有原函数.

定理 4.2 若 $F(x)$ 是 $f(x)$ 的一个原函数，则 $f(x)$ 的所有原函数可表示为 $F(x)+C$ （C 为任意常数）.

事实上，若 $F(x)$ 是 $f(x)$ 的一个原函数，因 $\left[F(x)+C\right]'=f(x)$（$C$ 为任意常数），则 $F(x)+C$ 也是 $f(x)$ 的原函数，由 C 的任意性，则 $f(x)$ 有无限多个原函数.

另一方面，设 $G(x)$ 是 $f(x)$ 的另一个原函数，即 $G'(x)=f(x)$，于是 $[G(x)-F(x)]'=0$，由拉格朗日中值定理的推论可知，$G(x)=F(x)+C$（C 为任意常数）.

因此，$f(x)$ 的所有原函数可表示为 $F(x)+C$（C 为任意常数）.

定义 4.2 若 $F(x)$ 是 $f(x)$ 在区间 I 上的一个原函数，则函数 $f(x)$ 的全体原函数 $F(x)+C$ 称为 $f(x)$ 在区间 I 上的不定积分，记作：$\int f(x)\mathrm{d}x$. 其中符号 $\int$ 称为积分号，x 称为积分变量，$f(x)$ 称为被积函数，$f(x)\mathrm{d}x$ 称为被积表达式. 即：$\int f(x)\mathrm{d}x=F(x)+C$.

通常，我们把 $f(x)$ 在区间 I 上的原函数的图形称为 $f(x)$ 的积分曲线，由定义知，$\int f(x)\mathrm{d}x$ 在几何上表示横坐标相同（设为 $x_0\in I$）的点处切线都平行（切线斜率均等于 $f'(x_0)$）的一族曲线（见图 4.1）.

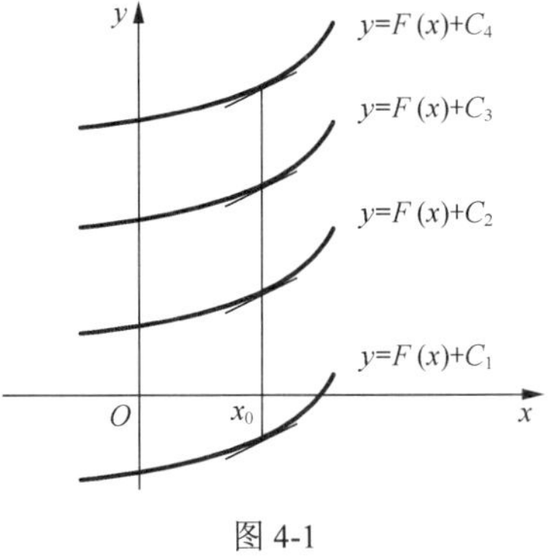

图 4-1

由定义知，求函数 $f(x)$ 的不定积分，就是求 $f(x)$ 的全体原函数，故求不定积分的运算实质上就是求导（或求微分）运算的逆运算.

【例 4.1】 求 $\int\frac{1}{x}\mathrm{d}x$.

解 当 $x>0$ 时，由于 $(\ln x)'=\frac{1}{x}$，故 $\int\frac{1}{x}\mathrm{d}x=\ln x+C$ ($x>0$)，

当 $x<0$ 时，由于 $[\ln(-x)]'=\frac{-1}{-x}=\frac{1}{x}$，故 $\int\frac{1}{x}\mathrm{d}x=\ln(-x)+C$ ($x<0$)，

合并上面两式，得到：$\int\frac{1}{x}\mathrm{d}x=\ln|x|+C$ ($x\neq 0$).

由不定积分定义和求导基本公式，便可得如下的基本积分公式：

（1） $\int k\mathrm{d}x=kx+C$ (k 是常数)

（2） $\int x^{\mu}\mathrm{d}x=\frac{x^{\mu+1}}{\mu+1}+C$ ($\mu\neq -1$)

（3） $\int \frac{1}{x} dx = \ln|x| + C$

（4） $\int a^x dx = \frac{a^x}{\ln a} + C$（$a > 0$ 且 $a \neq 1$）

（5） $\int e^x dx = e^x + C$

（6） $\int \sin x dx = -\cos x + C$

（7） $\int \cos x dx = \sin x + C$

（8） $\int \sec^2 x dx = \tan x + C$

（9） $\int \csc^2 x dx = -\cot x + C$

（10） $\int \sec x \tan x dx = \sec x + C$

（11） $\int \csc x \cot x dx = -\csc x + C$

（12） $\int \frac{dx}{\sqrt{1-x^2}} = \arcsin x + C = -\arccos x + C$

（13） $\int \frac{dx}{1+x^2} = \arctan x + C = -\text{arc}\cot x + C$

【例 4.2】 设曲线通过点$(2,5)$，且其任一点(x,y)处的切线斜率等于这点横坐标的两倍，求此曲线的方程.

解 设曲线方程为 $y = f(x)$，由于切线斜率 $k = f'(x) = 2x$，故 $y = \int 2x dx = x^2 + C$，由于曲线过点$(2,5)$，则 $C = 1$，故曲线方程为 $y = x^2 + 1$.

4.1.2 不定积分的性质

假设 $f(x)$、$g(x)$ 都存在原函数.

性质 1 不定积分运算与求导（或微分）运算互为逆运算.

（1） $(\int f(x)dx)' = f(x)$ 或 $d(\int f(x)dx) = f(x)dx$

（2） $\int f'(x)dx = f(x) + C$ 或 $\int df(x) = f(x) + C$

性质 2 函数和的不定积分等于每个函数不定积分的和.

$$\int [f(x) + g(x)]dx = \int f(x)dx + \int g(x)dx$$

证 对上式右端求导，得

$$[\int f(x)dx + g(x)dx]' = [\int f(x)dx]' + [\int g(x)dx]' = f(x) + g(x),$$

故 $\int [f(x) + g(x)]dx = \int f(x)dx + \int g(x)dx$.

性质 3 被积函数中不为零的常数因子可提到积分号前面.

$$\int kf(x)\,\mathrm{d}x = k\int f(x)\,\mathrm{d}x \quad（k\text{ 为非零常数}）$$

利用不定积分的性质和基本积分公式，可以求出一些简单函数的不定积分.

【例 4.3】 求 $\int\sqrt{x}(x^2-5)\mathrm{d}x$.

解 $\int\sqrt{x}(x^2-5)\mathrm{d}x = \int(x^{\frac{5}{2}}-5x^{\frac{1}{2}})\mathrm{d}x = \frac{2}{7}x^{\frac{7}{2}} - \frac{10}{3}x^{\frac{3}{2}} + C$.

【例 4.4】 求 $\int\frac{(x-1)^3}{x^2}\mathrm{d}x$.

解 $\int\frac{(x-1)^3}{x^2}\mathrm{d}x = \int\frac{x^3-3x^2+3x-1}{x^2}\mathrm{d}x = \int\left(x-3+\frac{3}{x}-\frac{1}{x^2}\right)\mathrm{d}x$

$=\frac{x^2}{2}-3x+3\ln|x|+\frac{1}{x}+C$.

【例 4.5】 求 $\int\frac{x^4}{1+x^2}\mathrm{d}x$.

解 $\int\frac{x^4}{1+x^2}\mathrm{d}x = \int\frac{x^4-1+1}{1+x^2}\mathrm{d}x = \int(x^2-1)\mathrm{d}x + \int\frac{1}{1+x^2}\mathrm{d}x = \frac{x^3}{3} - x + \arctan x + C$.

【例 4.6】 求 $\int 2^x\mathrm{e}^x\mathrm{d}x$.

解 $\int 2^x\mathrm{e}^x\mathrm{d}x = \int(2\mathrm{e})^x\mathrm{d}x = \frac{(2\mathrm{e})^x}{\ln(2\mathrm{e})}+C = \frac{2^x\mathrm{e}^x}{\ln 2+1}+C$.

【例 4.7】 求 $\int\tan^2 x\mathrm{d}x$.

解 $\int\tan^2 x\mathrm{d}x = \int(\sec^2 x-1)\mathrm{d}x = \tan x - x + C$.

【例 4.8】 求 $\int\frac{1}{\sin^2\frac{x}{2}\cos^2\frac{x}{2}}\mathrm{d}x$.

解 $\int\frac{1}{\sin^2\frac{x}{2}\cos^2\frac{x}{2}}\mathrm{d}x = \int\frac{4}{(\sin x)^2}\mathrm{d}x = 4\int\csc^2 x\mathrm{d}x = -4\cot x + C$.

【例 4.9】 求 $\int\sin^2\frac{x}{2}\mathrm{d}x$.

解 $\int\sin^2\frac{x}{2}\mathrm{d}x = \int\frac{1}{2}(1-\cos x)\mathrm{d}x = \frac{1}{2}(x-\sin x)+C$.

【例 4.10】 设 e^{-x} 是 $f(x)$ 的一个原函数，求 $\int x^2 f(\ln x)\mathrm{d}x$.

解 由已知 $(\mathrm{e}^{-x})' = f(x)$，即 $f(x) = -\mathrm{e}^{-x}$，亦即 $f(\ln x) = -\mathrm{e}^{-\ln x} = -\dfrac{1}{x}$，故 $\int x^2 f(\ln x)\mathrm{d}x = \int x^2(-\dfrac{1}{x})\mathrm{d}x = \int(-x)\mathrm{d}x = -\dfrac{1}{2}x^2 + C$.

习题 4-1

1．求下列不定积分：

（1）$\int\left(x\sqrt{x}+\dfrac{1}{x}+4^x\right)\mathrm{d}x$　　（2）$\int\cos^2\dfrac{x}{2}\mathrm{d}x$

（3）$\int\dfrac{2x^2+3}{x^2+1}\mathrm{d}x$　　（4）$\int\dfrac{\cos 2x}{\cos x+\sin x}\mathrm{d}x$

（5）$\int\dfrac{x+\sqrt{x}+3}{\sqrt{x}}\mathrm{d}x$　　（6）$\int 3^x\mathrm{e}^x\mathrm{d}x$

（7）$\int\dfrac{\cos 2x}{\sin^2 x\cos^2 x}\mathrm{d}x$　　（8）$\int\left(\dfrac{3}{1+x^2}-\dfrac{2\sqrt{1+x^2}}{\sqrt{1-x^4}}\right)\mathrm{d}x$

2．一曲线位于第一象限并过点 $\left(\mathrm{e}^2,3\right)$，且过曲线上任一点的斜率等于该点横坐标的倒数，求该曲线方程.

4.2 换元积分法与分部积分法

利用不定积分的性质和基本积分公式，所能计算的不定积分是十分有限的．本节介绍的换元积分法，就是将复合函数的求导法则用于求不定积分，通过适当的变量替换（换元），把某些不定积分化为基本积分公式表中所列的形式，再计算出所求的不定积分，简称换元法．换元法分为第一换元法和第二换元法．另外，分部积分法是利用两个函数乘积的求导法则，推导出的不定积分的另一种计算方法.

4.2.1 换元积分法

1．第一换元法（凑微分法）

设 $f(u)$ 具有原函数 $F(u)$，$u=\varphi(x)$ 可导，则有 $F'(u)=f(u)$，且 $\{F[\varphi(x)]\}' = f[\varphi(x)]\varphi'(x)$，即 $\mathrm{d}F[\varphi(x)] = f[\varphi(x)]\varphi'(x)\mathrm{d}x$，

故 $\int f[\varphi(x)]\varphi'(x)\mathrm{d}x = F[\varphi(x)]+C = F(u)+C = \int f(u)\mathrm{d}u$，其中 $u=\varphi(x)$.

定理 4.3 设 $f(u)$ 具有原函数 $F(u)$，$u=\varphi(x)$ 可导，则有第一换元公式

$$\int f[\varphi(x)]\varphi'(x)\mathrm{d}x = \int f[\varphi(x)]\mathrm{d}\varphi(x) \overset{u=\varphi(x)}{=} \int f(u)\mathrm{d}u = F(u)+C = F[\varphi(x)]+C.$$

利用第一换元法计算不定积分 $\int g(x)\mathrm{d}x$ 的基本思路是：

（1）变换积分形式．通过观察把 $g(x)$ 分解成函数 $f[\varphi(x)]$ 与 $\varphi'(x)$ 的乘积形式，即 $g(x)=f[\varphi(x)]\varphi'(x)$，故 $\int g(x)\mathrm{d}x=\int f[\varphi(x)]\varphi'(x)\mathrm{d}x$．

（2）凑微分、取变量代换．由 $\int f[\varphi(x)]\varphi'(x)\mathrm{d}x=\int f[\varphi(x)]\mathrm{d}\varphi(x)$，引入中间变量 $u=\varphi(x)$，故 $\int f[\varphi(x)]\varphi'(x)\mathrm{d}x=\int f(u)\,\mathrm{d}u$（熟练后取变量代换可略去），由此第一换元法也叫凑微分法．

（3）利用基本积分公式，求出积分 $\int f(u)\mathrm{d}u=F(u)+C$．

（4）代回原来的积分变量．将 $u=\varphi(x)$ 代入，有 $\int g(x)\mathrm{d}x=F[\varphi(x)]+C$．

【例 4.11】 求 $\int \sin 2x\mathrm{d}x$．

解 令 $u=2x$，则 $\mathrm{d}u=2\mathrm{d}x$

$$\int \sin 2x\mathrm{d}x=\frac{1}{2}\int \sin 2x\cdot 2\mathrm{d}x=\frac{1}{2}\int \sin 2x\cdot(2x)'\mathrm{d}x$$

$$=\frac{1}{2}\int \sin 2x\mathrm{d}(2x)=\frac{1}{2}\int \sin u\mathrm{d}u=-\frac{1}{2}\cos u+C=-\frac{1}{2}\cos 2x+C.$$

一般地，$\int f(ax+b)\mathrm{d}x=\frac{1}{a}\int f(ax+b)\mathrm{d}(ax+b)$，令 $u=ax+b$．

【例 4.12】 求 $\int x\mathrm{e}^{x^2}\mathrm{d}x$．

解 令 $u=x^2$，则 $\mathrm{d}u=2x\mathrm{d}x$，

$$\int x\mathrm{e}^{x^2}\mathrm{d}x=\frac{1}{2}\int \mathrm{e}^{x^2}\mathrm{d}x^2=\frac{1}{2}\int \mathrm{e}^{u}\mathrm{d}u=\frac{1}{2}\mathrm{e}^{u}+C=\frac{1}{2}\mathrm{e}^{x^2}+C$$

一般地，$\int x^{\mu-1}f(x^{\mu})\mathrm{d}x=\frac{1}{\mu}\int f(x^{\mu})\,\mathrm{d}x^{\mu}\,(\mu\neq 0)$，令 $u=x^{\mu}$．

【例 4.13】 求 $\int x\sqrt{1+x^2}\mathrm{d}x$．

解 令 $u=1+x^2$，则 $\mathrm{d}u=2x\mathrm{d}x$

$$\int x\sqrt{1+x^2}\mathrm{d}x=\frac{1}{2}\int \sqrt{u}\mathrm{d}u=\frac{1}{2}\int u^{\frac{1}{2}}\mathrm{d}u=\frac{1}{3}u^{\frac{3}{2}}+C=\frac{1}{3}(1+x^2)^{\frac{3}{2}}+C.$$

【例 4.14】 求 $\int \frac{1}{a^2+x^2}\mathrm{d}x\ (a>0)$．

解 $\int \frac{1}{a^2+x^2}\mathrm{d}x=\frac{1}{a^2}\int \frac{1}{1+(\frac{x}{a})^2}\mathrm{d}x=\frac{1}{a}\int \frac{1}{1+(\frac{x}{a})^2}\mathrm{d}(\frac{x}{a})=\frac{1}{a}\arctan\frac{x}{a}+C$．

【例 4.15】 求 $\int \frac{1}{\sqrt{a^2-x^2}}dx\,(a>0)$.

解 $\int \frac{1}{\sqrt{a^2-x^2}}dx=\frac{1}{a}\int \frac{1}{\sqrt{1-\left(\frac{x}{a}\right)^2}}dx=\int \frac{1}{\sqrt{1-\left(\frac{x}{a}\right)^2}}d\left(\frac{x}{a}\right)=\arcsin\frac{x}{a}+C$.

【例 4.16】 求 $\int \frac{1}{x^2-a^2}dx\,(a\neq 0)$.

解 $\int \frac{1}{x^2-a^2}dx=\frac{1}{2a}\int\left(\frac{1}{x-a}-\frac{1}{x+a}\right)dx=\frac{1}{2a}\left(\ln|x-a|-\ln|x+a|\right)+C$

$=\frac{1}{2a}\ln\left|\frac{x-a}{x+a}\right|+C$

一般地，当被积函数是两函数乘积，且其中一个能写成另一个的导数或另一个的一部分的导数时，可考虑凑微分方法；当运算熟练以后，可以省略设中间变量的步骤.

【例 4.17】 求 $\int \frac{1}{x(1+\ln x)}dx$.

解 $\int \frac{1}{x(1+\ln x)}dx=\int \frac{1}{1+\ln x}d(1+\ln x)=\ln|1+\ln x|+C$.

【例 4.18】 求 $\int \tan x dx$.

$\int \tan x dx=\int \frac{\sin x}{\cos x}dx=-\int \frac{1}{\cos x}d(\cos x)=-\ln|\cos x|+C$.

同理可得：$\int \cot x dx=\ln|\sin x|+C$.

【例 4.19】 求 $\int \sec x dx$.

解 $\int \sec x dx=\int \frac{1}{\cos x}dx=\int \frac{\cos x}{\cos^2 x}dx=\int \frac{d(\sin x)}{1-\sin^2 x}$

$=\frac{1}{2}\int\left(\frac{1}{1-\sin x}+\frac{1}{1+\sin x}\right)d(\sin x)=\frac{1}{2}\ln\left|\frac{1+\sin x}{1-\sin x}\right|+C$

$=\frac{1}{2}\ln\left|\frac{(1+\sin x)^2}{1-\sin^2 x}\right|+C=\ln\left|\frac{1+\sin x}{\cos x}\right|+C=\ln|\sec x+\tan x|+C$.

同理可得：$\int \csc x dx=\ln|\csc x-\cot x|+C$.

【例 4.20】 $\int \sin^3 x dx$.

解 $\int\sin^3 x\mathrm{d}x=\int\sin^2 x\cdot\sin x\mathrm{d}x=-\int(1-\cos^2 x)\,\mathrm{d}\cos x$

$=-\int\mathrm{d}\cos x+\int\cos^2 x\mathrm{d}\cos x=-\cos x+\frac{1}{3}\cos^3 x+C$.

【例 4.21】 $\int\cos^2 x\mathrm{d}x$.

$$\int\cos^2 x\mathrm{d}x=\int\frac{1+\cos 2x}{2}\mathrm{d}x=\frac{1}{2}\int\mathrm{d}x+\frac{1}{4}\int\cos 2x\mathrm{d}(2x)=\frac{x}{2}+\frac{\sin 2x}{4}+C.$$

一般地，被积函数中含有 $\sin x$ 或 $\cos x$ 的奇次幂时，常常拆项凑微分；含有 $\sin x$ 或 $\cos x$ 的偶次幂时，常使用二倍角公式降幂.

【例 4.22】 $\int\frac{1-x}{\sqrt{9-4x^2}}\mathrm{d}x$.

解 $\int\frac{1-x}{\sqrt{9-4x^2}}\mathrm{d}x==\int\frac{1}{\sqrt{9-4x^2}}\mathrm{d}x+\frac{1}{8}\int\frac{1}{\sqrt{9-4x^2}}\mathrm{d}(9-4x^2)$

$=\frac{1}{2}\arcsin\frac{2x}{3}+\frac{1}{4}\sqrt{9-4x^2}+C$.

2. 第二换元法

第一换元法解决问题的思路是：$\int f[\varphi(t)]\varphi'(t)\mathrm{d}t\overset{x=\varphi(t)}{=}\int f(x)\mathrm{d}x$.

若积分 $\int f(x)\mathrm{d}x$ 难求，而 $\int f[\varphi(t)]\varphi'(t)\mathrm{d}t$ 易求，则有 $\int f(x)\mathrm{d}x\overset{x=\varphi(t)}{=}\int f[\varphi(t)]\varphi'(t)\mathrm{d}t$.

定理 4.4 设 $x=\varphi(t)$ 是单调的、可导的函数，并且 $\varphi'(t)\neq 0$，又设 $f[\varphi(t)]\varphi'(t)$ 具有原函数 $F(t)$，则有第二换元公式

$$\int f(x)\,\mathrm{d}x=\int f[\varphi(t)]\,\varphi'(t)\mathrm{d}t=F(t)+C=F[\varphi^{-1}(x)]+C$$

其中 $t=\varphi^{-1}(x)$ 是 $x=\varphi(t)$ 的反函数.

证 由 $\varphi'(t)\neq 0$，知 $t=\varphi^{-1}(x)$ 的导数存在，且 $[\varphi^{-1}(x)]'=\frac{1}{\varphi'(t)}$，于是，

$$\{F[\varphi^{-1}(x)]\}'=\frac{\mathrm{d}F}{\mathrm{d}t}\cdot\frac{\mathrm{d}t}{\mathrm{d}x}=F'(t)\cdot[\varphi^{-1}(x)]'=f[\varphi(t)]\varphi'(t)\cdot\frac{1}{\varphi'(t)}=f[\varphi(t)]=f(x),$$

故 $F[\varphi^{-1}(x)]$ 为 $f(x)$ 的一个原函数，于是有 $\int f(x)\mathrm{d}x=F[\varphi^{-1}(x)]+C$.

利用第二换元法计算不定积分的基本思路是：换元 $\to$ 积分 $\to$ 代回.

（1）变换积分形式．通过变量代换 $x=\varphi(t)$，$\varphi(t)$ 可导且 $\varphi'(t)\neq 0$，将所求积分变换形式，即 $\int f(x)\mathrm{d}x\overset{x=\varphi(t)}{=}\int f[\varphi(t)]\varphi'(t)\mathrm{d}t$.

（2）利用基本积分公式．求出积分 $\int f[\varphi(t)]\varphi'(t)\mathrm{d}t=F(t)+C$.

（3）代回原来的积分变量．由 $x=\varphi(t)$ 解出 $t=\varphi^{-1}(x)$ 并代入，得

$$\int f(x)\mathrm{d}x = F[\varphi^{-1}(x)] + C .$$

第二换元法常用变量代换形式有：三角代换、根式代换.

三角代换：被积函数中含有平方和或平方差的二次根式时，利用三角函数代换，可变根式积分为三角函数积分.

【例 4.23】 求 $\int\sqrt{a^2-x^2}\mathrm{d}x \quad (a>0)$.

解 构造如图 4.2 所示三角形，令 $x = a\sin t\left(-\dfrac{\pi}{2}<t<\dfrac{\pi}{2}\right)$，

则 $\sqrt{a^2-x^2} = a\sqrt{1-\sin^2 t} = a\cos t$， $\mathrm{d}x = a\cos t\mathrm{d}t$ ，

于是， $\int\sqrt{a^2-x^2}\mathrm{d}x = \int a\cos t\cdot a\cos t\mathrm{d}t = a^2\int\cos^2 t\mathrm{d}t = a^2\int\dfrac{1+\cos 2t}{2}\mathrm{d}t$

$$= \frac{1}{2}a^2 t + \frac{a^2}{4}\sin 2t + C ,$$

因为 $x = a\sin t$ ，即 $t = \arcsin\dfrac{x}{a}$， $\sin t = \dfrac{x}{a}$， $\cos t = \dfrac{\sqrt{a^2-x^2}}{a}$，

所以 $\sin 2t = 2\sin t\cdot\cos t = 2\cdot\dfrac{x}{a^2}\sqrt{a^2-x^2}$ ，

原式 $= \dfrac{1}{2}a^2\arcsin\dfrac{x}{a} + \dfrac{x}{2}\sqrt{a^2-x^2} + C$.

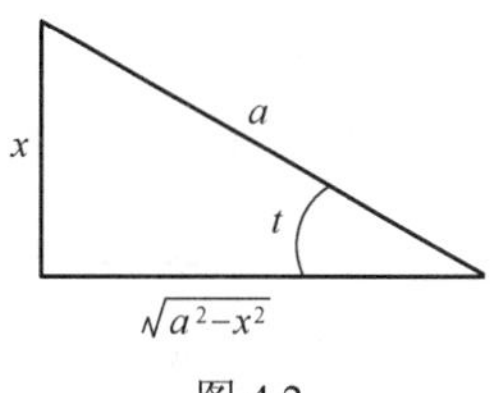

图 4.2

一般地，若被积函数 $f(x)$ 中含有 $\sqrt{a^2-x^2}$ ，则令三角函数代换 $x = a\sin t$ 或 $x = a\cos t$.

【例 4.24】 求 $\int\dfrac{\mathrm{d}x}{\sqrt{x^2+a^2}} \quad (a>0)$.

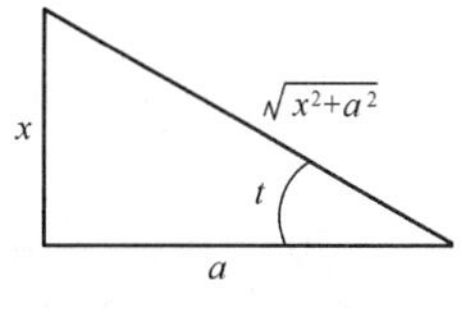

解 构造如图 4.3 所示三角形，令 $x = a\tan t\left(-\dfrac{\pi}{2}<t<\dfrac{\pi}{2}\right)$，

图 4.3

则 $\sqrt{x^2+a^2} = a\sqrt{1+\tan^2 t} = a\sec t$， $\mathrm{d}x = a\sec^2 t\mathrm{d}t$，

于是， $\int\dfrac{\mathrm{d}x}{\sqrt{x^2+a^2}} = \int\dfrac{1}{a\sec t}a\sec^2 t\mathrm{d}t = \int\sec t\mathrm{d}t = \ln\left|\sec t+\tan t\right| + C_1$

由 $x = a\tan t$，得 $\tan t = \dfrac{x}{a}$、 $\sec t = \dfrac{\sqrt{x^2+a^2}}{a}$，

$$\int\frac{\mathrm{d}x}{\sqrt{x^2+a^2}} = \ln\left|\frac{\sqrt{x^2+a^2}}{a}+\frac{x}{a}\right| + C_1 = \ln\left(x+\sqrt{x^2+a^2}\right) + C\ (C = C_1 - \ln a)$$

一般地，若被积函数中含有 $\sqrt{x^2+a^2}$ ，则令 $x = a\tan t$ 或 $x = a\cot t$.

【例 4.25】 求 $\int\frac{\mathrm{d}x}{\sqrt{x^2-a^2}}\ (a>0)$.

解 令 $x=a\sec t\left(0<t<\frac{\pi}{2}\right)$,

则 $\sqrt{x^2-a^2}=a\sqrt{\sec^2 t-1}=a\tan t$， $\mathrm{d}x=a\sec t\tan t\mathrm{d}t$，

于是，$\int\frac{\mathrm{d}x}{\sqrt{x^2-a^2}}=\int\frac{a\sec t\cdot\tan t}{a\tan t}\mathrm{d}t=\int\sec t\mathrm{d}t$

$=\ln\left|\sec t+\tan t\right|+C_1$

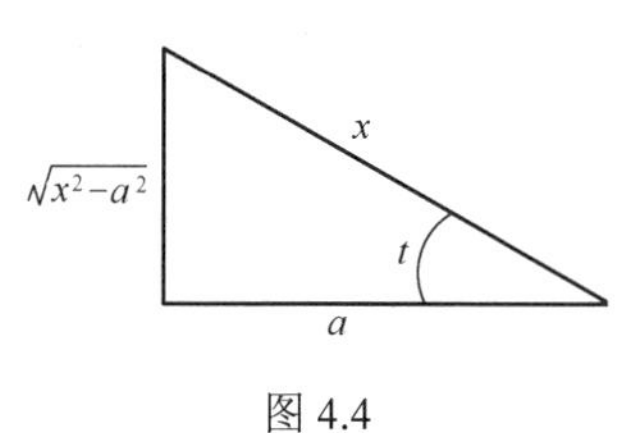

图 4.4

由 $x=a\sec t$ 得 $\sec t=\frac{x}{a}$、$\tan t=\frac{\sqrt{x^2-a^2}}{a}$,

$$\int\frac{\mathrm{d}x}{\sqrt{x^2-a^2}}=\ln\left|\frac{x}{a}+\frac{\sqrt{x^2-a^2}}{a}\right|+C_1=\ln\left(x+\sqrt{x^2-a^2}\right)+C\ (C=C_1-\ln a).$$

一般地，若被积函数中含有 $\sqrt{x^2-a^2}$，则令 $x=a\sec t$ 或 $x=a\csc t$.
由此，可得一些常用积分公式：

（14） $\int\tan x\mathrm{d}x=-\ln\left|\cos x\right|+C$

（15） $\int\cot x\mathrm{d}x=\ln\left|\sin x\right|+C$

（16） $\int\sec x\mathrm{d}x=\ln\left|\sec x+\tan x\right|+C$

（17） $\int\csc x\mathrm{d}x=\ln\left|\csc x-\cot x\right|+C$

（18） $\int\frac{1}{a^2+x^2}\mathrm{d}x=\frac{1}{a}\arctan\frac{x}{a}+C$

（19） $\int\frac{1}{x^2-a^2}\mathrm{d}x=\frac{1}{2a}\ln\left|\frac{x-a}{x+a}\right|+C$

（20） $\int\frac{1}{\sqrt{a^2-x^2}}\mathrm{d}x=\arcsin\frac{x}{a}+C$

（21） $\int\frac{1}{\sqrt{a^2+x^2}}\mathrm{d}x=\ln\left(x+\sqrt{a^2+x^2}\right)+C$

（22） $\int\frac{1}{\sqrt{x^2-a^2}}\mathrm{d}x=\ln\left|x+\sqrt{x^2-a^2}\right|+C$

【例 4.26】 求 $\int\frac{\mathrm{d}x}{x^2+2x+3}$.

解 利用公式 $\int\frac{1}{a^2+x^2}\mathrm{d}x=\frac{1}{a}\arctan\frac{x}{a}+C$，

$$\int\frac{\mathrm{d}x}{x^2+2x+3}=\int\frac{1}{(x+1)^2+2}\mathrm{d}x=\int\frac{1}{(x+1)^2+(\sqrt{2})^2}\mathrm{d}(x+1)=\frac{1}{\sqrt{2}}\arctan\frac{x+1}{\sqrt{2}}+C.$$

【例 4.27】 求 $\int\frac{\mathrm{d}x}{\sqrt{1+x-x^2}}$.

解 利用公式 $\int\frac{1}{\sqrt{a^2-x^2}}\mathrm{d}x=\arcsin\frac{x}{a}+C$，

$$\int\frac{\mathrm{d}x}{\sqrt{1+x-x^2}}=\int\frac{\mathrm{d}x}{\sqrt{\frac{5}{4}-\left(x-\frac{1}{2}\right)^2}}=\int\frac{1}{\sqrt{\left(\frac{\sqrt{5}}{2}\right)^2-\left(x-\frac{1}{2}\right)^2}}\mathrm{d}\left(x-\frac{1}{2}\right)$$

$$=\arcsin\frac{2x-1}{\sqrt{5}}+C.$$

（2）根式代换

被积函数中含有无理根式时，利用根式代换，可去掉被积函数中的根式.

【例 4.28】 求 $\int\frac{1}{1+\sqrt{x}}\mathrm{d}x$.

解 令 $t=\sqrt{x}$，则 $x=t^2$， $\mathrm{d}x=2t\mathrm{d}t$

$$\int\frac{1}{1+\sqrt{x}}\mathrm{d}x=\int\frac{1}{1+t}\cdot 2t\mathrm{d}t=2\int\frac{t}{1+t}\mathrm{d}t=2\int\frac{1+t-1}{1+t}\mathrm{d}t=2\int\left(1-\frac{1}{1+t}\right)\mathrm{d}t$$

$$=2(t-\ln|1+t|)+C=2(\sqrt{x}-\ln|1+\sqrt{x}|)+C.$$

【例 4.29】 求 $\int\frac{\mathrm{d}x}{\sqrt{x}+\sqrt[3]{x}}$.

解 令 $x=t^6$， $\mathrm{d}x=6t^5\mathrm{d}t$

$$\int\frac{1}{\sqrt{x}+\sqrt[3]{x}}\mathrm{d}x$$

$$=\int\frac{1}{t^3+t^2}\cdot 6t^5\mathrm{d}t=6\int\frac{t^3}{t+1}\mathrm{d}t=6\int\frac{t^3+1-1}{t+1}\mathrm{d}t=6\int\left(t^2-t+1-\frac{1}{t+1}\right)\mathrm{d}t$$

$$=2t^3-3t^2+6t-\ln|t+1|+C=2\sqrt{x}-3\sqrt[3]{x}+6\sqrt[6]{x}-\ln\left|\sqrt[6]{x}+1\right|+C.$$

【例 4.30】 求 $\int\frac{\sqrt{x-1}}{x}\mathrm{d}x$.

解 令 $u=\sqrt{x-1}$，则 $x=u^2+1$， $\mathrm{d}x=2u\mathrm{d}u$

$$\int\frac{\sqrt{x-1}}{x}\mathrm{d}x=\int\frac{u}{u^2+1}\cdot 2u\mathrm{d}u=2\int\frac{u^2+1-1}{u^2+1}\mathrm{d}u=2\int\left(1-\frac{1}{u^2+1}\right)\mathrm{d}u$$

$$=2u-2\arctan u+C=2\sqrt{x-1}-2\arctan\sqrt{x-1}+C.$$

4.2.2 分部积分法

设函数 $u=u(x)$ 及 $v=v(x)$ 具有连续导数，由于 $(uv)'=u'v+uv'$，即 $uv'=(uv)'-uv'$，等式两端积分，得 $\int uv'\mathrm{d}x=\int (uv)'\mathrm{d}x-\int u'v\mathrm{d}x=uv-\int u'v\mathrm{d}x$，即 $\int u\mathrm{d}v=u\cdot v-\int v\mathrm{d}u$，称为分部积分公式.

利用分部积分法计算不定积分的基本思路是：

（1）变换积分形式．将积分 $\int f(x)\mathrm{d}x$ 化为 $\int u\mathrm{d}v$，即 $\int f(x)\mathrm{d}x=\int u\mathrm{d}v$.

（2）选 u 和 $\mathrm{d}v$ 的原则．要使 v 容易求得，且 $\int v\mathrm{d}u$ 要比 $\int u\mathrm{d}v$ 易求.

（3）利用分部积分公式．通过计算积分 $\int v\mathrm{d}u$，进而求出积分 $\int f(x)\mathrm{d}x=\int u\mathrm{d}v$.

【例 4.31】 求 $\int x\cos x\mathrm{d}x$.

解 $\int x\cos x\mathrm{d}x=\int x\mathrm{d}\sin x=x\sin x-\int \sin x\mathrm{d}x \quad =x\sin x+\cos x+C$.

【例 4.32】 求 $\int x^2\mathrm{e}^x\mathrm{d}x$.

解 $\int x^2\mathrm{e}^x\mathrm{d}x=\int x^2\mathrm{d}\mathrm{e}^x=x^2\mathrm{e}^x-\int \mathrm{e}^x\mathrm{d}x^2=x^2\mathrm{e}^x-2\int x\mathrm{e}^x\mathrm{d}x$

$=x^2\mathrm{e}^x-2\int x\mathrm{d}\mathrm{e}^x=x^2\mathrm{e}^x-2x\mathrm{e}^x+2\int \mathrm{e}^x\mathrm{d}x=x^2\mathrm{e}^x-2x\mathrm{e}^x+2\mathrm{e}^x+C$

$=\mathrm{e}^x(x^2-2x+2)+C$.

【例 4.33】 求 $\int x\ln x\mathrm{d}x$.

解 $\int x\ln x\mathrm{d}x=\frac{1}{2}\int \ln x\mathrm{d}(x^2)=\frac{1}{2}x^2\ln x-\frac{1}{2}\int x^2\mathrm{d}\ln x$

$=\frac{1}{2}x^2\ln x-\frac{1}{2}\int x\mathrm{d}x=\frac{1}{2}x^2\ln x-\frac{1}{4}x^2+C$.

【例 4.34】 求 $\int \arccos x\mathrm{d}x$.

解 $\int \arccos x\mathrm{d}x=x\arccos x-\int x\mathrm{d}\arccos x=x\arccos x+\int \frac{x}{\sqrt{1-x^2}}\mathrm{d}x$

$=x\arccos x-\frac{1}{2}\int \frac{1}{\sqrt{1-x^2}}\mathrm{d}(1-x^2)=x\arccos x-\sqrt{1-x^2}+C$.

【例 4.35】 求 $\int x\arctan x\mathrm{d}x$.

解 $\int x\arctan x\mathrm{d}x=\frac{1}{2}\int \arctan x\mathrm{d}x^2=\frac{1}{2}x^2\arctan x-\frac{1}{2}\int x^2\mathrm{d}\arctan x$

$=\frac{1}{2}x^2\arctan x-\frac{1}{2}\int \frac{x^2}{1+x^2}\mathrm{d}x=\frac{1}{2}x^2\arctan x-\frac{1}{2}\int \frac{(1+x^2)-1}{1+x^2}\mathrm{d}x$

$$=\frac{1}{2}x^2\arctan x-\frac{1}{2}x+\frac{1}{2}\arctan x+C.$$

【例 4.36】 求 $\int e^x\sin x dx$.

解 $\int e^x\sin x dx=-\int e^x d\cos x=-e^x\cos x+\int\cos x de^x=-e^x\cos x+\int e^x d\sin x$

$$=-e^x\cos x+e^x\sin x-\int\sin x de^x=e^x(\sin x-\cos x)-\int e^x\sin x dx$$

即 $\int e^x\sin x dx=\frac{1}{2}e^x(\sin x-\cos x)+C$.

一般地，若被积函数是两个初等函数的乘积时，将 $\int f(x)dx$ 化为 $\int u dv$，选择函数 u 的优先顺序依次是：反三角函数→对数函数→幂函数→指数函数↔三角函数.

若被积函数是指数函数与正（余）弦函数的乘积，u、dv 可随意选取，但在两次分部积分中，必须选用同类型的函数为 u，以便经过两次分部积分后产生循环式，从而解出所求积分.

【例 4.37】 求 $\int e^{\sqrt{x}}dx$.

解 令 $\sqrt{x}=t$，则 $x=t^2$，$dx=2tdt$

$\int e^{\sqrt{x}}dx=2\int e^t tdt=2\int tde^t=2te^t-2\int e^t dt=2te^t-2e^t+C=2e^{\sqrt{x}}(\sqrt{x}-1)+C$.

【例 4.38】 求 $\int xf''(x)dx$.

解 $\int xf''(x)dx=\int xdf'(x)=xf'(x)-\int f'(x)dx=xf'(x)-f(x)+C$.

习题 4-2

1．在下列各式的括号中填入适当的数使等式成立：

（1）$xdx=(\quad)d(3x^2+4)$ （2）$e^{2x}dx=(\quad)de^{2x}$

（3）$\frac{1}{1+9x^2}dx=(\quad)d(\arctan 3x)$ （4）$\sin(\frac{3}{4}x)dx=(\quad)d\left(\cos\frac{3}{4}x\right)$

（5）$\frac{1}{x}dx=(\quad)d(3+2\ln|x|)$ （6）$\frac{x}{\sqrt{1-x^2}}dx=(\quad)d\sqrt{1-x^2}$

2．求下列不定积分：

（1）$\int(3-2x)^2dx$ （2）$\int e^{2-x}dx$

（3）$\int\frac{\sin\sqrt{x}}{\sqrt{x}}dx$ （4）$\int\cos x\sqrt{\sin x}dx$

（5）$\int\frac{1}{e^x+e^{-x}}dx$ （6）$\int\frac{1}{2x-3}dx$

（7）$\int x\sqrt{x+2}\mathrm{d}x$ （8）$\int\frac{1}{\sin x\cos x}\mathrm{d}x$

（9）$\int\frac{\arctan x}{1+x^2}\mathrm{d}x$ （10）$\int\frac{1}{(x+1)(x-2)}\mathrm{d}x$

（11）$\int\tan^3 x\sec x\mathrm{d}x$ （12）$\int\frac{1}{x\ln x\ln\ln x}\mathrm{d}x$

（13）$\int\frac{2x-1}{\sqrt{1-x^2}}\mathrm{d}x$ （14）$\int\frac{1}{\sqrt{16-9x^2}}\mathrm{d}x$

（15）$\int\frac{x-1}{x^2+2x+3}\mathrm{d}x$ （16）$\int\frac{1}{1+\sqrt{2x}}\mathrm{d}x$

（17）$\int\frac{\sqrt{x^2-9}}{x}\mathrm{d}x$ （18）$\int\frac{\mathrm{d}x}{x+\sqrt{1-x^2}}$

3．求下列不定积分：

（1）$\int x^2\cos x\mathrm{d}x$ （2）$\int x\mathrm{e}^{2x}\mathrm{d}x$

（3）$\int\ln 3x\mathrm{d}x$ （4）$\int\mathrm{e}^{-x}\cos x\mathrm{d}x$

（5）$\int\arctan x\mathrm{d}x$ （6）$\int x^2\ln x\mathrm{d}x$

（7）$\int x\sin 2x\mathrm{d}x$ （8）$\int\ln^2 x\mathrm{d}x$

（9）$\int\mathrm{e}^{\sqrt[3]{x}}\mathrm{d}x$ （10）$\int\frac{\ln x}{x^2}\mathrm{d}x$

4．已知 $f(x)$ 的一个原函数是 e^{-x^2}，求 $\int xf'(x)\mathrm{d}x$.

4.3 简单有理函数的积分

前面介绍了求不定积分的三种方法：第一换元法、第二换元法、分部积分法．下面介绍简单有理函数的积分．

有理函数是指由两个实系数多项式的商所表示的函数，其一般形式为

$$R(x)=\frac{P(x)}{Q(x)}=\frac{a_0x^n+a_1x^{n-1}+\cdots+a_n}{b_0x^m+b_1x^{m-1}+\cdots+b_m},$$

其中 n,m 为非负整数，$a_0,a_1\cdots a_n$ 与 $b_0,b_1\cdots b_m$ 都是常数，且 $a_0\neq 0$，$b_0\neq 0$. 若 $m>n$，则称它为真分式；若 $m\leqslant n$，则称它为假分式，由多项式的除法可知，假分式总可以化为一个多项式与一个真分式之和．

假定 $R(x)=\frac{P(x)}{Q(x)}$ 为真分式，由代数学有关理论知，$R(x)$ 必能分解成下列四种部分分式之和．

（1）$\dfrac{A}{x-a}$；（2）$\dfrac{A}{(x-a)^n}$（$n \geqslant 2$ 且为整数）；

（3）$\dfrac{Bx+C}{x^2+px+q}$ $(p^2-4q<0)$；（4）$\dfrac{Bx+C}{(x^2+px+q)^n}$ $(n=2,3,\cdots,\text{且}p^2-4q<0)$.

求有理函数不定积分的基本思路是：

（1）在实数域内将分母 $Q(x)$ 分解为多个一次或二次不可约多项式的乘积.

（2）根据分母的各个因式分别写出与之相对应的部分分式之和.

对形如 $(x-a)^k$ 的因式，它所对应的部分分式是 $\dfrac{A_1}{x-a}+\dfrac{A_2}{(x-a)^2}+\cdots+\dfrac{A_k}{(x-a)^k}$；

对形如 $(x^2+px+q)^k$ 的因式，它所对应的部分分式之和是

$$\frac{B_1x+C_1}{x^2+px+q}+\frac{B_2x+C_2}{(x^2+px+q)^2}+\cdots+\frac{B_kx+C_k}{(x^2+px+q)^k}.$$

（3）确定待定系数．一般的方法是将所有部分分式通分相加，所得分式分母即为原分母 $Q(x)$，而其分子亦应与原分子 $P(x)$ 恒等．于是，按同幂项系数必定相等，得到一组关于待定系数的线性方程，这组方程的解就是需要确定的系数.

由此待定系数法将有理真分式分解为部分分式之和.

（4）逐一计算各部分分式的积分.

【例 4.39】 求 $\displaystyle\int\frac{2x-1}{x^2-5x+6}\mathrm{d}x$.

解 $\dfrac{2x-1}{x^2-5x+6}=\dfrac{2x-1}{(x-3)(x-2)}$，

设 $\dfrac{2x-1}{x^2-5x+6}=\dfrac{A}{x-3}+\dfrac{B}{x-2}$，其中 A、B 为待定系数，两端去分母后，得

$$2x-1=A(x-2)+B(x-3)=(A+B)x-(2A+3B).$$

比较上式两端同次幂的系数，有 $\begin{cases}A+B=2\\2A+3B=1\end{cases}$，解得 $\begin{cases}A=5\\B=-3\end{cases}$

于是 $\displaystyle\int\frac{2x-1}{x^2-5x+6}\mathrm{d}x=\int\left(\frac{5}{x-3}-\frac{3}{x-2}\right)\mathrm{d}x=5\ln|x-3|-3\ln|x-2|+C$.

【例 4.40】 求 $\displaystyle\int\frac{x}{x^2+x+1}\mathrm{d}x$

解 $\displaystyle\int\frac{x}{x^2+x+1}\mathrm{d}x=\frac{1}{2}\int\frac{(2x+1)-1}{x^2+x+1}\mathrm{d}x=\frac{1}{2}\int\frac{2x+1}{x^2+x+1}\mathrm{d}x-\frac{1}{2}\int\frac{1}{x^2+x+1}\mathrm{d}x$

$$=\frac{1}{2}\int\frac{\mathrm{d}(x^2+x+1)}{x^2+x+1}-\frac{1}{2}\int\frac{\mathrm{d}\left(x+\frac{1}{2}\right)}{\left(x+\frac{1}{2}\right)^2+\frac{3}{4}}=\frac{1}{2}\ln(x^2+x+1)-\frac{1}{\sqrt{3}}\arctan\frac{2x+1}{\sqrt{3}}+C$$

【例 4.41】 求 $\int\frac{x+2}{(2x+1)(x^2+x+1)}\mathrm{d}x$.

解 设 $\frac{x+2}{(2x+1)(x^2+x+1)}=\frac{A}{2x+1}+\frac{Bx+C}{x^2+x+1}$ ，则

$$x+2=A(x^2+x+1)+(Bx+C)(2x+1)=(A+2B)x^2+(A+B+2C)x+A+C .$$

有 $\begin{cases}A+2B=0\\A+B+2C=1\\A+C=2\end{cases}$，解得 $\begin{cases}A=2\\B=-1\\C=0\end{cases}$

于是， $\int\frac{x+2}{(2x+1)(x^2+x+1)}\mathrm{d}x=\int(\frac{2}{2x+1}-\frac{x}{x^2+x+1})\mathrm{d}x$

$$=\ln|2x+1|-\frac{1}{2}\ln(x^2+x+1)+\frac{1}{\sqrt{3}}\arctan\frac{2x+1}{\sqrt{3}}+C .$$

【例 4.42】 试求积分 $\int\frac{2x+2}{(x-1)(x^2+1)^2}\mathrm{d}x$.

解 用待定系数法得， $\frac{2x+2}{(x-1)(x^2+1)^2}=\frac{1}{x-1}-\frac{x+1}{x^2+1}-\frac{2x}{(x^2+1)^2}$.

$$\int\frac{2x+2}{(x-1)(x^2+1)^2}\mathrm{d}x=\int\left(\frac{1}{x-1}-\frac{x+1}{x^2+1}-\frac{2x}{(x^2+1)^2}\right)\mathrm{d}x$$

$$=\ln|x-1|-\frac{1}{2}\int\frac{1}{x^2+1}\mathrm{d}(x^2+1)-\int\frac{1}{x^2+1}\mathrm{d}x-\int\frac{1}{(x^2+1)^2}\mathrm{d}(x^2+1)$$

$$=\ln|x-1|-\frac{1}{2}\ln(x^2+1)-\arctan x+\frac{1}{x^2+1}+C$$

$$=\ln\frac{|x-1|}{\sqrt{x^2+1}}-\arctan x+\frac{1}{x^2+1}+C .$$

【例 4.43】 求 $\int\frac{1}{x(x^7+2)}\mathrm{d}x$.

解 $\int\frac{1}{x(x^7+2)}\mathrm{d}x=\int\frac{x^6}{x^7(x^7+2)}\mathrm{d}x=\frac{1}{14}\int\left(\frac{1}{x^7}-\frac{1}{x^7+2}\right)\mathrm{d}(x^7)$

$$=\frac{1}{2}\ln|x|-\frac{1}{14}\ln|x^7+2|+C .$$

前面几节介绍了不定积分的概念及计算方法．必须指出的是：初等函数在定义区间上的不定积分一定存在，但有很多初等函数，它的不定积分是存在的，但它们的不定积分却无法用初等函数表示出来，如积分 $\int e^{-x^2}\mathrm{d}x$, $\int\frac{\sin x}{x}\mathrm{d}x$, $\int\frac{\mathrm{d}x}{\ln x}$ 等.

习题 4-3

求下列不定积分：

1. $\int \frac{2x+3}{x^2+3x-10}\mathrm{d}x$

2. $\int \frac{1}{x(x^2+1)}\mathrm{d}x$

3. $\int \frac{x}{(x+1)(x+2)(x+3)}\mathrm{d}x$

4. $\int \frac{x+1}{x^2-2x+5}\mathrm{d}x$

本 章 小 结

一、知识体系

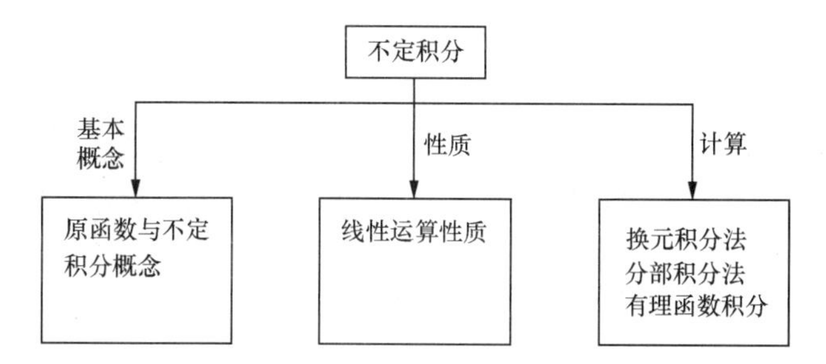

二、主要内容

1．原函数与不定积分的概念.

2．原函数存在定理.

3．不定积分的线性性质：$\int [k_1 f_1(x) \pm k_2 f_2(x)]\mathrm{d}x = k_1 \int f_1(x)\mathrm{d}x \pm k_2 \int f_2(x)\mathrm{d}x$.

4．不定积分基本公式.

5．不定积分的第一换元法：

$$\int g(x)\mathrm{d}x \overset{\text{观察}}{=} \int f[\varphi(x)]\varphi'(x)\mathrm{d}x \overset{y'\mathrm{d}x=\mathrm{d}y}{=} \int f[\varphi(x)]\mathrm{d}\varphi(x) \overset{\varphi(x)=u}{=} \int f(u)\mathrm{d}u$$

$$\overset{\text{基本公式}}{=} F(u)+C \overset{u=\varphi(x)}{=} F[\varphi(x)]+C.$$

6．不定积分的第二换元法：

$$\int f(x)\mathrm{d}x \overset{\substack{x=\varphi(t)\\ \mathrm{d}x=\varphi'(t)\mathrm{d}t}}{=} \int f[\varphi(t)]\varphi'(t)\mathrm{d}t \overset{\text{基本公式}}{=} F(t)+C \overset{t=\varphi^{-1}(x)}{=} F\left[\varphi^{-1}(x)\right]+C.$$

常用的第二换元法形式：三角代换、根式代换

1°三角代换

若被积函数含有$\sqrt{a^2-x^2}$，一般令$x=a\sin t$（或$x=a\cos t$）.

若被积函数含有$\sqrt{x^2-a^2}$，一般令$x=a\sec t$或$x=a\csc t$.

若被积函数含有$\sqrt{x^2+a^2}$，一般令$x=a\tan t$或$x=a\cot t$.

2° 根式代换

若被积函数只含有根式$\sqrt{ax+b}$(或$\sqrt{\frac{ax+b}{cx+d}}$)，令$t=\sqrt{ax+b}$(或$\sqrt{\frac{ax+b}{cx+d}}$)；

若被积函数是$\sqrt[n_1]{x},\sqrt[n_2]{x},\cdots,\sqrt[n_k]{x}$的有理式时，设$n$为$n_i(1\leqslant i\leqslant k)$的最小公倍数，作代换$x=t^n, \mathrm{d}x=nt^{n-1}\mathrm{d}t$．可化被积函数为$t$的有理函数.

7．分部积分法：$\int u\mathrm{d}v=u\cdot v-\int v\mathrm{d}u$．

8．简单有理函数积分的方法.

本 章 测 试

一、选择题

1．如果在区间(a,b)内$f'(x)=g'(x)$，则一定有（　　）.

A．$f(x)=g(x)$　　B．$f(x)=g(x)+C$

C．$[\int f(x)\,\mathrm{d}x]'=[\int g(x)\,\mathrm{d}x]'$　　D．$\int f'(x)\,\mathrm{d}x=\int g'(x)\,\mathrm{d}x$

2．若$\frac{\ln x}{x}$为$f(x)$的一个原函数，则$\int xf'(x)\mathrm{d}x=$（　　）.

A．$\frac{\ln x}{x}+C$　　B．$\frac{1+\ln x}{x^2}+C$

C．$\frac{1}{x}+C$　　D．$\frac{1}{x}-\frac{2\ln x}{x}+C$

3．下列关系式正确的是（　　）.

A．$\mathrm{d}[\int f(x)\,\mathrm{d}x]=f(x)$　　B．$\int f'(x)\,\mathrm{d}x=f(x)$

C．$\frac{\mathrm{d}}{\mathrm{d}x}[\int f(x)\,\mathrm{d}x]=f(x)$　　D．$[\int f(x)\,\mathrm{d}x]'=f(x)+C$

4．若$\int f(x)\,\mathrm{d}x=F(x)+C$，则$\int xf(x^2+1)\,\mathrm{d}x=$（　　）.

A．$F(x^2+1)$　　B．$F(x^2+1)+C$

C．$2F(x^2+1)+C$　　D．$\frac{1}{2}F(x^2+1)+C$

5．已知$\int f(x)\,\mathrm{d}x=x\mathrm{e}^{-x}+C$，则$f(x)=$（　　）.

A．$x\mathrm{e}^{-x}+C$　　B．$x\mathrm{e}^{-x}$

C．$(1-x)\mathrm{e}^{-x}$　　D．$(1+x)\mathrm{e}^{-x}$

6．设函数$f(x)=\mathrm{e}^{-x}$，则$\int\frac{f'(\ln x)}{x}\,\mathrm{d}x=$（　　）.

A．$-\frac{1}{x}+C$　　B．$\frac{1}{x}+C$

C. $-\ln x+C$

D. $\ln x+C$

7. 下列各式中，计算正确的是（　　）.

A. $\int\frac{1}{1-x}\mathrm{d}x=\int\frac{1}{1-x}\mathrm{d}(1-x)=\ln|1-x|+C$

B. $\int\cos 2x\mathrm{d}x=\sin 2x+C$

C. $\int\frac{1}{1+\mathrm{e}^x}\mathrm{d}x=\ln(1+\mathrm{e}^x)+C$

D. $\int\frac{\tan^2 x}{1-\sin^2 x}\mathrm{d}x=\int\tan^2 x\mathrm{d}\tan x=\frac{1}{3}\tan^3 x+C$

8. $\int\frac{\mathrm{e}^{2x}}{\sqrt{4-\mathrm{e}^{4x}}}\mathrm{d}x=$（　　）.

A. $\arcsin\frac{\mathrm{e}^{2x}}{2}+C$

B. $\frac{1}{2}\arcsin\frac{\mathrm{e}^{2x}}{2}+C$

C. $\frac{1}{4}\arcsin\frac{\mathrm{e}^{2x}}{2}+C$

D. $2\arcsin\frac{\mathrm{e}^{2x}}{2}+C$

9. $\int\ln\frac{x}{2}\mathrm{d}x=$（　　）.

A. $x\ln\frac{x}{2}-2x+C$

B. $x\ln\frac{x}{2}-4x+C$

C. $x\ln\frac{x}{2}-x+C$

D. $x\ln\frac{x}{2}+x+C$

10. $\int\mathrm{d}\arcsin\sqrt{x}=$（　　）.

A. $\arcsin\sqrt{x}$

B. $\arcsin\sqrt{x}+C$

C. $\arccos\sqrt{x}$

D. $\arccos\sqrt{x}+C$

二、填空题

1. $\int\frac{1}{2-3x}\mathrm{d}x=$________________.

2. $\int\frac{\mathrm{e}^{2x}-1}{\mathrm{e}^x+1}\mathrm{d}x=$________________.

3. $\int\frac{1}{\sqrt{1-9x^2}}\mathrm{d}x=$________________.

4. $\frac{\mathrm{d}}{\mathrm{d}x}\int f(x)\,\mathrm{d}(\arctan x)=$________________.

三、求下列不定积分

1. $\int\frac{\arcsin x}{\sqrt{1-x^2}}\mathrm{d}x$

2. $\int 2^x 3^{-x}\mathrm{d}x$

3. $\int \frac{\cos x}{1+\sin x} \mathrm{d}x$　　4. $\int x \sin(x^2+1) \mathrm{d}x$

5. $\int x^3 \ln x \mathrm{d}x$　　6. $\int \frac{1}{2+\sqrt{x+2}} \mathrm{d}x$

四、设某企业生产一种产品，其边际成本 C'（美元）与日产量 x（千克）关系为：$C'=x+5$（美元/千克），其固定成本为2000美元，试求成本函数.

说明：成本是产量的函数，成本函数 $C(x)$=变动成本+固企成本；边际成本为 $C'(x)$.

五、设某商品的需求量 Q 是价格 P 的函数，该商品的最大需求量为 1000（即 $P=0$ 时，$Q=1000$），已知需求量的变化率（边际需求）为 $Q'(P)=-1000\cdot\ln 3\cdot(\frac{1}{3})^P$，求需求量 Q 与价格 P 的函数关系.

说明：需求量是价格的函数，$Q=Q(P)$；边际需求为 $Q'(P)$.

数学史话

第三次数学危机——集合悖论的产生

数学的严格基础，自古希腊以来就是数学家们追求的目标，经历了第一次与第二次数学危机，经受住了两次巨大的考验，而19世纪末分析严格化的最高成就——集合论，似乎给数学家们带来了一劳永逸摆脱基础危机的希望. 尽管集合论的相容性尚未证明，但许多人认为这只是时间问题，庞加莱甚至在1900年巴黎国际数学家大会上宣称："现在我们可以说，完全的严格性已经达到了！"但就在第二年，英国数学家罗素却以一个简单明了的集合论"悖论"，打破了人们的上述希望，引起了关于数学基础的新的争论，史称数学史上的第三次危机.

罗素的悖论是：以 M 表示是其自身成员的集合（如一切概念的集合仍是一个概念）的集合，N 表示不是其自身成员的集合（如所有人的集合不是一个人）的集合. 然后问：集合 N 是否为它自身的成员？如果 N 是它自身的成员，则 N 属于 M 而不属于 N，也就是说 N 不是它自身的成员；另一方面，如果 N 不是它自身的成员，则 N 属于 N 而不属于 M，也就是说 N 是它自身的成员. 无论出现哪一种情况，都将导致矛盾的结论.

1919年罗素又给上述悖论以通俗的形式，即所谓"理发师悖论"：某乡村理发师宣布一条原则，他给所有不给自己刮脸的人刮脸，并且只给这样的人刮脸. 一位乡邻好事者问理发师："你是否自己给自己刮脸？"如果他给自己刮脸，他就不符合他提出的原则，因此他不应该给自己刮脸；如果他不给自己刮脸，那么根据他的原则，他就应该给自己刮脸.

在罗素以前，实质上相同的悖论已经有人发现，如意大利数学家布拉里—福蒂1897年曾首先提出一个关于序数的悖论；康托尔本人在1899年也在给戴德金的一封信中提出过一个关于基数的悖论，他说如果人们要是想不陷入矛盾的话，就不能谈论一切集合的集合．因为这样的集合（记为 U）的基数应该是最大的，但按照康托尔已经证明的事实，这个集合所有的子集的集合 S（依定义它是 U 的成员）其基数必大于该集合本身的基数．由于布拉里—福蒂悖论和康托尔的悖论都涉及相当专门的术语和概念，在当时并没有引起重视，人们一般以为它们只是因某些推理环节上的失误所致．罗素的悖论却不同，除了集合概念外并不涉及任何其他概念，从而明白无疑地揭示了集合论本身确实存在着矛盾，在数学界引起了一片震惊．

法国数学家弗雷格在他刚刚完成的符号逻辑专著《算术基础》第 2 卷处写道：“一个科学家不会碰到比这更令人尴尬的事情了，即在一项工作完成的时候，它的基础性却在崩溃，当这部著作即将付印之际，罗素先生的一封信就使我处于这种境地．”罗素本人认为这类悖论的产生是由于一个待定义对象是用了包含该对象在内的一类对象来定义．这种定义也叫“非直谓定义”．不久，策梅洛等人进一步指出分析中一些基本概念（如一非空实数集的最小上界即上确界等）的定义也都是属于非直谓定义，因此不仅集合论，而且整个经典分析都包含着悖论．

为了消除悖论，数学家们首先求助于将康托尔以相当随意的方式叙述“朴素集合论”加以公理化．第一个集合论公理系统是 1908 年由策梅洛提出的，后经弗兰克尔改进，形成了今天常用的策梅洛—弗兰克尔公理系统，通过对集合类型加以适当限制（满足一定的公理），这种公理化的集合论达到了避免罗素悖论的目的，而所加限制使康托尔集合论中对于开展全部经典分析所需要的主要内容得以保留．但策梅洛—弗兰克尔系统本身是否保证不会出现新的矛盾呢？这也是任何公理系统必须解决的相容性问题，策梅洛—弗兰克尔系统的相容性尚无证明．因此庞加莱形象地评论道：“为了防狼，羊群已经用篱笆圈起来了，但却不知道圈内有没有狼．”

看到这里，请同学们思考生活中的一个案例：大家买新手机后，都有一个使用手册，常常看到按任意键可以接听的使用功能，那是否可以按开机键接听呢？开机键和关机键是一个键哦！

伯特兰·罗素（Russell）是英国世袭贵族之姓，后成为英国男性常用名，意为“勇敢的人”或“红色的小动物”．罗素贵族家族除了第一代约翰·罗素勋爵外，还有赫赫有名的第三代伯特兰·罗素伯爵．后者是 20 世纪英国哲学家、数学家、逻辑学家、历史学家，1950 年诺贝尔文学奖获得者，分析哲学创始人之一．著有《罗素自传》、《意义与真理的探索》、《人类的知识：它的范围和界限》等．

第5章　定积分及其应用

定积分是一元函数积分学的重要内容，它是由解决几何问题与物理问题而引入的，利用定积分可以求平面图形面积、立体体积，可以讨论变速运动的路程、变力做功等问题.

定积分起源于求变速运动的路程、已知切线的曲线以及面积与体积等实际问题，古希腊阿基米德用“穷竭法”，我国古代刘徽用“割圆术”，都曾计算过一些面积和体积，这些均为定积分的雏形. 直到17世纪中叶，牛顿和莱布尼茨先后发现了积分与微分之间的内在联系，给出了微积分基本公式，由此得到计算定积分的一般方法，从而使定积分成为解决实际问题的有力工具.

本章先从曲边梯形面积问题引入定积分的概念，然后讨论定积分的性质、计算方法，以及定积分在几何与物理学中的应用，并简单介绍了反常积分的概念.

重点难点提示

知识点	重点	难点	要求
定积分概念	●		理解
定积分性质	●		掌握
微积分基本定理	●	●	掌握
变上限积分	●		理解
定积分换元积分法	●	●	掌握
定积分分部积分法	●	●	掌握
反常积分	●		了解
定积分的微元法	●	●	掌握
定积分的应用	●	●	掌握

5.1　定积分的概念及性质

本节主要讨论定积分概念和定积分的性质.

5.1.1　定积分的概念

1. 曲边梯形的面积

如图5.1所示，设 $y=f(x)$ 在 $[a,b]$ 上非负、连续，由直线 $x=a, x=b, y=0$ 及曲线 $y=f(x)$ 所围成的图形称为曲边梯形，其中曲线弧 $y=f(x), x\in[a,b]$ 称为曲边.

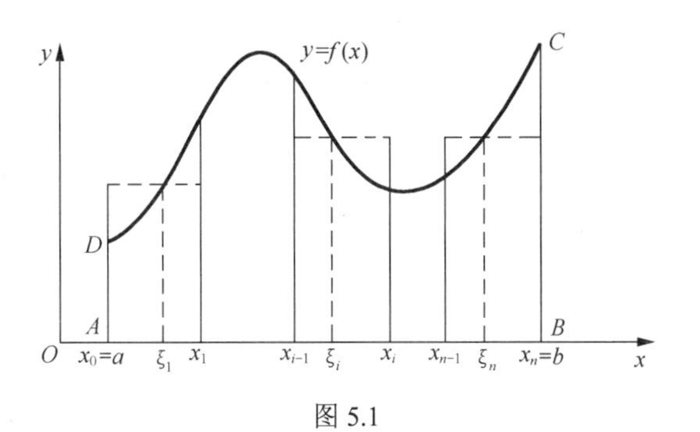

图 5.1

利用以下四个步骤，求曲边梯形面积：

① 分割（化整为零）：在区间$[a,b]$中任意插入$n-1$个分点$a=x_0<x_1<x_2<\cdots<x_{n-1}<x_n=b$，将区间$[a,b]$任意分成$n$个小区间$[x_{i-1},x_i](i=1,2,\cdots,n)$，每个区间长度为$\Delta x_i=x_i-x_{i-1}$，经过分点$x_i$作平行于$y$轴的直线段，把曲边梯形分成$n$个小曲边梯形.

② 取点（以直代曲）：在每个小区间$[x_{i-1},x_i]$上任意取一点ξ_i，作以$[x_{i-1},x_i]$为底，$f(\xi_i)$为高的小矩形，用小矩形面积代替小曲边梯形面积ΔA_i：

$$\Delta A_i\approx f(\xi_i)\Delta x_i(i=1,2,\cdots,n)$$

③ 求和（积零为整）：当分点越多，Δx_i越小，小矩形面积之和越接近于曲边梯形面积

$$A=\sum_{i=1}^{n}\Delta A_i\approx\sum_{i=1}^{n}f(\xi_i)\Delta x_i$$

④ 取极限（由近似到精确）：记$\lambda=\max\limits_{1\leqslant i\leqslant n}\{\Delta x_i\}$（即区间长度最大值），当分点无限增多，且当$\lambda\to 0$时，取和式的极限，便得曲边梯形的面积$A=\lim\limits_{\lambda\to 0}\sum\limits_{i=1}^{n}f(\xi_i)\Delta x_i$.

2. 定积分概念

定义 5.1 设函数$f(x)$在$[a,b]$上有界，在$[a,b]$中任意插入$n-1$个分点：$a=x_0<x_1<x_2<\cdots<x_{n-1}<x_n=b$，把区间$[a,b]$任意分成$n$个小区间$[x_{i-1},x_i](i=1,2,\cdots,n)$，每个小区间的长度为$\Delta x_i=x_i-x_{i-1}$，在每个小区间$[x_{i-1},x_i]$上任取一点$\xi_i$ $(x_{i-1}\leqslant\xi_i\leqslant x_i)$，作乘积$f(\xi_i)\Delta x_i$，求和$S_n=\sum\limits_{i=1}^{n}f(\xi_i)\Delta x_i$，记$\lambda=\max\limits_{1\leqslant i\leqslant n}\{\Delta x_i\}$. 如果不论对$[a,b]$怎样分法，也不论在小区间$[x_{i-1},x_i]$上点$\xi_i$怎样取法，只要当$\lambda\to 0$时，和$S_n$总趋于确定的极限$I$，这时称$I$为$f(x)$在$[a,b]$上的定积分，记作$\int_a^b f(x)\mathrm{d}x$，即$\int_a^b f(x)\mathrm{d}x=I=\lim\limits_{\lambda\to 0}\sum\limits_{i=1}^{n}f(\xi_i)\Delta x_i$.

其中，$f(x)$ 称为被积函数，x 称为积分变量，a 称为积分下限，b 称为积分上限，$[a,b]$ 称为积分区间，$f(x)\mathrm{d}x$ 称为被积表达式，$\sum_{i=1}^{n} f(\xi_i)\Delta x_i$ 称为 $f(x)$ 的积分和.

若 $f(x)$ 在区间 $[a,b]$ 上的定积分 $\int_a^b f(x)\mathrm{d}x$ 存在，那么就称 $f(x)$ 在区间 $[a,b]$ 上可积，且积分值仅与被积函数及积分区间有关，而与积分变量的符号无关．即

$$\int_a^b f(x)\mathrm{d}x = \int_a^b f(t)\mathrm{d}t = \int_a^b f(u)\mathrm{d}u .$$

若 $f(x)$ 在 $[a,b]$ 上满足下列两个条件之一，则 $f(x)$ 在区间 $[a,b]$ 上可积.

（1）$f(x)$ 在区间 $[a,b]$ 上连续；

（2）$f(x)$ 在 $[a,b]$ 上有界，且只有有限个间断点.

3. 定积分的几何意义

在 $[a,b]$ 上，当 $f(x) \geqslant 0$ 时，$\int_a^b f(x)\mathrm{d}x$ 表示由曲线 $y=f(x)$，两条直线 $x=a, x=b$ 与 x 轴所围成的曲边梯形的面积 S；在 $[a,b]$ 上，当 $f(x)<0$ 时，$\int_a^b f(x)\mathrm{d}x = -S$.

一般情况下 $\int_a^b f(x)\mathrm{d}x$ 的几何意义为：它是介于 x 轴，函数 $y=f(x)$的图形及两条直线 $x=a, x=b$ 之间各部分面积的代数和.

【例 5.1】 利用定积分定义，计算由曲线 $y=x^2$、x 轴、直线 $x=0, x=1$ 所围成的曲边梯形的面积.

解 由定积分几何意义知，所求面积为 $S=\int_0^1 x^2\mathrm{d}x$，由于函数 $y=x^2$ 连续，积分 $\int_0^1 x^2\mathrm{d}x$ 与区间分法及点的取法无关，因而用分点 $x_i=\frac{i}{n}$ 将 $[0,1]$ 分成 n 等分，即 $[x_{i-1},x_i] (i=1,2,\cdots,n)$，每个区间长度均为 $\Delta x_i=\frac{1}{n}(i=1,2,\cdots,n)$，令 $\xi_i=x_i=\frac{i}{n}(i=1,2,\cdots,n)$，于是

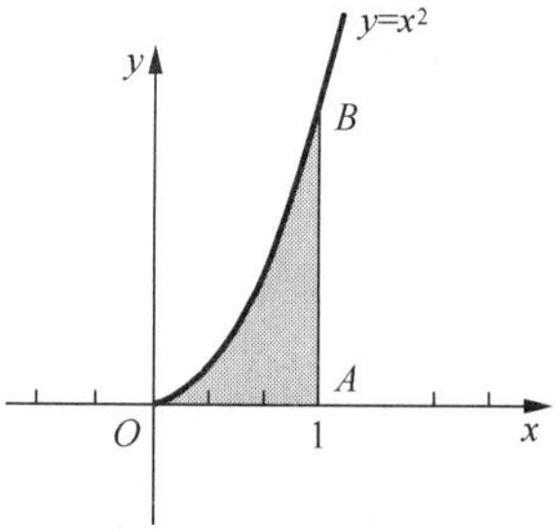

图 5.2

$$\sum_{i=1}^{n} f(\xi_i)\Delta x_i = \sum_{i=1}^{n} f\left(\frac{i}{n}\right)\frac{1}{n} = \frac{1}{n}\left[f\left(\frac{1}{n}\right)+f\left(\frac{2}{n}\right)+\cdots+f\left(\frac{n}{n}\right)\right]$$

$$=\frac{1}{n}\left[\left(\frac{1}{n}\right)^2+\left(\frac{2}{n}\right)^2+\cdots+\left(\frac{n}{n}\right)^2\right]=\frac{1^2+2^2+\cdots+n^2}{n^3}=\frac{n(n+1)(2n+1)}{6n^3}=\frac{1}{6}(1+\frac{1}{n})(2+\frac{1}{n})$$

故 $\int_0^1 x^2\mathrm{d}x = \lim_{n\to\infty}\sum_{i=1}^{n} f(\xi_i)\Delta x_i = \frac{1}{3}$.

5.1.2 定积分的性质

在以下讨论中，假设 $f(x)$、$g(x)$在 $[a, b]$ 上可积.

规定：（1）$\int_a^a f(x)\mathrm{d}x=0$　　（2）$\int_a^b f(x)\mathrm{d}x=-\int_b^a f(x)\mathrm{d}x$

性质1（线性性质）　函数和（差）的积分等于每个函数定积分的和（差），即有 $\int_a^b [f(x)\pm g(x)]\mathrm{d}x=\int_a^b f(x)\mathrm{d}x\pm\int_a^b g(x)\mathrm{d}x$.

证 明　由 于 $f(x)$、$g(x)$ 在 $[a,b]$ 上 可 积 ， 则 $\int_a^b f(x)\mathrm{d}x=\lim\limits_{\lambda\to 0}\sum\limits_{i=1}^n f(\xi_i)\Delta x_i$ 和 $\int_a^b g(x)\mathrm{d}x=\lim\limits_{\lambda\to 0}\sum\limits_{i=1}^n g(\xi_i)\Delta x_i$ 均存在，于是有

$$\int_a^b [f(x)\pm g(x)]\mathrm{d}x=\lim_{\lambda\to 0}\sum_{i=1}^n [f(\xi_i)\pm g(\xi_i)]\Delta x_i$$

$$=\lim_{\lambda\to 0}\sum_{i=1}^n f(\xi_i)\Delta x_i\pm\lim_{\lambda\to 0}\sum_{i=1}^n g(\xi_i)\Delta x_i=\int_a^b f(x)\mathrm{d}x\pm\int_a^b g(x)\mathrm{d}x .$$

性质2（线性性质）　被积函数中不为零的常数因子可提到积分号前面，即

$$\int_a^b kf(x)\mathrm{d}x=k\int_a^b f(x)\mathrm{d}x \quad（k 是常数）.$$

性质3（积分区间的可加性）　设 $a<c<b$，则 $\int_a^b f(x)\mathrm{d}x=\int_a^c f(x)\mathrm{d}x+\int_c^b f(x)\mathrm{d}x$ 利用定积分定义可以证明，只是在划分区间时，要把 $x=c$ 作为一个分点考虑.

一般地，对 $\forall c$，不论 a 、b 、c 相对位置如何，恒有 $\int_a^b f(x)\mathrm{d}x=\int_a^c f(x)\mathrm{d}x+\int_c^b f(x)\mathrm{d}x$ 成立.

性质4　若在 $[a,b]$ 上恒有 $f(x)=1$，则 $\int_a^b 1\mathrm{d}x=\int_a^b \mathrm{d}x=b-a$.

性质5　（比较性质）　若在 $[a,b]$ 上 $f(x)\leqslant g(x)$，则 $\int_a^b f(x)\mathrm{d}x\leqslant\int_a^b g(x)\mathrm{d}x$（$a<b$）.

推论　$\left|\int_a^b f(x)\mathrm{d}x\right|\leqslant\int_a^b |f(x)|\mathrm{d}x\ (a<b)$.

证　因 $-|f(x)|\leqslant f(x)\leqslant|f(x)|$，故 $-\int_a^b |f(x)|\mathrm{d}x\leqslant\int_a^b f(x)\mathrm{d}x\leqslant\int_a^b |f(x)|\mathrm{d}x$.

即 $\left|\int_a^b f(x)\mathrm{d}x\right|\leqslant\int_a^b |f(x)|\mathrm{d}x$.

性质6（估值性质）设 $f(x)$ 在 $[a,b]$ 上的最大值及最小值分别是 M 及 m，则

$$m(b-a)\leqslant\int_a^b f(x)\mathrm{d}x\leqslant M(b-a)，(a<b) .$$

性质7（定积分中值定理）　设函数 $f(x)$ 在 $[a,b]$ 上连续，则在 $[a,b]$ 上至少存在一点 ξ，使 $\int_a^b f(x)\mathrm{d}x=f(\xi)(b-a)\ (a\leqslant\xi\leqslant b)$ 成立.

此公式称为积分中值公式，此式当 $b<a$ 时也成立.

证 因函数 $f(x)$ 在 $[a,b]$ 上连续，$f(x)$ 在 $[a,b]$ 上一定存在最大值 M 及最小值 m，从而有 $m(b-a)\leqslant\int_a^b f(x)\mathrm{d}x\leqslant M(b-a)$，即 $m\leqslant\dfrac{1}{b-a}\int_a^b f(x)\mathrm{d}x\leqslant M$，由闭区间上连续函数的介值定理，至少存在一点 $\xi\in[a,b]$，使得 $\dfrac{1}{b-a}\int_a^b f(x)\mathrm{d}x=f(\xi)$，所以 $\int_a^b f(x)\mathrm{d}x=f(\xi)(b-a)$.

公式中 $\dfrac{1}{b-a}\int_a^b f(x)\mathrm{d}x=f(\xi)$ 称为 $f(x)$ 在 $[a,b]$ 上的平均值.

此公式的几何解释：

以连续曲线 $y=f(x)$ 为曲边，以 $[a,b]$ 为底边的曲边梯形面积 $\int_a^b f(x)\mathrm{d}x$ 等于以 $[a,b]$ 为底边，以 $f(\xi)$ 为高的矩形面积（见图 5.3）.

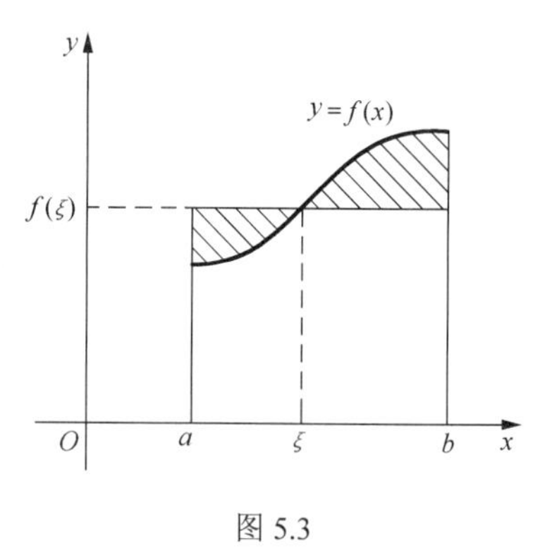

图 5.3

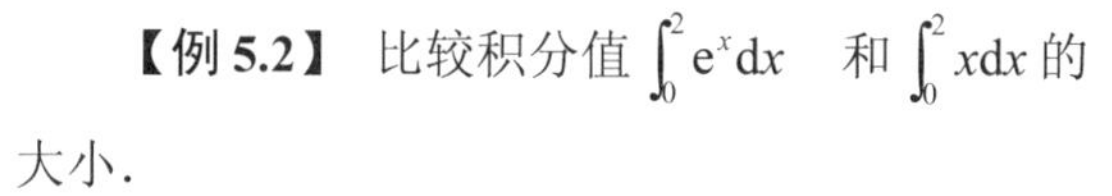

【例 5.2】 比较积分值 $\int_0^2 \mathrm{e}^x\mathrm{d}x$ 和 $\int_0^2 x\mathrm{d}x$ 的大小.

解 令 $f(x)=\mathrm{e}^x-x$，$x\in[-2,0]$，因为 $f(x)>0$，所以 $\int_0^2(\mathrm{e}^x-x)\mathrm{d}x>0$，即 $\int_0^2\mathrm{e}^x\mathrm{d}x>\int_0^2 x\mathrm{d}x$.

习题 5-1

1．利用定积分定义计算积分 $\int_0^1\mathrm{e}^x\mathrm{d}x$.

2．不计算积分，比较下列各组积分值的大小.

（1）$\int_1^2 x\mathrm{d}x$ 和 $\int_1^2 x^2\mathrm{d}x$　　（2）$\int_0^1\mathrm{e}^x\mathrm{d}x$ 和 $\int_0^1\mathrm{e}^{x^2}\mathrm{d}x$

（3）$\int_1^2\ln x\mathrm{d}x$ 和 $\int_1^2(\ln x)^2\mathrm{d}x$　　（4）$\int_0^{\pi}\mathrm{e}^x\cos^2 x\mathrm{d}x$ 和 $\int_0^{2\pi}\mathrm{e}^{x^2}\cos^2 x\mathrm{d}x$.

3．估计下列各积分的值.

（1）$\int_1^4(x^2+1)\mathrm{d}x$　　（2）$\int_{\frac{\pi}{4}}^{\frac{5\pi}{4}}(1+\sin^2 x)\mathrm{d}x$

（3）$\int_{\frac{1}{\sqrt{3}}}^{\sqrt{3}}x\arctan x\mathrm{d}x$　　（4）$\int_2^0\mathrm{e}^{2-x}\mathrm{d}x$.

5.2 微积分基本定理

要寻求一种有效方法来解决定积分的计算问题是积分学的重要内容. 微积分基本定理勾通了定积分与导数之间的内在联系，并提出通过原函数来计算定积分的思想，即微积分基本定理.

5.2.1 积分上限函数及其导数

设 $f(x)$ 在 $[a,b]$ 上连续，x 为 $[a,b]$ 上任意一点，则 $f(x)$ 在 $[a,x]$ 上的定积分 $\int_a^x f(t)\mathrm{d}t$ 存在，且 $\int_a^x f(t)\mathrm{d}t$ 是 x 的函数，称为 $f(x)$ 的积分上限函数，记作：$\Phi(x)=\int_a^x f(t)\mathrm{d}t$.

定理 5.1（原函数存在定理） 若 $f(x)$ 在 $[a,b]$ 上连续，则积分上限函数 $\Phi(x)=\int_a^x f(t)\mathrm{d}t$ 在 $[a,b]$ 上可导，且 $\Phi'(x)=\frac{\mathrm{d}}{\mathrm{d}x}\int_a^x f(t)\mathrm{d}t=f(x)\quad (a\leqslant x\leqslant b)$.

证明 设 x 取得增量 Δx ，则 $\Phi(x+\Delta x)=\int_a^{x+\Delta x} f(t)\mathrm{d}t$ ，

所以
$$\begin{aligned}\Delta\Phi=\Phi(x+\Delta x)-\Phi(x)&=\int_a^{x+\Delta x} f(t)\mathrm{d}t-\int_a^x f(t)\mathrm{d}t\\&=\int_a^x f(t)\mathrm{d}t+\int_x^{x+\Delta x} f(t)\mathrm{d}t-\int_a^x f(t)\mathrm{d}t\\&=\int_x^{x+\Delta x} f(t)\mathrm{d}t=f(\xi)\cdot\Delta x .\end{aligned}$$

由定积分中值公式，ξ 介于x与$x+\Delta x$之间，

因 $\Delta x\to 0$ 时 $\xi\to x$ 故 $\Phi'(x)=\lim\limits_{\Delta x\to 0}\frac{\Delta\Phi}{\Delta x}=\lim\limits_{\xi\to x} f(\xi)=f(x)$.

当 x 取端点时，只考虑左极限或右极限即可.

该定理说明 $[a,b]$ 上的连续函数一定存在原函数，因 $\Phi'(x)=f(x)=[\int_a^x f(t)\mathrm{d}t]'$ ，

故 $\int_a^x f(t)\mathrm{d}t$ 是 $f(x)$ 的一个原函数.

利用原函数存在定理可得，

（1）若积分上限函数为 $\Phi(x)=\int_a^{\varphi(x)} f(t)\mathrm{d}t$ ，

则 $\Phi'(x)=\frac{\mathrm{d}}{\mathrm{d}u}\int_a^u f(t)\mathrm{d}t\cdot\frac{\mathrm{d}u}{\mathrm{d}x}=f(u)\varphi'(x)=f[\varphi(x)]\varphi'(x)$.

（2）若 $\Phi(x)=\int_{\psi(x)}^{\varphi(x)} f(t)\mathrm{d}t$ ，即

$$\Phi(x)=\int_a^{\varphi(x)} f(t)\mathrm{d}t+\int_{\psi(x)}^a f(t)\mathrm{d}t=\int_a^{\varphi(x)} f(t)\mathrm{d}t-\int_a^{\psi(x)} f(t)\mathrm{d}t ,$$

则 $\Phi'(x)=f[\varphi(x)]\varphi'(x)-f[\psi(x)]\psi'(x)$.

【例 5.3】 求导数：（1）$\frac{\mathrm{d}}{\mathrm{d}x}\int_0^{\sin x} f(t)\mathrm{d}t$ ；（2）$\frac{\mathrm{d}}{\mathrm{d}x}\int_1^{x^3}\mathrm{e}^{t^2}\mathrm{d}t$.

解 （1）$\frac{\mathrm{d}}{\mathrm{d}x}\int_0^{\sin x} f(t)\mathrm{d}t=f(\sin x)\cdot(\sin x)'=f(\sin x)\cdot\cos x$ ；

（2） $\frac{\mathrm{d}}{\mathrm{d}x}\int_1^{x^3} \mathrm{e}^{t^2}\mathrm{d}t = \mathrm{e}^{x^6}(x^3)' = 3x^2\mathrm{e}^{x^6}$.

【例 5.4】 设 $f(x)=\int_0^x (x-t)g(t)\mathrm{d}t$，求 $f'(x)$.

解 $f(x)=x\int_0^x g(t)\mathrm{d}t-\int_0^x tg(t)\mathrm{d}t$，

故 $f'(x)=\int_0^x g(t)\mathrm{d}x + x\cdot g(x) - xg(x) = \int_0^x g(t)\mathrm{d}t$.

【例 5.5】 求 $\lim\limits_{x\to 0}\frac{\int_1^{\cos x}\mathrm{e}^{t^2}\mathrm{d}t}{x^2}$.

解 利用洛比达法则，

$$\lim_{x\to 0}\frac{\int_1^{\cos x}\mathrm{e}^{t^2}\mathrm{d}t}{x^2} = \lim_{x\to 0}\frac{\mathrm{e}^{\cos^2 x}(-\sin x)}{2x} = \lim_{x\to 0}\frac{(-\sin x)}{2x}\cdot\mathrm{e}^{\cos^2 x} = -\frac{\mathrm{e}}{2}.$$

5.2.2 微积分基本定理

现在来证明微积分基本定理，由此给出通过原函数计算定积分的方法.

定理 5.2 （微积分基本定理）设 $f(x)$ 在 $[a,b]$ 上连续，$F(x)$ 是 $f(x)$ 的一个原函数，则

$$\int_a^b f(x)\mathrm{d}x = F(b)-F(a) = [F(x)]_a^b. \qquad (*)$$

公式（*）称为微积分基本公式，也称为牛顿—莱布尼兹公式. 此式当 $a>b$ 时也成立.

证明 因为 $\Phi(x)=\int_a^x f(t)\mathrm{d}t$ 是 $f(x)$ 的一个原函数，$F(x)$ 也是 $f(x)$ 的一个原函数，所以必有 $F(x)-\Phi(x)=C\ (a\leqslant x\leqslant b)$，

当 $x=a$ 时，有 $F(a)-\Phi(a)=F(a)-\int_a^a f(t)\mathrm{d}t = F(a) = C$，故 $C=F(a)$，

又当 $x=b$ 时，$F(b)-\Phi(b)=F(b)-\int_a^b f(t)\mathrm{d}t = C = F(a)$，

故 $\int_a^b f(t)\mathrm{d}t = F(b)-F(a)$.

【例 5.6】 求 $\int_1^4 \frac{1}{x}\mathrm{d}x$.

解 $\int_1^4 \frac{\mathrm{d}x}{x} = [\ln|x|]_1^4 = \ln 4 - \ln 1 = 2\ln 2$.

【例 5.7】 求 $\int_{-1}^1 \frac{1}{1+x^2}\mathrm{d}x$.

解 $\int_{-1}^1 \frac{1}{1+x^2}\mathrm{d}x = [\arctan x]_{-1}^1 = \arctan 1 - \arctan(-1) = \frac{\pi}{4}-\left(-\frac{\pi}{4}\right) = \frac{\pi}{2}$.

【例 5.8】 求 $\int_0^1 x\mathrm{e}^{x^2}\mathrm{d}x$.

解 $\int_0^1 x\mathrm{e}^{x^2}\mathrm{d}x=\frac{1}{2}\int_0^1 \mathrm{e}^{x^2}\mathrm{d}x^2=\frac{1}{2}[\mathrm{e}^{x^2}]_0^1=\frac{1}{2}(\mathrm{e}^1-\mathrm{e}^0)=\frac{\mathrm{e}-1}{2}$.

习题 5-2

1．计算下列定积分：

（1）$\int_4^9 \sqrt{x}\left(1+\sqrt{x}\right)\mathrm{d}x$ （2）$\int_{\frac{\pi}{6}}^{\frac{\pi}{2}} \sin\left(2x+\frac{\pi}{3}\right)\mathrm{d}x$

（3）$\int_{\frac{1}{\sqrt{3}}}^{\sqrt{3}} \frac{1}{1+x^2}\mathrm{d}x$ （4）$\int_1^{\mathrm{e}^2} \frac{1}{x\left(\sqrt{1+\ln x}\right)}\mathrm{d}x$

（5）$\int_0^{\frac{\pi}{4}} \tan^2 x\mathrm{d}x$ （6）$\int_0^1 |2x-1|\mathrm{d}x$

（7）设 $f(x)=\begin{cases}2x & 0\leqslant x\leqslant 1\\ 5 & 1<x\leqslant 2\end{cases}$，求 $\int_0^2 f(x)\mathrm{d}x$.

2．求下列函数的导数：

（1）$f(x)=\int_0^x \mathrm{e}^{-t}\mathrm{d}t$ （2）$f(x)=\int_0^{\sqrt{x}} \cos\pi\left(t^2+1\right)\mathrm{d}t$

（3）$f(x)=\int_{x^2}^5 \frac{\sin t}{t}\mathrm{d}t$ （4）$f(x)=\int_{2x}^{x^2} \sqrt{1+t^3}\mathrm{d}t$.

3．求下列极限：

（1）$\lim\limits_{x\to 0}\frac{\int_0^x \cos t^2\mathrm{d}t}{x}$ （2）$\lim\limits_{x\to 0}\frac{\int_1^x \mathrm{e}^{t^2}\mathrm{d}t}{\ln x}$

（3）$\lim\limits_{x\to 0}\frac{\int_x^0 \ln(1+t)\mathrm{d}t}{x^2}$ （4）$\lim\limits_{x\to 0}\frac{\left(\int_0^x \mathrm{e}^{t^2}\mathrm{d}t\right)^2}{\int_0^x t\mathrm{e}^{2t^2}\mathrm{d}t}$.

4. 一曲边梯形由 $y=x^2-1$, x 轴和直线 $x=\frac{1}{2}$, $x=1$ 所围成，求此曲边梯形面积.

5.3 定积分的换元积分法与分部积分法

从微积分基本公式知道，定积分 $\int_a^b f(x)\mathrm{d}x$ 的计算问题可以转化为求被积函数 $f(x)$ 的原函数在区间 $[a,b]$ 上增量问题．而计算不定积分时使用了换元积分法和分部积分法，那么计算定积分也有相应的换元积分法和分部积分法，但应注意使用的条件.

5.3.1 定积分的换元积分法

定理 5.3 假设 $f(x)$ 在 $[a,b]$ 上连续，函数 $x=\varphi(t)$ 满足：

（1）$\varphi(t)$ 在 $[\alpha,\beta]$ 或 $[\beta,\alpha]$ 上具有连续导数，且其值域不超出 $[a,b]$；

（2）$\varphi(\alpha)=a,\varphi(\beta)=b$；

则有 $\int_a^b f(x)\mathrm{d}x=\int_\alpha^\beta f[\varphi(t)]\cdot\varphi'(t)\mathrm{d}t$，此公式称为定积分的换元公式.

证 设 $F(x)$ 是 $f(x)$ 的一个原函数，则 $F'(x)=f(x)$，且 $\int_a^b f(x)\mathrm{d}x=F(b)-F(a)$

于是 $\dfrac{\mathrm{d}F[\varphi(t)]}{\mathrm{d}t}=F'[\varphi(t)]\cdot\varphi'(t)=f[\varphi(t)]\cdot\varphi'(t)$.

所以 $\int_\alpha^\beta f[\varphi(t)]\cdot\varphi(t)'\mathrm{d}t=F[\varphi(\beta)]-F[\varphi(\alpha)]$，

而 $\varphi(\alpha)=a,\varphi(\beta)=b$，$\int_\alpha^\beta f[\varphi(t)]\varphi'(t)\mathrm{d}t=F[\varphi(\beta)]-F[\varphi(\alpha)]=F(b)-F(a)$，

所以 $\int_a^b f(x)\mathrm{d}x=F(b)-F(a)=\int_\alpha^\beta f[\varphi(t)]\cdot\varphi'(t)\mathrm{d}t$.

在应用换元公式计算定积分时，将积分变量 x 换元为 t，积分限必须换成相应于 t 的积分限，求出 $f[\varphi(t)]\cdot\varphi'(t)$ 的一个原函数后，直接将 t 的上下限代入求得结果即可，不必代回原积分变量 x.

【例 5.9】 计算 $\int_0^4\dfrac{x+2}{\sqrt{2x+1}}\mathrm{d}x$.

解 设 $\sqrt{2x+1}=t$，则 $x=\dfrac{1}{2}(t^2-1)$，当 $x=0$ 时，$t=1$；当 $x=4$ 时，$t=3$，且

$$\int_0^4\frac{x+2}{\sqrt{2x+1}}\mathrm{d}x=\frac{1}{2}\int_1^3\left(t^2+3\right)\mathrm{d}t=\frac{1}{2}\left[\frac{1}{3}t^3+3t\right]_1^3=\frac{22}{3}.$$

【例 5.10】 计算 $\int_0^{\frac{\pi}{2}}\cos^5 x\sin x\mathrm{d}x$.

解 设 $t=\cos x$ 则 $\mathrm{d}t=-\sin x\mathrm{d}x$，当 $x=0$ 时，$t=1$；当 $x=\dfrac{\pi}{2}$ 时，$t=0$，

$$\int_0^{\frac{\pi}{2}}\cos^5 x\sin x\mathrm{d}x=-\int_1^0 t^5\mathrm{d}t=\int_0^1 t^5\mathrm{d}t=\left[\frac{1}{6}t^6\right]_0^1=\frac{1}{6},$$

或 $\int_0^{\frac{\pi}{2}}\cos^5 x\sin x\mathrm{d}x=-\int_0^{\frac{\pi}{2}}\cos^5 x\mathrm{d}\cos x=-\left[\dfrac{\cos^6 x}{6}\right]_0^{\frac{\pi}{2}}=\dfrac{1}{6}$.

【例 5.11】 证明：

（1）若 $f(x)$ 在 $[-a,a]$ 上连续，且为偶函数，则 $\int_{-a}^a f(x)\mathrm{d}x=2\int_0^a f(x)\mathrm{d}x$；

（2）若 $f(x)$ 在 $[-a,a]$ 上连续，且为奇函数，则 $\int_{-a}^{a} f(x)\mathrm{d}x = 0$.

证 因 $\int_{-a}^{a} f(x)\mathrm{d}x = \int_{-a}^{0} f(x)\mathrm{d}x + \int_{0}^{a} f(x)\mathrm{d}x = I_1 + I_2$ ，

在 I_1 中，令 $x=-t$ ，则当 $x=-a$ 时， $t=a$ ；当 $x=0$ 时， $t=0$ ，

$I_1 = \int_{-a}^{0} f(t)\mathrm{d}t = -\int_{a}^{0} f(t)\mathrm{d}t$

$= \int_{0}^{a} f(-x)\mathrm{d}x,$

$$\int_{-a}^{a} f(x)\mathrm{d}x = \int_{0}^{a} f(-x)\mathrm{d}x + \int_{0}^{a} f(x)\mathrm{d}x = \int_{0}^{a} [f(-x)+f(x)]\mathrm{d}x .$$

（1）若 $f(x)$ 为偶函数，则原式 $= 2\int_{0}^{a} f(x)\mathrm{d}x$.

（2）若 $f(x)$ 为奇函数，则原式 $= \int_{0}^{a} 0\mathrm{d}x = 0$.

例 5.11 的结论可当作公式，用于计算奇（或偶）函数在关于原点对称的闭区间上定积分.

【例 5.12】 计算 $\int_{-1}^{1} (|x|+\sin x)x^2\mathrm{d}x$.

解 因 $x^2|x|$ 和 $x^2\sin x$ 分别是区间 $[-1,1]$ 上的偶函数和奇函数，则

$$\int_{-1}^{1}\left(|x|+\sin x\right)x^2\mathrm{d}x = \int_{-1}^{1}|x|x^2\mathrm{d}x = 2\int_{0}^{1}x^3\mathrm{d}x = \frac{1}{2}.$$

【例 5.13】 （1）若 $f(x)$ 在 $[0,1]$ 上连续，证明： $\int_{0}^{\frac{\pi}{2}} f(\sin x)\,\mathrm{d}x = \int_{0}^{\frac{\pi}{2}} f(\cos x)\mathrm{d}x$ ；

（2）设 $f(x)$ 是 **R** 上连续的周期函数，周期为 T ，证明： $\int_{a}^{a+T} f(x)\mathrm{d}x = \int_{0}^{T} f(x)\mathrm{d}x$.

证 （1）设 $x=\frac{\pi}{2}-t$ ，则当 $x=0$ 时， $t=\frac{\pi}{2}$ ；当 $x=\frac{\pi}{2}$ 时， $t=0$ ，有

$$\int_{0}^{\frac{\pi}{2}} f(\sin x)\mathrm{d}x = -\int_{\frac{\pi}{2}}^{0} f\left[\sin\left(\frac{\pi}{2}-t\right)\right]\mathrm{d}t = \int_{0}^{\frac{\pi}{2}} f(\cos t)\mathrm{d}t = \int_{0}^{\frac{\pi}{2}} f(\cos x)\mathrm{d}x .$$

（2）因 $f(x+T)=f(x)$ ，

$$\int_{a}^{a+T} f(x)\mathrm{d}x = \int_{a}^{0} f(x)\mathrm{d}x + \int_{0}^{T} f(x)\mathrm{d}x + \int_{T}^{a+T} f(x)\mathrm{d}x \qquad (*)$$

设 $x=T+t$ ，则

$$\int_{T}^{a+T} f(x)\mathrm{d}x = \int_{0}^{a} f(t+T)\mathrm{d}t = \int_{0}^{a} f(t)\mathrm{d}t = \int_{0}^{a} f(x)\mathrm{d}x = -\int_{a}^{0} f(x)\mathrm{d}x ,$$

代入（*）式，有

$$\int_{a}^{a+T} f(x)\mathrm{d}x = \int_{a}^{0} f(x)\mathrm{d}x + \int_{0}^{T} f(x)\mathrm{d}x - \int_{a}^{0} f(t)\mathrm{d}t = \int_{0}^{T} f(x)\mathrm{d}x .$$

5.3.2 定积分的分部积分法

设函数 $u(x)$、$v(x)$ 在 $[a,b]$ 上有连续导数，则有定积分的分部积分公式：

$$\int_a^b u\mathrm{d}v = [uv]_a^b - \int_a^b v\mathrm{d}u$$

【例 5.14】 计算 $\int_0^\pi x\cos 3x\mathrm{d}x$.

解 $\int_0^\pi x\cos 3x\mathrm{d}x = \frac{1}{3}\int_0^\pi x\mathrm{d}\sin 3x = \frac{1}{3}\left[x\sin 3x\Big|_0^\pi - \int_0^\pi \sin 3x\mathrm{d}x\right]$

$$= \frac{1}{3}\left(0 + \left[\frac{1}{3}\cos 3x\right]_0^\pi\right) = -\frac{2}{9}.$$

【例 5.15】 $\int_0^1 x\arctan x\mathrm{d}x$.

解 $\int_0^1 x\arctan x\mathrm{d}x = \frac{1}{2}\int_0^1 \arctan x\mathrm{d}x^2 = \frac{1}{2}\left(\left[x^2\arctan x\right]_0^1 - \int_0^1 x^2\mathrm{d}\arctan x\right)$

$= \frac{1}{2}\left[\frac{\pi}{4} - \int_0^1 \frac{x^2}{1+x^2}\mathrm{d}x\right] = \frac{\pi}{8} - \frac{1}{2}\left[\int_0^1 \mathrm{d}x - \int_0^1 \frac{1}{1+x^2}\mathrm{d}x\right]$

$= \frac{\pi}{8} - \frac{1}{2} + \left[\frac{1}{2}\arctan x\right]_0^1 = \frac{\pi}{4} - \frac{1}{2}$.

【例 5.16】 计算 $\int_{\frac{1}{e}}^{e} |\ln x|\mathrm{d}x$.

解 当 $\frac{1}{e} \leqslant x \leqslant 1$ 时，$\ln x \leqslant 0$；当 $1 \leqslant x \leqslant e$ 时，$\ln x \geqslant 0$.

$\int_{\frac{1}{e}}^{e} |\ln x|\mathrm{d}x = \int_{\frac{1}{e}}^{1} (-\ln x)\mathrm{d}x + \int_1^e \ln x\mathrm{d}x$

$= \left(-[x\ln x]_{\frac{1}{e}}^{1} - \int_{\frac{1}{e}}^{1} \mathrm{d}x\right) + \left([x\ln x]_1^e - \int_1^e \mathrm{d}x\right) = 2(1 - \frac{1}{e})$.

【例 5.17】 $\int_0^{\frac{\pi}{2}} e^x \sin x\mathrm{d}x$.

解 $\int_0^{\frac{\pi}{2}} e^x \sin x\mathrm{d}x = -\int_0^{\frac{\pi}{2}} e^x\mathrm{d}\cos x = [-e^x\cos x]_0^{\frac{\pi}{2}} + \int_0^{\frac{\pi}{2}} e^x\cos x\mathrm{d}x$

$= 1 + \int_0^{\frac{\pi}{2}} e^x\mathrm{d}\sin x = 1 + [e^x\sin x]_0^{\frac{\pi}{2}} - \int_0^{\frac{\pi}{2}} e^x\sin x\mathrm{d}x = 1 + e^{\frac{\pi}{2}} - \int_0^{\frac{\pi}{2}} e^x\sin x\mathrm{d}x$,

故 $\int_0^{\frac{\pi}{2}} e^x\sin x\mathrm{d}x = \frac{1}{2}\left(e^{\frac{\pi}{2}} + 1\right)$.

习题 5-3

1．用定积分的换元法计算下列各积分：

（1）$\int_0^1 (2x-3)^2 \mathrm{d}x$　　（2）$\int_{\frac{\pi}{3}}^{\pi} \sin\left(x+\frac{\pi}{3}\right)\mathrm{d}x$

（3）$\int_0^{\frac{\pi}{2}} \sin x\cos^3 x\mathrm{d}x$　　（4）$\int_0^1 x\mathrm{e}^{-\frac{x^2}{2}}\mathrm{d}x$

（5）$\int_{\mathrm{e}}^{\mathrm{e}^2} \frac{1}{x\ln^2 x}\mathrm{d}x$　　（6）$\int_{-\frac{1}{2}}^{\frac{1}{2}} \frac{(\arcsin x)^2}{\sqrt{1-x^2}}\mathrm{d}x$

（7）$\int_{-\sqrt{2}}^{\sqrt{2}} \sqrt{8-2x^2}\mathrm{d}x$　　（8）$\int_1^4 \frac{1}{1+\sqrt{x}}\mathrm{d}x$

（9）$\int_0^a x^2\sqrt{a^2-x^2}\mathrm{d}x(a>0)$　　（10）$\int_1^2 \frac{\sqrt{x^2-1}}{x}\mathrm{d}x$.

2．用定积分的分部积分法计算下列各积分：

（1）$\int_0^1 x\mathrm{e}^{-x}\mathrm{d}x$　　（2）$\int_0^{\frac{\pi}{2}} \arctan 2x\mathrm{d}x$

（3）$\int_0^{\frac{\pi}{2}} \mathrm{e}^{2x}\cos x\mathrm{d}x$　　（4）$\int_1^4 \frac{\ln x}{\sqrt{x}}\mathrm{d}x$

（5）$\int_0^1 x\cos \pi x\mathrm{d}x$　　（6）$\int_0^{\mathrm{e}-1} \ln(x+1)\mathrm{d}x$

（7）设 $f(x)=\begin{cases} x+1, & x\leqslant 1 \\ \frac{1}{2}x^2, & x>1 \end{cases}$，求 $\int_0^2 f(x)\mathrm{d}x$.

5.4 反常积分简介

前面所讨论的定积分有两个最基本的条件：积分区间的有限性和被积函数的有界性．但在某些实际问题中，有时要研究无穷区间上的积分和无界函数的积分．这两类积分通称为反常积分（或广义积分），相应地，前面的定积分则称为常义积分或正常积分．

5.4.1 无穷区间上的反常积分——无穷积分

定义 5.2 设 $f(x)$ 在 $[a,+\infty)$ 上连续，取 $b>a$，若极限 $\lim\limits_{b\to+\infty}\int_a^b f(x)\mathrm{d}x$ 存在，则称此极限值为 $f(x)$ 在无穷区间 $[a,+\infty)$ 上的反常积分，记作：$\int_a^{+\infty} f(x)\mathrm{d}x$，即

$$\int_a^{+\infty} f(x)\mathrm{d}x = \lim_{b\to+\infty}\int_a^b f(x)\mathrm{d}x .$$

此时也称无穷区间$[a,+\infty)$上的积分$\int_a^{+\infty} f(x)\mathrm{d}x$收敛，否则称$\int_a^{+\infty} f(x)\mathrm{d}x$发散.

类似地，取$a<b$，定义$f(x)$在无穷区间$(-\infty,b)$上的反常积分为

$$\int_{-\infty}^b f(x)\mathrm{d}x = \lim_{a\to-\infty}\int_a^b f(x)\mathrm{d}x .$$

此时也称无穷区间$(-\infty,b]$上的积分$\int_{-\infty}^b f(x)\mathrm{d}x$收敛，否则称$\int_{-\infty}^b f(x)\mathrm{d}x$发散.

无穷区间上的反常积分也称为无穷积分.

定义 5.3 设$f(x)$在$(-\infty,+\infty)$上连续，若对任一实数a，反常积分$\int_{-\infty}^a f(x)\mathrm{d}x$和$\int_a^{+\infty} f(x)\mathrm{d}x$都收敛，则称$f(x)$在无穷区间$(-\infty,+\infty)$上反常积分$\int_{-\infty}^{+\infty} f(x)\mathrm{d}x$收敛，且$\int_{-\infty}^{+\infty} f(x)\mathrm{d}x = \int_{-\infty}^a f(x)\mathrm{d}x + \int_a^{+\infty} f(x)\mathrm{d}x$，否则称反常积分$\int_{-\infty}^{+\infty} f(x)\mathrm{d}x$发散.

$\int_a^{+\infty} f(x)\mathrm{d}x$收敛的几何意义是：若$f(x)$为$[a,+\infty)$上非负连续函数，则$\int_a^{+\infty} f(x)\mathrm{d}x$为介于曲线$y=f(x)$，直线$x=a$以及$x$轴之间且向右无限延伸的阴影区域的面积$J$（见图 5.4）.

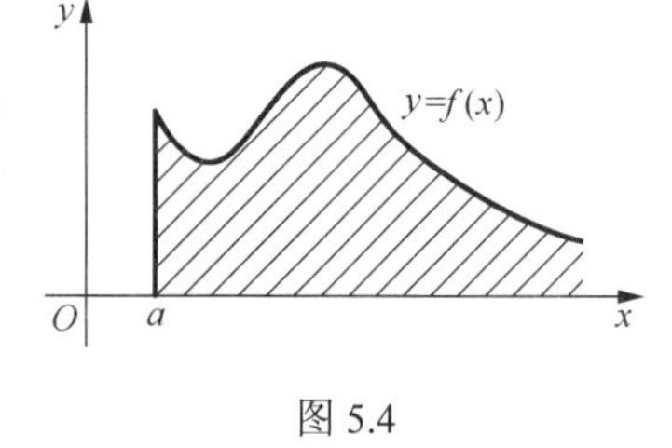

图 5.4

【例 5.18】 计算无穷积分$\int_0^{+\infty} \mathrm{e}^{-x}\mathrm{d}x$.

分析 由于无穷积分是通过变限定积分的极限来定义的，因此有关定积分的换元积分法和分部积分法一般都可引用到无穷积分中来.

解 $\int_0^{+\infty} \mathrm{e}^{-x}\mathrm{d}x = \lim_{b\to+\infty}\int_0^b \mathrm{e}^{-x}\mathrm{d}x = \lim_{b\to+\infty} -\left[\mathrm{e}^{-x}\right]_0^b = \lim_{b\to+\infty}\left(-\frac{1}{\mathrm{e}^b}+1\right) = 1$.

为了书写方便，用记号$[F(x)]_a^{+\infty}$表示$\lim_{x\to+\infty}[F(x)-F(a)]$，这样例 5.18 可写为:

$$\int_0^{+\infty} \mathrm{e}^{-x}\mathrm{d}x = \left(-\mathrm{e}^{-x}\right)\Big|_0^{+\infty} = \lim_{x\to+\infty}(-\mathrm{e}^{-x}) - (-1) = 0+1 = 1$$

【例 5.19】 讨论无穷积分$\int_{-\infty}^{+\infty}\frac{1}{1+x^2}\mathrm{d}x$的收敛性.

解 任取实数a，讨论如下两个无穷积分：

$$\int_{-\infty}^a \frac{1}{1+x^2}\mathrm{d}x \text{ 和 } \int_a^{+\infty}\frac{1}{1+x^2}\mathrm{d}x .$$

由于

$$\int_{-\infty}^a \frac{1}{1+x^2}\mathrm{d}x = \lim_{u\to-\infty}\int_u^a \frac{1}{1+x^2}\mathrm{d}x = \lim_{u\to-\infty}(\arctan a - \arctan u) = \arctan a + \frac{\pi}{2},$$

$$\int_a^{+\infty}\frac{1}{1+x^2}\mathrm{d}x=\lim_{v\to+\infty}\int_a^v\frac{1}{1+x^2}\mathrm{d}x=\lim_{v\to+\infty}(\arctan v-\arctan a)=\frac{\pi}{2}-\arctan a\,,$$

因此这两个无穷积分都收敛．则有

$$\int_{-\infty}^{+\infty}\frac{1}{1+x^2}\mathrm{d}x=\int_{-\infty}^{a}\frac{1}{1+x^2}\mathrm{d}x+\int_a^{+\infty}\frac{1}{1+x^2}\mathrm{d}x=\pi\,.$$

注意：对反常积分，只有在收敛的条件下才能使用“偶倍奇零”的性质，否则会出现错误，如 $\int_{-\infty}^{+\infty}\frac{x}{1+x^2}\mathrm{d}x=0$ ．

【例 5.20】 证明无穷积分 $\int_a^{+\infty}\frac{\mathrm{d}x}{x^p}(a>0)$ 当 $p>1$ 时收敛，当 $p\leqslant 1$ 时发散．

证 当 $p=1$ 时，$\int_a^{+\infty}\frac{\mathrm{d}x}{x^p}=\int_a^{+\infty}\frac{1}{x}\mathrm{d}x=\left[\ln|x|\right]_a^{+\infty}=+\infty$ ，

当 $p\neq 1$ 时，$\int_a^{+\infty}\frac{\mathrm{d}x}{x^p}=\left[\frac{1}{1-p}x^{1-p}\right]_a^{+\infty}=\lim\limits_{x\to+\infty}\left(\frac{1}{1-p}b^{1-p}-\frac{1}{1-p}a^{1-p}\right)$，

当 $p<1$ 时，$1-p>0$，有 $\lim\limits_{x\to+\infty}\frac{1}{1-p}b^{1-p}=+\infty$ ，故原式 $=+\infty$ ，

当 $p>1$ 时，$1-p<0$，有 $\lim\limits_{x\to+\infty}\frac{1}{1-p}b^{1-p}=0$ ，故原式 $=\frac{1}{p-1}a^{1-p}$ ，

故当 $p>1$ 时，反常积分收敛，其值为 $\frac{1}{p-1}a^{1-p}$ ；当 $p\leqslant 1$ 时反常积分发散．

5.4.2 无界函数的反常积分——瑕积分

如果函数 $f(x)$ 在点 a 的任一邻域 $U(a,\delta)$ 内都无界，那么点 a 称为函数 $f(x)$ 的瑕点（也称为无界间断点）．

定义 5.4 设 $f(x)$ 在 $(a,b]$ 上连续，点 a 为 $f(x)$ 的瑕点，取 $t>a$ ，若极限 $\lim\limits_{t\to a^+}\int_t^b f(x)\mathrm{d}x$ 存在，则称此极限为无界函数 $f(x)$ 在（a,b]上的反常积分，仍记作 $\int_a^b f(x)\mathrm{d}x$ ，即

$$\int_a^b f(x)\mathrm{d}x=\lim_{t\to a^+}\int_t^b f(x)\mathrm{d}x\,.$$

此时，称无界函数的反常积分 $\int_a^b f(x)\mathrm{d}x$ 收敛，若上述极限不存在，就称无界函数的反常积分 $\int_a^b f(x)\mathrm{d}x$ 发散．

定义 5.5 设 $f(x)$ 在 $[a,b)$ 上连续，点 b 为 $f(x)$ 的瑕点，取 $t<b$ ．若极限 $\lim\limits_{t\to b^-}\int_a^t f(x)\mathrm{d}x$ 存在，则定义 $\int_a^b f(x)\mathrm{d}x=\lim\limits_{t\to b^-}\int_a^t f(x)\mathrm{d}x$ ，且称无界函数 $f(x)$在$[a,b)$上

的反常积分 $\int_a^b f(x)\mathrm{d}x$ 收敛．否则，称无界函数的反常积分 $\int_a^b f(x)\mathrm{d}x$ 发散．

定义 5.6 设函数 $f(x)$ 在 $[a,b]$ 上除点 $c(a<c<b)$ 外连续，点 c 为 $f(x)$ 的瑕点．如果两个反常积分 $\int_a^c f(x)\mathrm{d}x$ 与 $\int_c^b f(x)\mathrm{d}x$ 都收敛，则定义

$$\int_a^b f(x)\mathrm{d}x = \int_a^c f(x)\mathrm{d}x + \int_c^b f(x)\mathrm{d}x = \lim_{t\to c^-}\int_a^t f(x)\mathrm{d}x + \lim_{t\to c^+}\int_t^b f(x)\mathrm{d}x .$$

且称反常积分 $\int_a^b f(x)\mathrm{d}x$ 收敛．

否则，称反常积分 $\int_a^b f(x)\mathrm{d}x$ 发散．

无界函数的反常积分又称瑕积分．

计算公式：

① 设 $x=a$ 为 $f\left(x\right)$ 的瑕点，$F(x)$ 是 $f(x)$ 的原函数，则

$$\int_a^b f(x)\mathrm{d}x = F(b)-\lim_{x\to a^+}F(x)=F(b)-F(a^+) .$$

② 设 $x=b$ 为 $f\left(x\right)$ 的瑕点，$F(x)$ 是 $f(x)$ 的原函数，则

$$\int_a^b f(x)\mathrm{d}x = \lim_{x\to b^-}F(x)-F(a)=F(b^-)-F(a) .$$

③ 若 a,b 都为瑕点，则 $\int_a^b f(x)\mathrm{d}x = F(b^-)-F(a^+)$.

注意：若瑕点 $c\in(a,b)$，则 $\int_a^b f(x)\mathrm{d}x = F(b)-F(c^+)+F(c^-)-F(a)$.

【例 5.21】 计算瑕积分 $\int_0^a \frac{\mathrm{d}x}{\sqrt{a^2-x^2}}(a>0)$.

解 a 为瑕点 $\int_0^a \frac{\mathrm{d}x}{\sqrt{a^2-x^2}} = \left[\arcsin\frac{x}{a}\right]_0^a = \lim_{x\to a^-}\arcsin\frac{x}{a}-0=\frac{\pi}{2}$.

【例 5.22】 讨论瑕积分 $\int_{-1}^1 \frac{\mathrm{d}x}{x^2}$ 的收敛性．

解 被积函数 $f(x)=\frac{1}{x^2}$ 在积分区间 $[-1,1]$ 上除 $x=0$ 外连续，且 $\lim_{x\to 0}\frac{1}{x^2}=+\infty$，$x$=0 为瑕点，由 $\int_{-1}^0 \frac{\mathrm{d}x}{x^2}=\left[-\frac{1}{x}\right]_{-1}^0 = \lim_{x\to 0^-}\left(-\frac{1}{x}\right)-1=+\infty$，即 $\int_{-1}^0 \frac{\mathrm{d}x}{x^2}$ 发散，所以原积分发散．

注：对 $\int_{-1}^1 \frac{\mathrm{d}x}{x^2}$ 不考虑间断点 $x=0$，则原式$=\left[-\frac{1}{x}\right]_{-1}^1=-2$ 是错误的．

【例 5.23】 证明瑕积分 $\int_a^b \frac{\mathrm{d}x}{(x-a)^q}$ 当 $0<q<1$ 时收敛；当 $q\geqslant 1$ 时发散．

证 当 $q=1$ 时，$\int_a^b \frac{\mathrm{d}x}{(x-a)}=\left[\ln(x-a)\right]_a^b=\ln(b-a)-\lim_{x\to a^+}\ln(x-a)=+\infty$

当 $q \neq 1$ 时 $\int_a^b \frac{dx}{(x-a)^q} = [\frac{1}{1-q}(x-a)^{1-q}]\Big|_a^b = \frac{1}{1-q}\left[(b-a)^{1-q} - \lim_{x \to a^+}(x-a)^{1-q}\right]$，

当 $0 < q < 1$ 时，$1-q > 0$，原式 $= \frac{(b-a)^{1-q}}{1-q}$，

当 $q > 1$ 时 $1-q < 0$，原式 $= +\infty$，

故当 $0 < q < 1$ 时，$\int_a^b \frac{dx}{(x-a)^q}$ 收敛，其值为 $\frac{(b-a)^{1-q}}{1-q}$；当 $q \geqslant 1$ 时，$\int_a^b \frac{dx}{(x-a)^q}$ 发散.

习题 5-4

1．计算下列无穷积分：

（1）$\int_0^{\infty} e^{-3x} dx$　　（2）$\int_1^{\infty} \frac{1}{x^3} dx$

（3）$\int_1^{\infty} \frac{1}{(1+x)^2} dx$　　（4）$\int_{-\infty}^{\infty} \frac{2x}{(x^2+1)^2} dx$

2．计算下列瑕积分：

（1）$\int_0^1 \frac{1}{\sqrt{1-x^2}} dx$　（2）$\int_0^2 \frac{1}{(x-1)^2} dx$

（3）$\int_0^1 \ln x dx$　（4）$\int_0^1 \frac{x}{\sqrt{1-x^2}} dx$

3．求由曲线 $y = \frac{1}{x^2}$，x 轴以及直线 $x = 1$ 所围成的且向右无限延伸的阴影部分图形面积，如图5.5所示.

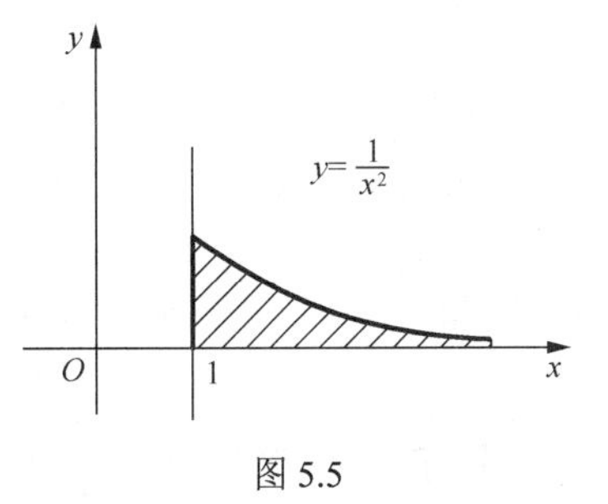

图 5.5

5.5　定积分的应用

定积分在几何、物理问题中有着广泛的应用，可以计算某些几何和物理问题中的实际量，如面积、体积、弧长、引力、功、转动惯量、重心等. 本节从平面图形面积出发，介绍一种建立实际量的积分表达式的常用方法——微元法，利用微元法计算面积、体积、引力、功等实际量.

5.5.1　平面图形的面积

由定积分的几何意义非负，连续曲线 $y = f(x)\left(f(x) \geqslant 0\right)$ 与直线 $x = a$，$x = b$，$(b > a)$ 及 x 轴所围成的曲边梯形的面积为 $A = \int_a^b f(x)dx$.

若 $y = f(x)$ 在 $[a,b]$ 上既取非负值，也取负值，则所围成的面积为 $A = \int_a^b |f(x)| dx$.

一般地，由上、下两条连续曲线 $y=f_1(x)$，$y=f_2(x)$（$f_2(x)<f_1(x)$），直线 $x=a$ 及 $x=b$，$(b>a)$ 所围成的平面图形的面积为 $A=\int_a^b[f_1(x)-f_2(x)]\mathrm{d}x$．如图 5.6 所示．

由左、右两条连续曲线 $x=\varphi_2(y)$，$x=\varphi_1(y)$（$\varphi_2(y)<\varphi_1(y)$），直线 $y=c$ 及 $y=d$，$(d>c)$ 所围成的平面图形的面积为 $A=\int_c^d[\varphi_1(y)-\varphi_2(y)]\mathrm{d}y$．如图 5.7 所示．

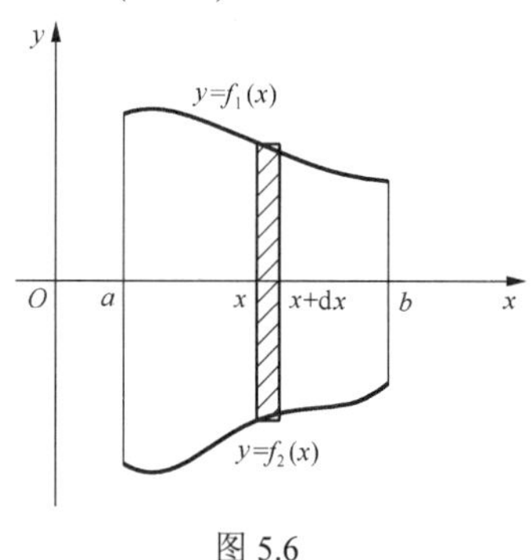

图 5.6

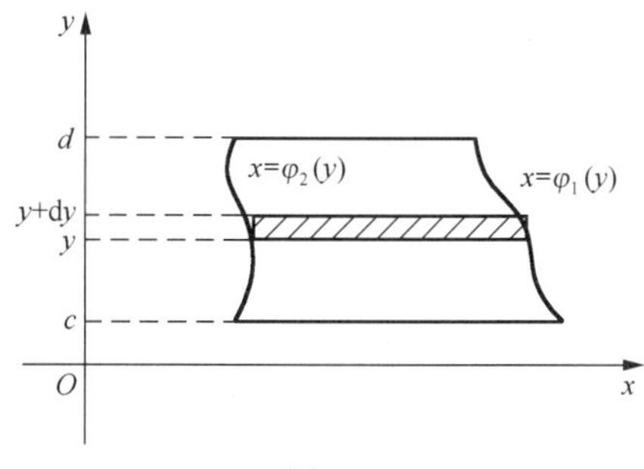

图 5.7

【例 5.24】 计算圆 $x^2+y^2=a^2$ 在第一象限部分的面积．

解 如图 5.8 所示，所求面积为 $\int_0^a\sqrt{a^2-x^2}\mathrm{d}x\ (a>0)$，

令 $x=a\sin t$，则 $\mathrm{d}x=a\cos t\mathrm{d}t$，

当 $x=0$ 时，$t=0$；当 $x=a$ 时，$t=\dfrac{\pi}{2}$，

故 $\int_0^a\sqrt{a^2-x^2}\mathrm{d}x=\int_0^{\frac{\pi}{2}}a\cos t\cdot a\cos t\mathrm{d}t$

$$=\frac{a^2}{2}\int_0^{\frac{\pi}{2}}(1+\cos 2t)\mathrm{d}t=\frac{a^2}{2}[t+\frac{1}{2}\sin 2t]\begin{matrix}\frac{\pi}{2}\\ \\0\end{matrix}=\frac{\pi a^2}{4}.$$

【例 5.25】 求抛物线 $y^2=x$ 与直线 $x-2y-3=0$ 所围的平面图形的面积．

解 如图 5.9 所示，抛物线与直线的交点 $P(1,-1)$ 与 $Q(9,3)$．把抛物线与直线的方程改写成 $x=y^2$，$x=2y+3$，$y\in[-1,3]$．便得 $A=\int_{-1}^3(2y+3-y^2)\mathrm{d}y=\dfrac{32}{3}$．

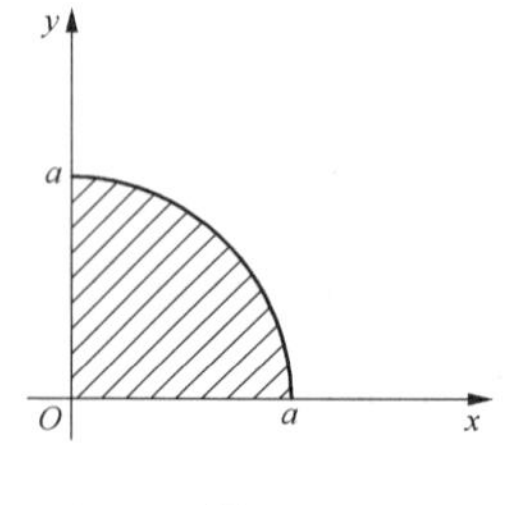

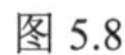
图 5.8

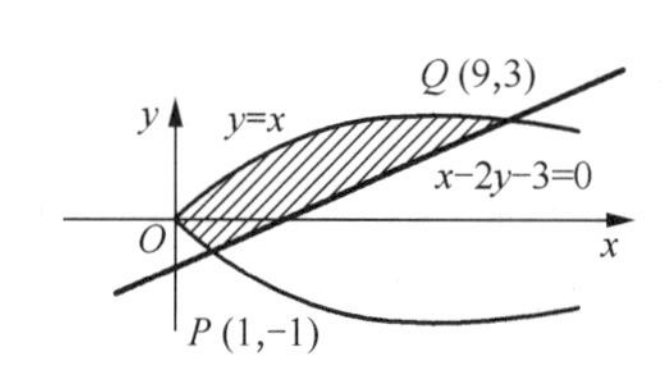

图 5.9

5.5.2 微元法

曲边梯形由连续曲线 $y=f(x)$ $(f(x)\geqslant 0)$、x 轴与两直线 $x=a, x=b$ 所围成，其面积 $A=\int_a^b f(x)\mathrm{d}x$.

面积 A 表示为定积分的步骤如下.

（1）把区间 $[a,b]$ 分成 n 个长度为 Δx_i 的小区间，相应的曲边梯形被分为 n 个小曲边梯形，第 i 个小曲边梯形的面积为 ΔA_i，则 $A=\sum_{i=1}^{n}\Delta A_i$.

（2）计算 ΔA_i 的近似值 $\Delta A_i \approx f(\xi_i)\Delta x_i$.

（3）求和，得 A 的近似值 $A\approx \sum_{i=1}^{n} f(\xi_i)\Delta x_i$.

（4）求极限，得 A 的精确值 $A=\lim\limits_{\lambda\to 0}\sum_{i=1}^{n} f(\xi_i)\Delta x_i=\int_a^b f(x)\mathrm{d}x$.

若用 ΔA 表示任一小区间 $[x,x+\Delta x]$ 上的小曲边梯形的面积，则 $A=\sum \Delta A$，并取 $\Delta A\approx f(x)\mathrm{d}x$，于是 $A\approx \sum f(x)\mathrm{d}x$，$A=\lim \sum f(x)\mathrm{d}x=\int_a^b f(x)\mathrm{d}x$.

这样计算曲边梯形的面积可简化为两步.

（1）在 $[a,b]$ 内任取一小区间 $[x,x+\Delta x]$，该区间上小曲边梯形的面积 $\Delta A\approx f(x)\Delta x$，据此求出 $\mathrm{d}A=f(x)\mathrm{d}x$，称为面积微元，如图 5.10 所示.

（2）以面积微元 $\mathrm{d}A=f(x)\mathrm{d}x$ 作为被积表达式，求得 $f(x)$ 在 $[a,b]$ 上的定积分 $A=\int_a^b f(x)\mathrm{d}x$ 即为曲边梯形的面积.

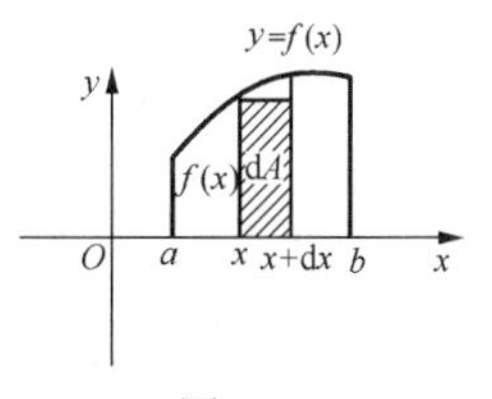

图 5.10

这个方法通常称为微元法.

这里曲边梯形的面积 A 具有以下特点：

（1）关于区间 $[a,b]$ 具有部分可加性，即把区间 $[a,b]$ 任意分成 n 个小区间，则面积 A 相应地分成 n 个小面积 ΔA，且 A 等于所有小面积 ΔA 之和；

（2）在 $[a,b]$ 内任取一小区间 $[x,x+\Delta x]$，小面积 ΔA 可以近似表示为 $f(x)\mathrm{d}x$,即 $\Delta A\approx f(x)\mathrm{d}x=\mathrm{d}A$.

采用微元法求实际量时，要注意所求实际量应具备以上条件.

5.5.3 空间立体的体积

1. 平行截面面积为已知的立体体积

设 Ω 为三维空间中的一立体，它夹在垂直于 x 轴的两平面 $x=a$，$x=b$ 之间 $(a<b)$,若在任意一点 $x\in[a,b]$ 处作垂直于 x 轴的平面，则它截得 Ω 的截面面积显

然是 x 的函数，记为 $A(x)$， $x\in[a,b]$，并称之为 Ω 的截面面积函数.

设截面面积函数 $A(x)$ 是 $[a,b]$ 上的一个连续函数. 任取一点 $x\in[a,b]$，相应地在 $[a,b]$ 内作区间 $[x,x+\mathrm{d}x]$，则夹在该区间的体积微元为 $\mathrm{d}V=A(x)\mathrm{d}x$. 如图 5.11 所示.

利用微元法可得该立体体积为 $V=\int_a^b A(x)\mathrm{d}x$.

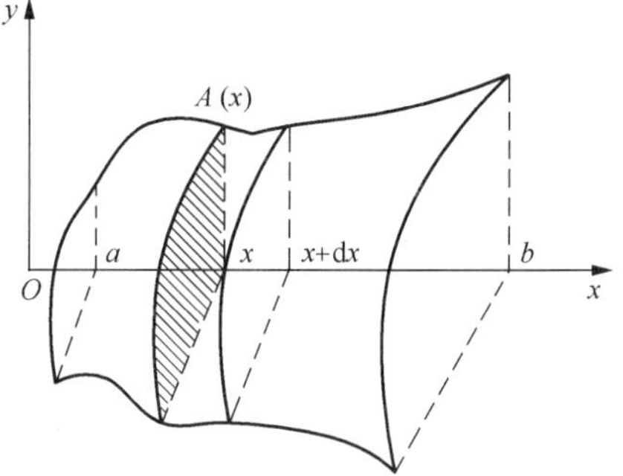

图 5.11

【例 5.26】 求两个圆柱面 $x^2+y^2=a^2$ 与 $x^2+z^2=a^2$ 所围立体（古称“牟合方盖”）的体积.

解 由对称性知，只须计算第一卦限的体积再乘以 8 即可，如图 5.12 所示.

对任一 $x\in[0,a]$，平面 $x=x$ 与这部分立体的截面是一个边长为 $\sqrt{a^2-x^2}$ 的正方形，所以 $A(x)=a^2-x^2, x\in[0,a]$. 由公式得 $V=8\int_0^a\left(a^2-x^2\right)\mathrm{d}x=\dfrac{16}{3}a^3$.

【例 5.27】 求由椭球面 $\dfrac{x^2}{a^2}+\dfrac{y^2}{b^2}+\dfrac{z^2}{c^2}=1$ 所围立体的体积.

解 如图 5.13 所示，以平面 $x=x$ $\left(|x|\leqslant a\right)$ 截椭球面，得椭圆

$$\frac{y^2}{b^2\left(1-\dfrac{x^2}{a^2}\right)}+\frac{z^2}{c^2\left(1-\dfrac{x^2}{a^2}\right)}=1,$$

所以截面面积函数为

$$A(x)=\pi bc\left(1-\frac{x^2}{a^2}\right)\qquad x\in[-a,a].$$

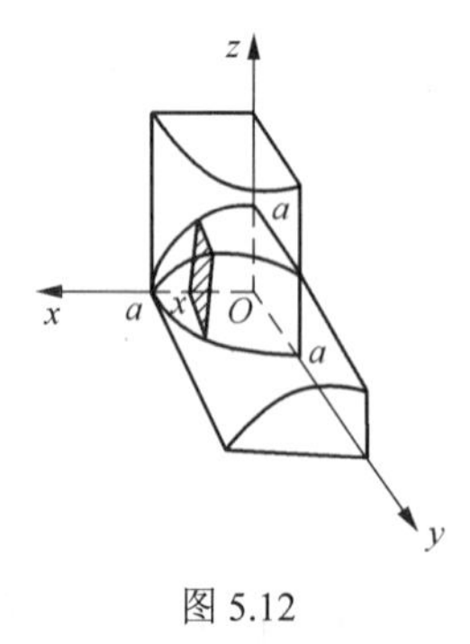

图 5.12

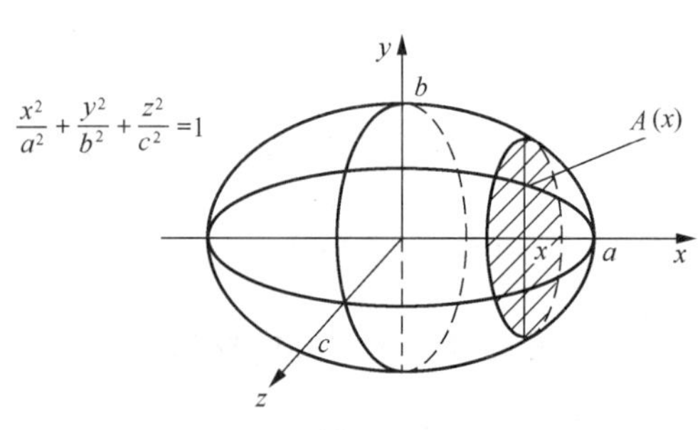

图 5.13

于是椭球体积为

$$V=\int_{-a}^{a}\pi bc\left(1-\frac{x^2}{a^2}\right)\mathrm{d}x=\frac{4}{3}\pi abc\ .$$

注：当 $a=b=c=r$ 时，这就等于球的体积为 $\frac{4}{3}\pi r^3$.

2. 旋转体的体积

设立体 Ω 是由平面连续曲线 $y=f(x)$ ， $x=a,x=b$ 和 x 轴围成的区域绕 x 轴旋转一周所得的旋转体．如图 5.14 所示，则截面面积函数为

$$A(x)=\pi\left[f(x)\right]^2,x\in[a,b],$$

因此旋转体 Ω 的体积公式为

$$V=\pi\int_a^b[f(x)]^2\mathrm{d}x=\pi\int_a^b y^2\mathrm{d}x\ .$$

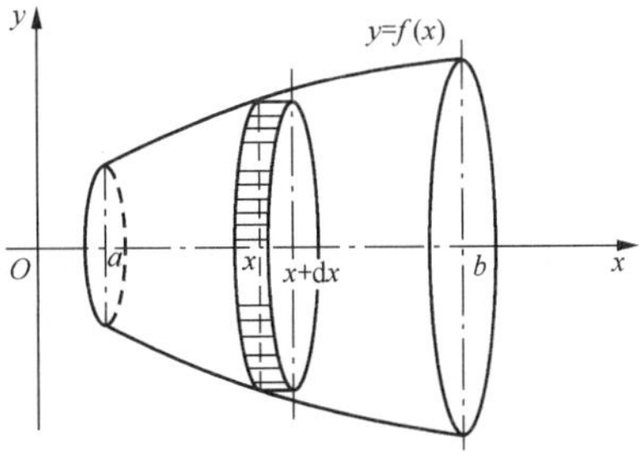

图 5.14

【例 5.28】 求圆锥体的体积公式.

解 设正圆锥的高为 h ，底圆半径为 r ．这圆锥体可由平面图形 $y=\frac{r}{h}x$, $x\in[0,h]$ 绕 x 轴旋转一周而得．如图 5.15 所示，其体积为 $V=\pi\int_0^h\left(\frac{r}{h}x\right)^2\mathrm{d}x=\frac{1}{3}\pi r^2h$.

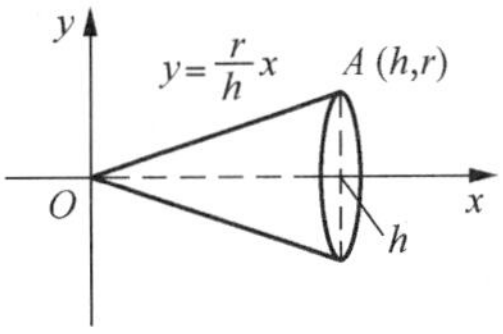

图 5.15

【例 5.29】 计算由 $y=\sqrt{x},y=1,y$ 轴围成的图形分别绕 y 轴及 x 轴旋转所生成的立体体积.

解 如图 5.16 所示，

（1）绕 y 轴旋转：

$$V=\pi\int_0^1x^2\mathrm{d}y=\pi\int_0^1y^4\mathrm{d}y=\pi\left[\frac{y^5}{5}\right]_0^1=\frac{\pi}{5}.$$

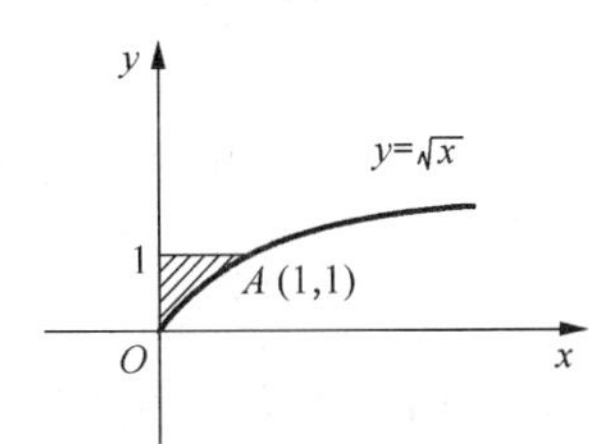

图 5.16

（2）绕 x 轴旋转：

$$V=\pi\int_0^1\left(1^2-y^2\right)\mathrm{d}x=\pi\int_0^1(1-x)\mathrm{d}x=\pi\left[x-\frac{x^2}{2}\right]_0^1=\frac{\pi}{2}\ .$$

5.5.4 定积分在物理上的某些应用

1. 变力做功

由物理学知，若一个大小和方向都不变的恒力 F 作用于一物体，使其沿力的方向作直线运动，移动了一段距离 s，则 F 所做的功为：$W=Fs$.

下面用微元法来讨论变力做功问题.

设有大小随物体位置改变而连续变化的力 $F=F(x)$ 作用于一物体上，使其沿 x 轴作直线运动，力 F 的方向与物体运动的方向一致，从 $x=a$ 移至 $x=b>a$（见图 5.17）. 在 $[a,b]$ 上任一点 x 处取一微小位移 $\mathrm{d}x$，当物体从 x 移到 $x+\mathrm{d}x$ 时，$F(x)$ 所做的功近似等于 $F(x)\mathrm{d}x$，即功微元 $\mathrm{d}W=F(x)\mathrm{d}x$.

于是变力 $F(x)$ 将物体由点 a 移至点 b 所作的功为 $W=\int_a^b \mathrm{d}W=\int_a^b F(x)\mathrm{d}x$.

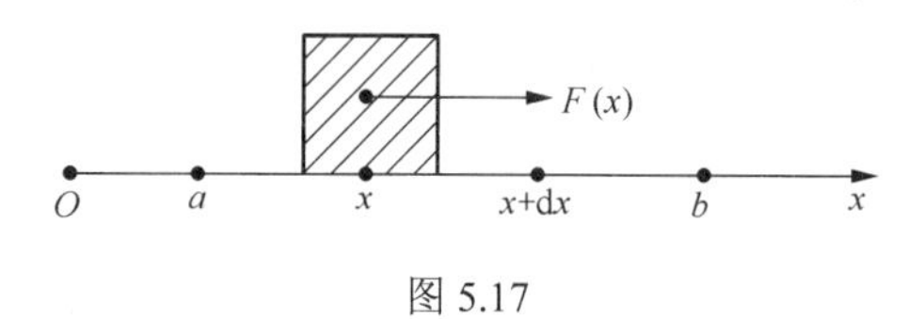

图 5.17

【例 5.30】 一个弹簧，用 4 牛顿的力可以把它拉长 0.02 米，求把它拉长 0.1 米所做的功.

解 由胡克定理 $F=kx$，将 $x=0.02$，$F=4$ 代入，得: $k=200$. 于是 $F=200x$，功微元：$\mathrm{d}W=200x\mathrm{d}x$，因此所做的功为：$W=\int_0^{0.1} 200x\mathrm{d}x=1(\text{牛顿米})=1(\text{焦耳})$.

【例 5.31】 一圆锥形水池，池口直径 30 米，深 10 米，池中盛满了水. 试求将全池水抽出池外需做的功.

解 如图 5.18 所示，由于抽出相同深度处单位体积的水需做相同的功，因此在水深 x 米处将 x 到 $x+\mathrm{d}x$ 的一薄层水抽至池口需做的功：$\mathrm{d}W=\pi\gamma x\left[15\left(1-\frac{x}{10}\right)\right]^2\mathrm{d}x$.

其中这一薄层水的体积：$\mathrm{d}v=\pi\left[15\left(1-\frac{x}{10}\right)^2\right]\mathrm{d}x$

所以将全池水抽出池外需做的功为：

$$W=225\pi\gamma\int_0^{10} x\left(1-\frac{x}{10}\right)^2\mathrm{d}x=1875\pi\gamma.$$

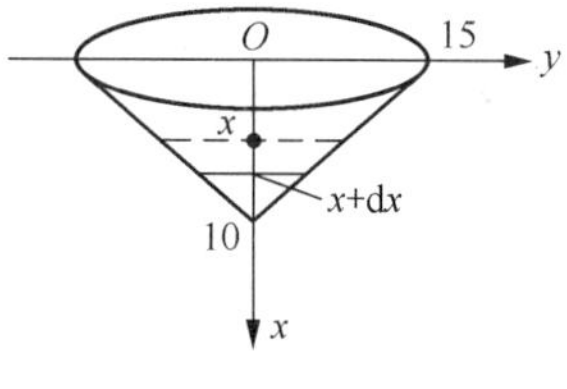

图 5.18

【例 5.32】 自地面垂直向上发射质量为 m 的火箭，当离地面为 h 时，克服地球引力做功为多少？若一去不复返，克服地球引力做的功为多少？并计算火箭发射的初速度.

解 如图 5.19 所示，设地球半径为 R，地球质量为 M，当火箭离地为 x 时，所受地球引力为 $F=\frac{KMm}{(R+x)^2}$，当 $x=0$ 时，$F=mg$，因而 $KM=R^2g$，因而 $F=\frac{R^2mg}{(R+x)^2}$，

当上升距离 $\mathrm{d}x$ 时，由微元法，功的微元为：$\mathrm{d}W=F\mathrm{d}x=\frac{R^2mg}{(R+x)^2}\mathrm{d}x$，

因而高度为 h 时，克服地球引力做功：

$$W=\int_0^h \frac{R^2 gm}{(R+x)^2}\mathrm{d}x=R^2 mg\left(\frac{1}{R}-\frac{1}{R+h}\right).$$

当 $h\to+\infty$ 时. $W=Rgm$.

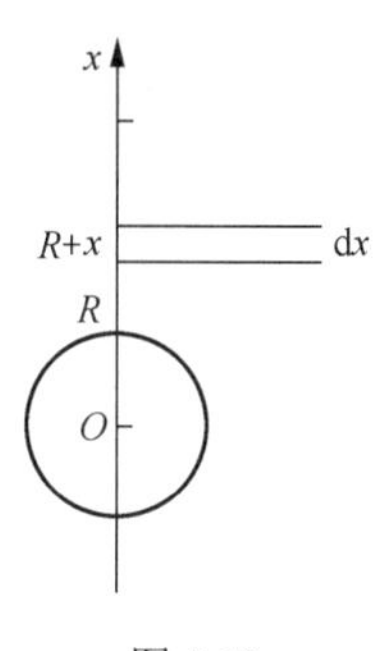

图 5.19

若火箭发射初速度为 v_0，这时的动能 $\frac{1}{2}mv_0{}^2\geqslant Rmg$，即 $v_0\geqslant\sqrt{2gR}\approx 11.2(\mathrm{km/s})$. 即为第二宇宙速度问题.

2. 引力

由物理学知，设有两个相距为 r 的质点，其质量分别为 m_1 和 m_2，根据万有引力定律，这两个质点间的引力为 $F=k\frac{m_1 m_2}{r^2}$（k 为引力常数），引力的方向沿着两质点的连线方向.

对于不是质点的两物体之间的引力，我们不能直接利用质点间的引力公式，而要采用微元法解决.

【例 5.33】 一根长为 l 的均匀细杆，质量为 M，在其中垂线上相距细杆为 a 处有一质量为 m 的质点，试求细杆对质点的万有引力.

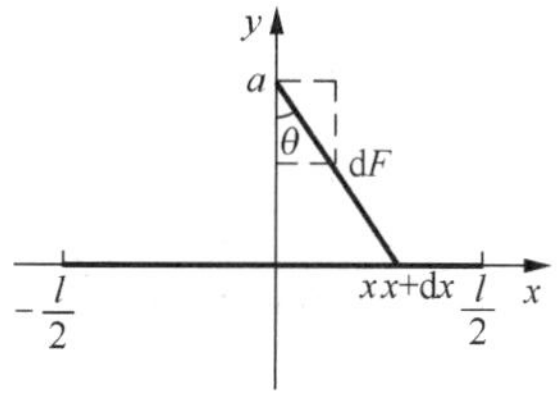

解 如图 5.20 所示，设细杆位于 x 轴上的 $\left[-\frac{l}{2},\frac{l}{2}\right]$，质点位于 y 轴上的点 a . 任取 $[x,x+\mathrm{d}x]\subset\left[-\frac{l}{2},\frac{l}{2}\right]$，

图 5.20

长为 $\mathrm{d}x$ 这一小段细杆的质量为 $\mathrm{d}M=\frac{M}{l}\mathrm{d}x$，于是它对质点 m 的引力为 $\mathrm{d}F=\frac{km\mathrm{d}M}{r^2}=\frac{km}{a^2+x^2}\frac{M}{l}\mathrm{d}x$. 由于细杆上各点对质点 m 的引力方向各不相同，因此不能直接对 $\mathrm{d}F$ 进行积分. 而 $\mathrm{d}F$ 在 x 轴和 y 轴上的分力为:

$$\mathrm{d}F_x=\mathrm{d}F\cdot\sin\theta\quad,\quad \mathrm{d}F_y=-\mathrm{d}F\cdot\cos\theta$$

由于质点 m 位于细杆的中垂线上，所以水平合力为零，即

$$F_x=\int_{-\frac{l}{2}}^{\frac{l}{2}}\mathrm{d}F_x=0,$$

又由 $\cos\theta=\frac{a}{\sqrt{a^2+x^2}}$，得垂直方向合力为

$$F_y=\int_{-\frac{l}{2}}^{\frac{l}{2}}\mathrm{d}F_y=-2\int_0^{\frac{l}{2}}\frac{kmMa}{l}(a^2+x^2)^{-\frac{3}{2}}\mathrm{d}x=\left[-2\frac{kmMa}{l}\frac{1}{a^2}\frac{x}{\sqrt{a^2+x^2}}\right]_0^{\frac{l}{2}}$$

$$= -\frac{2kmM}{a\sqrt{4a^2+l^2}} .$$

负号表示合力方向与 y 轴方向相反.

习题 5-5

1. 求下列平面图形的面积.

（1）曲线 $y=\frac{1}{x}$ 与直线 $y=x$ 及 $x=2$ 所围的平面图形.

（2）曲线 $y=x^2$ 与直线 $y=2x+3$ 所围的平面图形.

（3）曲线 $y=\mathrm{e}^x$ 与直线 y 轴及 $y=\mathrm{e}$ 所围的平面图形.

（4）曲线 $y=\sin x$ 与直线 $y=2$ ，$x=0$ ，$x=\frac{\pi}{2}$ 所围的平面图形.

2. 求下列旋转体的体积.

（1）曲线 $y=\sqrt{x}$ 与直线 $x=4$ ，$y=0$ 所围的平面图形绕 x 轴旋转而得的旋转体.

（2）曲线 $y=\frac{x^2}{4}$ 与直线 $y=1$ ，$x=0$ 所围的平面图形绕 y 轴旋转而得的旋转体.

（3）曲线 $y=\sin x$ 与 $y=\cos x$ 及 x 轴在区间 $\left[0,\frac{\pi}{2}\right]$ 上所围的平面图形绕 x 轴旋转而得的旋转体.

（4）曲线 $y=x^2$ 与 $x=y^2$ 所围成的平面图形分别绕 x 轴和 y 轴旋转而得的旋转体.

3. 一个人造地球卫星的质量为173kg，在高于地面630km处进入轨道，问把这个卫星从地面送到 630km 的高空处，克服地球引力要做多少功？已知 $g=9.8\mathrm{m/s^2}$ ，地球半径 $R=6\,370\mathrm{km}$.

5.6 应用 MATLAB 软件计算积分

利用 MATLAB 的符号工具箱，可以方便求出不定积分的解析解以及定积分的数值解.

5.6.1 不定积分的解

MATLAB 符号工具箱提供了一个 int()函数，可以用来求解符号函数的不定积分. 具体形式为:

求不定积分：F = int(f,x)

如果被积函数 f 只有一个变量，则此函数中的积分变元 x 可以省略. 此外，由 int()求得的 F(x)仅是一个原函数，不含任意常数，最后结果应是 F(x) + C.

【例 5.34】 计算 $\int x^2\sin x\mathrm{d}x$.

解　输入：syms x；F = int(x^2*sin(x))

　　得到：F =2*cos(x) - x^2*cos(x) + 2*x*sin(x)

【例 5.35】　计算 $\int e^{ax}\cos bx\mathrm{d}x$

解　输入：syms a b x;F = int(exp(a*x)*cos(b*x),x)

　　结果：F= (exp(a*x)*(a*cos(b*x) + b*sin(b*x)))/(a^2 + b^2)

【例 5.36】　计算 $\int\frac{\cot x}{1+\sin x}\mathrm{d}x$.

解　输入：syms x;F = int(cot(x)/(1 + sin(x)),x)

　　结果：F =log(tan(x/2)) - 2*log(tan(x/2) + 1)

5.6.2　定积分与无穷积分的计算

求定积分：F = int(f,x,a,b)，计算定积分 $\int_a^b f(x)\mathrm{d}x$.

【例 5.37】　计算定积分 $\int_{-2}^{2} x^4\mathrm{d}x$

解　输入：syms x;value = int(x^4,x,-2,2)

　　结果：value =64/5

【例 5.38】　计算定积分 $\int_0^{\infty}\frac{1}{e^{x+1}+e^{3-x}}\mathrm{d}x$

解　输入：syms x;value = int(1/(exp(x + 1) + exp(3-x)),x,0,inf)

　　结果：value =(pi - 2*atan(1/exp(1)))/(2*exp(2))

　　计算近似值：vpa（value，10）

　　　　结果：ans =0.164876662

本 章 小 结

一、知识体系

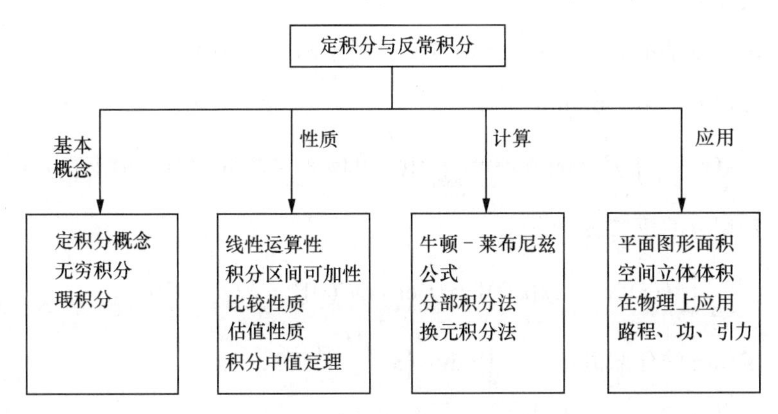

二、主要内容

1．定积分的概念 $\int_a^b f(x)\mathrm{d}x = \lim\limits_{\lambda\to 0}\sum\limits_{i=1}^{n} f(\xi_i)\Delta x_i$.

2．定积分的性质，$f(x)$、$g(x)$在[a,b]上可积

1° 线性性质

$$\int_a^b [k_1 f(x) \pm k_2 g(x)]\mathrm{d}x = k_1\int_a^b f(x)\mathrm{d}x \pm k_2\int_a^b g(x)\mathrm{d}x .$$

2° 积分区间可加性

$$\int_a^b f(x)\mathrm{d}x = \int_a^c f(x)\mathrm{d}x + \int_c^b f(x)\mathrm{d}x .$$

3° 比较性质

若在$[a,b]$上，$f(x)\leqslant g(x)$，则$\int_a^b f(x)\mathrm{d}x\leqslant\int_a^b g(x)\mathrm{d}x\ (a<b)$.

4° 估值性质

在$[a,b]$上$m\leqslant f(x)\leqslant M$，则$m(b-a)\leqslant\int_a^b f(x)\mathrm{d}x\leqslant M(b-a)\ (a<b)$.

5° 积分中值定理

设函数$f(x)$在$[a,b]$上连续，则在$[a,b]$上至少存在一点$\xi(a\leqslant\xi\leqslant b)$，使

$$\int_a^b f(x)\mathrm{d}x = f(\xi)(b-a) .$$

3．积分上限函数及导数：

积分上限函数 $\Phi(x) = \int_a^x f(t)\mathrm{d}t$.

求导：

1° $[\int_a^x f(t)\mathrm{d}t]' = f(x)$，

2° $[\int_a^{\varphi(x)} f(t)\mathrm{d}t]' = f[\varphi(x)]\varphi'(x)$，

3° $[\int_{\psi(x)}^{\varphi(x)} f(t)\mathrm{d}t]' = f[\varphi(x)]\varphi'(x) - f[\psi(x)]\psi'(x)$ ，

4．微积分基本公式：$\int_a^b f(x)\mathrm{d}x = [F(x)]_a^b = F(b)-F(a)$.

5．定积分的第一换元法

$$\int_a^b g(x)\mathrm{d}x = \int_a^b f[\varphi(x)]\varphi'(x)\mathrm{d}x = \int_a^b f[\varphi(x)]\mathrm{d}\varphi(x) = F[\varphi(x)]_a^b = F[\varphi(b)] - F[\varphi(a)] .$$

6．定积分的第二换元法

$$\int_a^b f(x)\mathrm{d}x = \int_\alpha^\beta f[\varphi(t)]\cdot\varphi'(t)\mathrm{d}t = [F(t)]_\alpha^\beta = F(\beta)-F(\alpha) .$$

7．定积分的分部积分法：$\int_a^b u\mathrm{d}v = [uv]_a^b - \int_a^b v\mathrm{d}u$.

8．无限区间上的反常积分（即无穷积分）

1° $\int_a^{+\infty} f(x)\mathrm{d}x = \lim_{b\to+\infty}\int_a^b f(x)\mathrm{d}x$.

2° $\int_{-\infty}^{b} f(x)\mathrm{d}x = \lim_{a\to-\infty}\int_a^b f(x)\mathrm{d}x$.

9．无界函数的反常积分（即瑕积分）

1° a 为 $f(x)$ 的瑕点，$\int_a^b f(x)\mathrm{d}x = \lim_{t\to a^+}\int_t^b f(x)\mathrm{d}x$.

2° 点 b 为 $f(x)$ 的瑕点，$\int_a^b f(x)\mathrm{d}x = \lim_{t\to b^-}\int_a^t f(x)\mathrm{d}x$.

10．平面图形的面积：

1° 若 $y=f(x)$ 在 $[a,b]$ 上既取非负值，也取负值，则所围成的面积为 $A=\int_a^b |f(x)|\mathrm{d}x$.

2° 由上、下两条连续曲线 $y=f_2(x)$，$y=f_1(x)$（$f_2(x)>f_1(x)$），及直线 $x=a$，$x=b$，$(b>a)$ 所围成的平面图形的面积为 $A=\int_a^b [f_2(x)-f_1(x)]\mathrm{d}x$.

3° 由左、右两条连续曲线 $x=\varphi_1(y)$，$x=\varphi_2(y)$（$\varphi_2(y)>\varphi_1(y)$），及直线 $y=c$，$y=d$，$(d>c)$ 所围成的平面图形的面积为 $A=\int_c^d [\varphi_2(y)-\varphi_1(y)]\mathrm{d}y$.

11．空间立体的体积：

1° 平行截面面积为已知的立体的体积：$V=\int_a^b A(x)\mathrm{d}x$.

2° 旋转体的体积：$V=\pi\int_a^b [f(x)]^2\mathrm{d}x$.

12．定积分在物理上应用

利用微元法计算一些物理量，如变力做功、引力等.

本 章 测 试

一、选择题

1. $\int_0^1 \frac{1}{x^2}\mathrm{e}^{-\frac{1}{x}}\mathrm{d}x$ =（　　）.

A. $\frac{1}{\mathrm{e}}$　　B. $\frac{1}{\mathrm{e}}-1$　　C. $-\frac{1}{\mathrm{e}}$　　D. ∞

2. 设 $f(x)$ 的一个原函数为 $\sin x$，则 $\int_0^{\frac{\pi}{2}} xf(x)\mathrm{d}x=$（　　）.

A. $\frac{\pi}{2}+1$　　B. $\frac{\pi}{2}$　　C. $\frac{\pi}{2}-1$　　D. 0

3. $\int_0^1 f'(2x)\mathrm{d}x$ =（　　）.

A. $\frac{1}{2}[f(2)-f(0)]$　　B. $f(2)-f(0)$

C. $\frac{1}{2}[f(1)-f(0)]$　　D. $f(1)-f(0)$

4．若 $f(x)$ 在 $[a,b]$ 上连续，则由曲线 $y=f(x)$ 及直线 $x=a$，$x=b$，$y=0$ 所围成平面图形的面积是（　　）.

A. $\int_a^b f(x)\mathrm{d}x$　　B. $\left|\int_a^b f(x)\mathrm{d}x\right|$

C. $\int_a^b |f(x)|\mathrm{d}x$　　D. $f'(\xi)(b-a)(a<\xi<b)$

5．由 $y=\cos x(-\frac{\pi}{2}\leqslant x\leqslant\frac{\pi}{2})$ 与 x 轴围成的平面图形绕 x 轴旋转而成的旋转体体积是（　　）.

A. π^2　　B. π　　C. $\frac{\pi^2}{2}$　　D. $\frac{\pi}{2}$

6．$\int_{-\frac{\pi}{2}}^{\frac{\pi}{2}}|\sin x|\mathrm{d}x\neq($　　　$)$.

A. 0　　B. $2\int_0^{\frac{\pi}{2}}|\sin x|\mathrm{d}x$

C. $2\int_{-\frac{\pi}{2}}^{0}(-\sin x)\mathrm{d}x$　　D. $2\int_0^{\frac{\pi}{2}}\sin x\mathrm{d}x$

7．设函数 $\varphi''(x)$ 在 $[a,b]$ 上连续，且 $\varphi'(b)=a$，$\varphi'(a)=b$，则 $\int_a^b \varphi'(x)\varphi''(x)\mathrm{d}x=$（　　）.

A. $a-b$　　B. $\frac{1}{2}(a-b)$

C. a^2-b^2　　D. $\frac{1}{2}\left(a^2-b^2\right)$

8．$f(x)$ 在 $[-a,a]$ 上连续，则下列各式中一定正确的是（　　）.

A. $\int_{-a}^{a} f(x)\mathrm{d}x=0$　　B. $\int_{-a}^{a} f(x)\mathrm{d}x=2\int_0^a f(x)\mathrm{d}x$

C. $\int_{-a}^{a} f(x)\mathrm{d}x=\int_0^a[f(x)+f(-x)]\mathrm{d}x$

D. $\int_{-a}^{a} f(x)\mathrm{d}x=\int_0^a[f(x)-f(-x)]\mathrm{d}x$

9．$y=\int_0^x(t-1)^2(t+2)\mathrm{d}t$，则 $\left.\frac{\mathrm{d}y}{\mathrm{d}x}\right|_{x=0}=$（　　）.

A. -2　　B. 2　　C. -1　　D. 1

10．已知 $F(x)$ 是 $f(x)$ 的原函数，则 $\int_a^x f(t+a)\mathrm{d}t =$（　　）.

A．$F(x)-F(a)$　　B．$F(t)-F(a)$

C．$F(x+a)-F(x-a)$　　D．$F(x+a)-F(2a)$

二、填空题

1．$\lim\limits_{x\to 0}\dfrac{\int_0^x \mathrm{e}^t \sin^2 t\mathrm{d}t}{x^3}=$______________________.

2．$\int_a^x f(t)\mathrm{d}t = x\mathrm{e}^{-x}$，则 $f(x)=$______________________.

3．$\int_1^2 \dfrac{1}{x(1+\ln x)}\mathrm{d}x=$______________________.

4．$\int_0^{\frac{\pi}{2}} \cos^5 x \sin x\mathrm{d}x=$______________________.

三、计算下列函数的积分

1．$\int_0^1 \ln(1+x^2)\mathrm{d}x$　　2．$\int_{\frac{1}{2}}^1 \mathrm{e}^{\sqrt{2x-1}}\mathrm{d}x$

3．$\int_1^3 |x^2-4|\mathrm{d}x$　　4．$\int_0^{\frac{\pi}{2}} \sin^3 x\cos x\mathrm{d}x$

5．$\int_1^{\mathrm{e}} x^2 \ln x\mathrm{d}x$　　6．$\int_0^3 \dfrac{3}{\sqrt{2+x}}\mathrm{d}x$.

四、求曲线 $y=2-x^2$ 与 $y=|x|$ 所围成的平面图形的面积.

五、试求在曲线 $y=\mathrm{e}^{-x}$，y 轴以及区间 $[0,+\infty)$ 之间图形的面积.

六、求曲线 $y=x^2+1$ 与 $y=x+1$ 所围成的图形绕 x 轴轴旋转所得旋转体的体积.

七、一个直径为 20 米的半球形容器内盛满了水，现将水抽尽需做多少功？

参 考 答 案

习题 1-1

1.（1）$[-\frac{1}{2},+\infty)$；　（2）$(-\infty,-1)\cup(-1,1)\cup(1,+\infty)$；　（3）$(-\infty,0)\cup(0,+\infty)$；

（4）$(1,+\infty)$；　（5）$(-\infty,0)\cup(0,+\infty)$；　（6）$[-\frac{1}{2},0)\cup(0,+\infty)$.

2.（1）不相等，因为它们的定义域不同；（2）不相等，因为它们的对应法则不同；

（3）相等；　（4）不相等，因为它们的对应法则不同.

3. $f\left(\frac{\pi}{6}\right)=\frac{1}{2}$； $f\left(\frac{\pi}{4}\right)=f\left(-\frac{\pi}{4}\right)=\frac{\sqrt{2}}{2}$； $f(2)=0$；图形略.

4.（1）偶函数；　（2）奇函数；　（3）奇函数；　（4）非奇非偶函数.

5. 略.

6.（1）$y=\mathrm{e}^{x-1}-2$；（2）$y=\frac{1-x}{1+x}$；（3）$y=\frac{1}{3}\arcsin\frac{x}{2}$；（4）$y=1+\lg(x+2)$.

7.（1）$y=\sin^2 x$；当 $x_1=\frac{\pi}{6}$ 时 $y_1=\frac{1}{4}$；　当 $x_2=\frac{\pi}{3}$ 时 $y_2=\frac{3}{4}$；

（2）$y=\sqrt{1+x^2}$；当 $x_1=1$ 时 $y_1=\sqrt{2}$；当 $x_2=2$ 时 $y_2=\sqrt{5}$；

（3）$y=\mathrm{e}^{\tan^2 t}$；当 $t_1=0$ 时 $y_1=1$；当 $t_2=\frac{\pi}{4}$ 时 $y_2=\mathrm{e}$；

（4）$y=\mathrm{e}^{2\tan t}$；当 $t_1=0$ 时 $y_1=1$；当 $t_2=\frac{\pi}{4}$ 时 $y_2=\mathrm{e}^2$.

8.（1）$y=\sqrt{u},u=3x-1$；　（2）$y=u^3,u=\ln x$；

（3）$y=\mathrm{e}^u,u=x^2$；　（4）$y=\sqrt{u},u=\ln v,v=\sqrt{x}$.

9. $f(\mathrm{e}^x)=\begin{cases}1,x<0\\0,x=0\\-1,x>0\end{cases}$

习题 1-2

1.（1）$\lim\limits_{n\to\infty}x_n=0$；　（2）$\lim\limits_{n\to\infty}x_n=1$；　（3）没有极限；　（4）没有极限.

2. 略.

3. 略.

习题 1-3

1．略.

2． $f(0-0)=0$； $f(0+0)=1$； $x\to 0$ 时， $f(x)$ 的极限不存在.

3． $f(0-0)=-1$； $f(0+0)=1$； $x\to 0$ 时， $f(x)$ 的极限不存在.

4．略.

习题 1-4

1．（1）不正确； （2）不正确； （3）正确； （4）不正确； （5）不正确；
（6）不正确.

2．当 $x\to\infty$ 时， y 是无穷小；当 $x\to 1$ 时， y 是无穷大.

3．（1） 0； （2） 0； （3） 0.

习题 1-5

1．（1） $-\frac{1}{2}$； （2） $-\frac{1}{2}$； （3） $\frac{1}{3}$； （4） 0;
（5） $2x$； （6） $\frac{1}{2}$； （7） 2； （8） 2.

2．（1） 1； （2） 0; （3） $\frac{4}{3}$； （4） $\frac{1}{2}$.

习题 1-6

1．（1） 5； （2） $\frac{7}{2}$； （3） 2； （4） -1；
（5） 3； （6） 0； （7） 2； （8） 1.

2．（1） $\sqrt{e}$； （2） e^{ab}； （3） e^{-2}； （4） $e^{-\frac{2}{3}}$； （5） e； （6） e^{-2}.

3．略.

习题 1-7

1．（1）当 $x\to 0$ 时， $2x^2$ 是比 $x-x^3\tan x$ 高阶的无穷小；
（2）当 $x\to 0$ 时， $1-\cos x$ 与 x^2 是同阶无穷小；
（3）当 $x\to 0$ 时， $x-x^2$ 是比 x^2-x^3 低阶的无穷小；
（4）当 $x\to 0$ 时， $\sin 2x$ 与 $2x$ 是等价无穷小.

2．（1） $\frac{1}{2}$； （2） 2； （3） $\begin{cases}0, n>m\\1, n=m\\\infty, n<m\end{cases}$； （4） $\frac{1}{2}$； （5） $\frac{1}{3}$； （6） 5.

习题 1-8

1.（1）$x=0$，第一类跳跃间断点；
（2）$x=4$，第一类跳跃间断点；
（3）$x=0$，第一类可去间断点；
（4）$x=1$，第一类可去间断点；$x=2$，第二类无穷间断点；
（5）$x=0$，第一类可去间断点；
（6）$x=0$，第二类振荡间断点.

2.（1）$k=-1$；（2）$k=1$.

3.（1）补充 $f(x)$ 在 $x=0$ 处的定义，令 $f(0)=1$；
（2）改变 $f(x)$ 在 $x=0$ 处的定义，令 $f(0)=0$.

习题 1-9

1. $(-\infty,-3)\cup(-3,2)\cup(2,+\infty)$；$\lim\limits_{x\to 0}f(x)=\dfrac{1}{2}$；$\lim\limits_{x\to -3}f(x)=-\dfrac{8}{5}$；$\lim\limits_{x\to 2}f(x)=\infty$.

2.（1）$\ln\dfrac{6+\sqrt{72+\pi^2}}{6}$；（2）0；（3）$\sqrt{2}$；（4）$\dfrac{1}{2}$；（5）$\cos a$；（6）$\dfrac{3}{2}$.

3. $a=b=1$.

4. 略.

第 1 章　本章测试

一、1. C； 2. B； 3. D； 4. C； 5. B；
6. D； 7. B； 8. B； 9. A； 10. D.

二、1. $(3,5)$； 2. $\dfrac{1}{1-x}$； 3. 0； 4. 0;1;1;0； 5. 2；
6. 1；-1； 7. $x=-1,x=-2$；$x=-2$；$x=-1$； 8. $\dfrac{1}{3}$

三、1. 2； 2. 2； 3. $\dfrac{1}{2}$； 4. 0； 5. 1； 6. -1； 7. $-\dfrac{1}{4}$；

8. $f(x)$ 在 $(-\infty,+\infty)$ 内连续；

9. 略.

习题 2-1

1.（1）$3x^2$，3；（2）$-\sin x$，$-\sin 1$；（3）$\dfrac{1}{x}$，1.

2. $10-g$.

3.（1）$y=-2x, y=\frac{1}{2}x+\frac{5}{2}$；（2）$y=4x-3$.

4.（1）$-f'(x_0)$；（2）$2f'(x_0)$；（3）$f'(0)$.

5．连续但无导数.

6．略.

习题 2-2

1.（1）$\frac{1}{\sqrt{x}}+\frac{3}{x^2}$；（2）$15x^2-2^x\ln 2+3\mathrm{e}^x$；（3）$2\mathrm{e}^x\cos x$；（4）$\frac{1-\ln x}{x^2}$；

（5）$2x\ln x+x$；（6）$2x\arctan x+1$；（7）$\frac{\mathrm{e}^x(x-2)}{x^3}$；（8）$\frac{\cos t+\sin t+1}{(1+\cos t)^2}$.

2.（1）$30(3x-2)^9$；（2）$\cot x$；（3）$2x\mathrm{e}^{x^2}$；（4）$\frac{1}{2\sqrt{x-x^2}}$；（5）$2x\sec^2 x^2$；

（6）$2\cos(2x)-\sin 2x$；（7）$\mathrm{e}^{-x}(-x^2+5x-4)$；（8）$\frac{x-2}{\sqrt{x^2-4x+5}}$；

（9）$3\sin(2+6x)$.

3.（1）$\frac{y}{y-1}$；（2）$\frac{y+x}{y-x}$；（3）$\frac{\mathrm{e}^y}{1-x\mathrm{e}^y}$.

4.（1）$\frac{1}{2t}$；（2）$-\mathrm{e}^{3t}(1+2t)$；（3）$\tan\theta$.

5.（1）$x\sqrt{\frac{x-1}{1+x}}\left(\frac{1}{x}-\frac{1}{(1-x)(1+x)}\right)$；（2）$x^x(\ln x+1)$；（3）$\frac{y(x\ln y-y)}{x(y\ln x-x)}$.

6．$ay+bx-\sqrt{2}ab=0$.

7.（1）$12x(x+1)$；（2）$4\mathrm{e}^{2x-1}$；（3）$-4\sin 2x-4x\cos 2x$；（4）$2\arctan x+\frac{2x}{1+x^2}$.

8.（1）1，-2；（2）0, 4.

9.（1）$\frac{(-1)^{n-1}(n-1)!}{(1+x)^n}$；（2）$a^x(\ln a)^n$；（3）$\mathrm{e}^x(n+x)$.

习题 2-3

1.（1）$ax+c$；（2）$\frac{x^2}{2}+c$；（3）$\sin x+c$；（4）$\frac{x^3}{3}+c$；（5）$-\cos x+c$；

(6) $2\sqrt{x}+c$; (7) $\ln x+c$; (8) $-\frac{1}{x}+c$; (9) $\ln(1+x)+c$; (10) $\frac{1}{a}\mathrm{e}^{ax}+c$; (11) $\sqrt{1+x^2}+c$.

2.（1）-0.025；（2）-2.16.

3.（1）$\left(-\frac{1}{x^2}+\frac{1}{\sqrt{x}}\right)\mathrm{d}x$；（2）$\frac{1-\ln 2x}{x^2}\mathrm{d}x$；（3）$\frac{2x\mathrm{d}x}{1+x^4}$；（4）$\frac{-4\ln(1-2x)}{1-2x}\mathrm{d}x$；

（5）$2xe^{2x}(1+x)dx$；　　（6）$\left(\sin^2 x + x\sin 2x + \frac{2}{\sqrt{1-4x^2}}\right)dx$.

第2章　本章测试

一、1．2；2．$f'(0)$；3．$y=\frac{1}{4}x+1$；4．4；5．$\frac{2}{\sqrt{1-4x^2}}dx$；6．1；7．2,0.

二、1．B；2．A；3．B；4．B；5．B；6．C.

三、1．$2x\ln 2x + x$；2．$\frac{-dx}{2\sqrt{x(1-x)}}$；3．$\frac{y\ln y}{y-x}$；4．$-e^{3t}(1+2t)$.

习题 3-1

1．（1）不满足；　（2）不满足；　（3）满足，$\xi=2$.

2．（1）满足，$\xi=\frac{a}{\sqrt{3}}$；　（2）满足，$\xi=\frac{1}{\ln 2}$；　（3）不满足.

3．两个，$(1,2),(2,3)$.

4．略.

5．$f(x)=x-\frac{x^3}{3!}+\frac{x^5}{5!}-\cdots+(-1)^{m-1}\frac{x^{2m-1}}{(2m-1)!}+(-1)^m\frac{\cos\xi}{(2m+1)!}x^{2m+1}$，$\xi$在0与$x$之间.

习题 3-2

1．（1）$\frac{3}{2}$；（2）2；（3）1；（4）$\cos a$；（5）0；（6）$\frac{1}{2}$；（7）$\frac{1}{2}$；

（8）$\frac{1}{2}$；（9）∞；（10）1；（11）e^a；（12）1.

2．略.

习题 3-3

1．单调递增.

2．（1）增区间$(-\infty,-1),(3,+\infty)$，减区间$(-1,3)$；

（2）增区间$(-1,1)$，减区间$(-\infty,-1),(1,+\infty)$；

（3）增区间$(-\infty,0)$，减区间$(0,1)$；

（4）增区间$\left(\frac{1}{2},+\infty\right)$，减区间$\left(0,\frac{1}{2}\right)$；

（5）增区间$(-\infty,0)$，减区间$(0,+\infty)$.

3．略

4．（1）极大值 $f(-1)=17$，极小值 $f(3)=-47$；

（2）极小值 $f(1)=2-4\ln 2$；

（3）极大值 $f\left(2k\pi+\dfrac{\pi}{6}\right)=k\pi+\dfrac{\pi}{12}+\dfrac{\sqrt{3}}{2}$；

（4）极小值 $f\left(-\dfrac{\ln 2}{2}\right)=2\sqrt{2}$.

5．（1）最大值 $f(4)=80$，最小值 $f(-1)=-5$；

（2）最大值 $f\left(\dfrac{3}{4}\right)=1.25$，最小值 $f(-5)=-5+\sqrt{6}$.

6．底半径为 $\sqrt[3]{\dfrac{V}{2\pi}}$，高为 $2\sqrt[3]{\dfrac{V}{2\pi}}$.

7．长为 10m，宽为 5m.

8．250.

习题 3-4

1．曲线为凹的.

2．（1）凹区间为 $\left(-\infty,\dfrac{1}{3}\right)$，凸区间为 $\left(\dfrac{1}{3},+\infty\right)$，拐点为 $\left(\dfrac{1}{3},\dfrac{2}{27}\right)$.

（2）凹区间为 $(-1,1)$，凸区间为 $(-\infty,-1),(1,+\infty)$，拐点为 $(\pm 1,\ln 2)$.

（3）凹区间为 $(-2,+\infty)$，凸区间为 $(-\infty,-2)$，拐点为 $(-2,-2e^{-2})$.

（4）凹区间为 $(-\infty,0)$，凸区间为 $(0,+\infty)$，拐点为 $(0,0)$.

3．（1）$x=0$；（2）$x=2,x=-1,y=0$；（3）$x=0,y=1$；（4）$x=-1,y=x-1$.

4．略.

习题 3-5

1． $0.18<\xi<0.19$.

2． $\xi=0.671$ 或 $\xi=0.670$.

3． $2.50<\xi<2.51$.

第 3 章　本章测试

一、1. $\dfrac{2}{3}$；2. $x=1$；3. $-\dfrac{1}{2}$； 4. 1；5. $(\pm\dfrac{\sqrt{2}}{2},e^{-\frac{1}{2}})$；6. $y=-3$， $x=0$.

二、1. A；2. D；3. D；4. C；5.C.

三、1．0．

2．单调增区间为 $(-\infty,-1),(1,+\infty)$，单调减区间为 $(-1,0),(0,1)$，极大值为 $f(-1)=-2$，极小值为 $f(1)=2$．

3．凹区间为 $(-\infty,0),(1,+\infty)$，凸区间为 $(0,1)$，拐点为 $(0,1),(1,0)$．

4．最大值 $f(3)=11$，最小值 $f(2)=-14$．

四、底宽为 $\sqrt{\dfrac{40}{4+\pi}}$ m.

五、略.

习题 4-1

1．（1）$\dfrac{2}{5}x^{\frac{5}{2}}+\ln|x|+\dfrac{4^x}{\ln 4}+C$　（2）$\dfrac{1}{2}(x+\sin x)+C$

（3）$2x+\arctan x+C$　（4）$\sin x+\cos x+C$

（5）$\dfrac{2}{3}x^{\frac{3}{2}}+x+6\sqrt{x}+C$　（6）$\dfrac{3^x\mathrm{e}^x}{\ln 3+1}+C$

（7）$-\cot x-\tan x+C$　（8）$3\arctan x-2\arcsin x+C$

2． $y=\ln|x|+1$

习题 4-2

1．（1）$\dfrac{1}{6}$　（2）$\dfrac{1}{2}$　（3）$\dfrac{1}{3}$　（4）$-\dfrac{4}{3}$　（5）$\dfrac{1}{2}$　（6）-1

2．（1）$-\dfrac{1}{6}(3-2x)^3+C$　（2）$-\mathrm{e}^{2-x}+C$

（3）$-2\cos\sqrt{x}+C$　（4）$\dfrac{2}{3}(\sin x)^{\frac{3}{2}}+C$

（5）$\arctan\mathrm{e}^x+C$　（6）$\dfrac{1}{2}\ln|2x-3|+C$

（7）$\dfrac{2}{5}(x+2)^{\frac{5}{2}}-\dfrac{4}{3}(x+1)^{\frac{3}{2}}+C$　（8）$\ln|\tan x|+C$

（9）$\dfrac{1}{2}\arctan^2 x+C$　（10）$\dfrac{1}{3}\ln\left|\dfrac{x-2}{x+1}\right|+C$

（11）$\dfrac{1}{3}\sec^3 x-\sec x+C$　（12）$\ln|\ln\ln x|+C$

（13）$-\sqrt{1-x^2}-\arcsin x+C$　　（14）$\frac{1}{3}\arcsin\frac{3x}{4}+C$

（15）$\frac{1}{2}\ln\left(x^2+2x+3\right)-\sqrt{2}\arctan\frac{x+1}{\sqrt{2}}+C$　　（16）$\sqrt{2x}-\ln\left(1+\sqrt{2x}\right)+C$

（17）$\sqrt{x^2-9}-3\arccos\frac{3}{|x|}+C$　　（18）$\frac{1}{2}\left(\arcsin x+\ln\left|x+\sqrt{1-x^2}\right|\right)+C$

3.（1）$x^2\sin x+2x\cos x-2\sin x+C$　　（2）$\frac{1}{4}e^{2x}(2x-1)+C$

（3）$x(\ln 3x-1)+C$　　（4）$\frac{1}{2}e^{-x}(\sin x-\cos x)+C$

（5）$x\arctan x-\frac{1}{2}\ln(1+x^2)+C$　　（6）$\frac{1}{3}x^3\ln x-\frac{1}{9}x^3+C$

（7）$-\frac{1}{2}x\cos 2x+\frac{1}{4}\sin 2x+C$　　（8）$x\ln^2 x-2x\ln x+2x+C$

（9）$3e^{\sqrt[3]{x}}\left(\sqrt[3]{x^2}-2\sqrt[3]{x}+2\right)+C$　　（10）$-\frac{1}{x}(\ln x+1)+C$

4. $-e^{-x^2}(2x^2+1)+C$

习题 4-3

1. $\ln|x-2|+\ln|x+5|+C$　　2. $\ln|x|-\frac{1}{2}\ln(x^2+1)+C$

3. $2\ln|x+2|-\frac{1}{2}\ln|x+1|-\frac{3}{2}\ln|x+3|+C$　　4. $\frac{1}{2}\ln(x^2-2x+5)+\arctan\frac{x-1}{2}+C$

第 4 章　本章测试

一、1. B；2. D；3. C；4. D；5. C；6. B；7. D；8. B；9. C；10. B

二、1. $-\frac{1}{3}\ln|2-3x|+C$　　2. e^x-x+C

3. $\frac{1}{3}\arcsin 3x+C$　　4. $\frac{f(x)}{1+x^2}$

三、1. $\frac{1}{2}\arcsin^2 x+C$　　2. $\frac{2^x 3^{-x}}{\ln 2-\ln 3}+C$

3. $\ln|1+\sin x|+C$　　4. $-\frac{1}{2}\cos(x^2+1)+C$

5. $\frac{1}{4}x^4\ln x-\frac{1}{16}x^4+C$　　6. $2\sqrt{x+2}-4\ln\left|2+\sqrt{x+2}\right|+C$

四、$C=\frac{1}{2}x^2+5x+2000$

五、$Q=1000\left(\frac{1}{3}\right)^P$

习题 5-1

1. $e-1$

2.（1）$<$　（2）$>$　（3）$>$　（4）$<$

3.（1）$6\leqslant\int_1^4(x^2+1)dx\leqslant 51$　（2）$\pi\leqslant\int_{\frac{\pi}{4}}^{\frac{5\pi}{4}}(1+\sin^2 x)dx\leqslant 2\pi$

（3）$\frac{\pi}{9}\leqslant\int_{\frac{1}{\sqrt{3}}}^{\sqrt{3}}x\arctan x dx\leqslant\frac{2\pi}{3}$　（4）$-2e^2\leqslant\int_2^0 e^{2-x}dx\leqslant -2$

习题 5-2

1.（1）$\frac{271}{6}$　（2）0　（3）$\frac{\pi}{6}$　（4）2　（5）$1-\frac{\pi}{4}$　（6）$\frac{1}{2}$　（7）6

2.（1）e^{-x}　（2）$\frac{1}{2\sqrt{x}}\cos(x+1)$　（3）$-\frac{2\sin x^2}{x}$　（4）$-2\sqrt{1+8x^3}+2x\sqrt{1+x^6}$

3.（1）1　（2）0　（3）$-\frac{1}{2}$　（4）2

4. $\frac{5}{24}$

习题 5-3

1.（1）$\frac{13}{3}$　（2）0　（3）$\frac{1}{4}$　（4）$1-e^{-\frac{1}{2}}$　（5）$\frac{1}{2}$　（6）$\frac{\pi^3}{324}$　（7）$\sqrt{2}(\pi+2)$

（8）$2+2(\ln 2-\ln 3)$　（9）$\frac{\pi a^4}{16}$　（10）$\sqrt{3}-\frac{\pi}{3}$

2.（1）$1-\frac{2}{e}$　（2）$\frac{\pi}{2}an\tan\pi-\frac{1}{4}\ln(1+\pi^2)$　（3）$\frac{1}{5}(e^{\pi}-2)$　（4）$4(2\ln 2-1)$

（5）$-\frac{2}{\pi}$　（6）1　（7）$\frac{16}{6}$

习题 5-4

1.（1）$\frac{1}{3}$　（2）$\frac{1}{2}$　（3）$\frac{1}{2}$　（4）0

2．（1）$\frac{\pi}{2}$　（2）$-\infty$　（3）-1　（4）$-\frac{1}{2}$

3．1

习题 5-5

1．（1）$\frac{3}{2}-\ln 2$　（2）$\frac{32}{3}$　（3）1　（4）$\pi-1$

2．（1）8π　（2）2π　（3）$\frac{\pi^2}{4}$　（4）$\frac{3\pi}{10}$

3．9.72×10^5（KJ）

第 5 章　本章测试

一、1．A；2．C；3．A；4．C；5．C；6．A；7．D；8．C；9．B；10．D

二、1．$\frac{1}{3}$；2．$e^{-x}(1-x)$；3．$\ln(1+\ln 2)$；4．$\frac{1}{6}$

三、1．$\ln 2-2+\frac{\pi}{2}$；2．1；3．$\frac{29}{6}$；4．$\frac{1}{4}$；5．$\frac{1}{9}(2e^3+1)$；6．$6(\sqrt{5}-\sqrt{2})$

四、$\frac{7}{3}$

五、1

六、$\frac{7\pi}{15}$

七、1.65 N